计算机技术开发与应用丛书

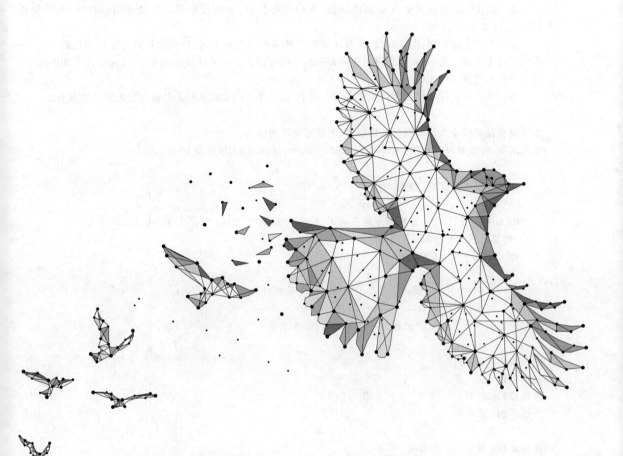

FFmpeg入门详解
音视频原理及应用

梅会东 ◎ 编著

清华大学出版社

北京

内 容 简 介

本书共 11 章，系统讲解音频基础知识、视频基础知识、音视频常用工具的使用、编解码基础知识、H.264、H.265、AAC 等。

本书包含大量示例，图文并茂，争取让每位零基础的读者真正入门，从此开启音视频编程的大门。本书知识体系比较完整，非常适合没有任何音视频基础的读者。讲解过程由浅入深，让读者在不知不觉中学到音视频和编解码的知识。

本书可作为音视频和编解码初学者的入门书，也可作为高年级本科生和研究生的学习参考书。

图书在版编目（CIP）数据

FFmpeg 入门详解：音视频原理及应用/梅会东编著. —北京：清华大学出版社，2022.8
（计算机技术开发与应用丛书）
ISBN 978-7-302-60029-9

Ⅰ. ①F… Ⅱ. ①梅… Ⅲ. ①视频系统—系统开发 Ⅳ. ①TN94

中国版本图书馆 CIP 数据核字(2022)第 021628 号

责任编辑：赵佳霓
封面设计：吴 刚
责任校对：时翠兰
责任印制：朱雨萌

出版发行：清华大学出版社
　　　　网　　　址：http://www.tup.com.cn，http://www.wqbook.com
　　　　地　　　址：北京清华大学学研大厦 A 座　　邮　　编：100084
　　　　社 总 机：010-83470000　　　　　　　邮　　购：010-62786544
　　　　投稿与读者服务：010-62776969，c-service@tup.tsinghua.edu.cn
　　　　质量反馈：010-62772015，zhiliang@tup.tsinghua.edu.cn
　　　　课件下载：http://www.tup.com.cn，010-83470236
印 装 者：艺通印刷（天津）有限公司
经　　销：全国新华书店
开　　本：186mm×240mm　　**印　张**：14.25　　　　**字　　数**：322 千字
版　　次：2022 年 8 月第 1 版　　　　　　　　　　**印　　次**：2022 年 8 月第 1 次印刷
印　　数：1～2000
定　　价：69.00 元

产品编号：093018-01

前言
PREFACE

近年来,随着 5G 网络技术的迅猛发展,音视频的应用越来越普及,音视频流媒体方面的开发岗位也非常多;然而,市面上很难找到一本通俗易懂、系统完整地讲解音视频的入门书。网络上的知识虽然不少,但是太散乱,不适合读者入门。

众所周知,音视频知识非常复杂,入门很难。很多程序员想从事音视频开发,但始终糊里糊涂,不得入门。笔者刚毕业时,在这方面也是零基础,经过多年的艰苦努力,才终于有了一些收获。借此机会,整理成专业书籍,希望给读者带来帮助,少走弯路。

FFmpeg 发展迅猛,功能强大,命令行也很简单、很实用,但是有一个现象:即便使用命令行做出了一些特效,但依然不容易理解原理,不知道具体的参数代表什么含义。音视频与流媒体是一门很复杂的技术,涉及的概念、原理、理论非常多,很多初学者不学习基础理论,而是直接做项目、看源码,但往往在看到 C/C++ 的代码时一头雾水,不知道代码到底是什么意思。这是为什么呢? 因为没有学习音视频和流媒体的基础理论,就像学习英语,不学习基本单词,而是天天听英语新闻,总也听不懂,所以一定要认真学习基础理论,然后学习播放器、转码器、流媒体直播、视频监控等。

本书的主要内容

第 1 章介绍编程之美与内功修为,根据笔者 20 年来的心得体会,给出学习路径和方法。

第 2 章介绍音视频基础知识,讲解音视频、多媒体、数字电视和短视频等概念。

第 3 章介绍音视频开发常用工具,包括 VLC、MediaInfo、Elecard、FFmpeg 等。

第 4 章讲解音频基础知识,包括音频基础概念和音频编解码等。

第 5 章讲解视频基础知识,包括视频基础概念、封装原理和编解码原理等。

第 6 章介绍音视频压缩编码概念,讲解压缩编码基础知识、帧内与帧间编码等。

第 7 章介绍音视频编解码原理与标准,包括音视频编码技术、原理、标准等。

第 8 章介绍音视频编解码技术与流程,包括编解码技术的实现方法,如运动估计和运动补偿等。

第 9 章介绍 H.264 编解码知识,包括入门知识、编解码基础和码流结构分析等。

第 10 章介绍 AAC 编解码知识,包括基本概念、编码特点和码流结构等。

第 11 章介绍 H.265 编解码知识,包括基础知识、码流结构以及与 H.264 的区别等。

阅读建议

本书是一本适合读者入门的音视频和编解码读物,既有通俗易懂的基本概念,又有丰富的案例和原理分析,图文并茂,知识体系非常完善。对音视频和编解码的基本概念和原理进行了详细分析,对重要的概念进行了具体阐述,非常适合初学者。即使读者没有任何相关背景知识,在学习本书的过程中也不会感觉吃力。

本书内容分 3 部分。

第一部分(第 1~5 章),介绍音视频的基本概念和音视频常用的开发工具。

第二部分(第 6~8 章),介绍音视频编解码的基本概念和原理。

第三部分(第 9~11 章),介绍几个常用的编解码,包括 H.264、H.265、AAC。

建议读者在学习的过程中,循序渐进,不要跳跃选择书中内容阅读。本书的知识体系是笔者精心设计的,由浅入深,层层深入,对于抽象且复杂的概念和原理,笔者尽量通过图文并茂的方式进行讲解。

致谢

首先感谢清华大学出版社责任编辑赵佳霓老师给笔者提出了许多宝贵的建议,以及推动了本书的出版。

感谢笔者的家人,特别感谢笔者的宝贝女儿和妻子,在笔者写作的过程中大宝贝很乖,妻子承担了所有的家务,非常辛苦。

感谢笔者的学员,在笔者悲观无助时,群里的学员经常给笔者很大的鼓励,并提出很多宝贵意见。他们是一帮充满活力的年轻人,有想法,非常勤奋,很有担当。

由于时间仓促,书中难免存在不妥之处,请读者见谅并希望提出宝贵意见。

梅会东

2022 年 4 月

视频讲解

目 录
CONTENTS

第 1 章

编程之美与内功修为

　　程序是有"生命"的,请用心爱护它。作为一名普通的老程序员,笔者从大二接触 C 语言开始,至今已经整整 20 年。工作后,一直奋斗在研发第一线,这些年踩坑无数,现在通过这本书总结经验及心得。编程是一门技术,可以通过编程谋一份工作,养家糊口,但同时编程更是一门很美的艺术,一旦选择了这条路,希望读者坚持下来,慢慢体会。经历这么多年,颇有感慨,编了几句简词,一直用来鼓励自己,现在希望分享给读者。

> 耕牛何其苦,静在心中。
> 埋头艰难行,路在脚下。

　　天下没有免费的午餐,希望读者坚持努力,为心中的理想而奋斗。学习就要有耕牛的精神,不要急于求成,要埋下头来艰苦地投入精力、持续作战。

1.1　编程修行之路

　　笔者是自学计算机编程的,从 C 语言开始学习,逐步学习了信息管理技术、数据结构、数据库技术、Web 开发技术、网络技术、操作系统原理、内核编程等。上大学期间考过了计算机二级 C 语言、三级数据库技术、三级信息管理技术、计算机等级考试四级,为后来编程工作打下了坚实的基础。工作后,一直从事音视频和流媒体开发,包括视频播放器、视频转码器、流媒体服务器、直播系统、视频监控、图像处理等。

　　近年来音视频和流媒体,尤其是直播,发展得如火如荼。预计接下来的至少十年,音视频行业会一直流行下去。音视频作为媒体信息的载体,也会越来越普及,所以如果读者希望投入点精力与时间学习音视频,是一个非常好的选择。当然,音视频比较复杂,入门很难。虽然市面上的资料一大堆,但比较杂乱,初学者看后会更加有云里雾里的感觉。笔者借此机会,将相关知识整理成书,希望给读者带来一些帮助,少走弯路。

　　学习过程是痛苦的,一学即会的知识往往不值钱。笔者 20 年来一如既往,持续投入,付出了艰苦的努力,现在依然坚持探索。希望读者也能静下心来认真学习,一遍看不懂,就看两遍、三遍,书读百遍其义自见。

　　天道酬勤,只要愿意努力,坚持下来,一定会有所收获。当然,学习是有路径的,需要一步一步地深入,尽量少走弯路,如图1-1所示。刚开始可以先熟悉某门编程语言,如 C、C++或 Java,动手实践做几个项目,其次需要系统地学习操作系统的 API 与核心编程,包括 Windows 和 Linux,然后升华一个高度,从架构、设计模式的角度出发看待问题,最后可以学习内核编程,精通内核原理。至此,技术深度上基本过关了,然后横向扩展,四通八达,将知识体系完备起来并灵活应用。

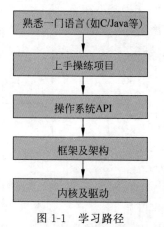

图 1-1　学习路径

　　随着学习的深入,要一点一点地探索,提升内功修为,逐步达到一种境界:用程序实现功能,如探囊取物,如入无人之境。例如中国的古人飞将军在仓促之间,一箭发出,竟能射到石棱之中,可见内功修为之深厚。

> 林暗草惊风,将军夜引弓。
> 平明寻白羽,没在石棱中。

　　这么多年编程,程序已逐步成为生活的一部分。希望读者苦练基本功,拳不离手,曲不离口,慢慢地一定也能体会到其中的乐趣。既然选择了编程这条路,就要持之以恒,这里笔者再分享几句自编的简词,以共勉。

> 朝朝暮暮写代码,暮暮朝朝改 Bug。
> 青春年少立宏志,年少青春修践行。

1.2　选好发展方向

　　有两句话读者也许听说过,第一句是"在我的字典中,没有不可能",第二句是"不想当将军的士兵不是好士兵"。这两句话是谁说的呢?两百多年前的法国,一位出身殖民地的少年,在 30 岁那年,成为法兰西的首席执政官。他就是被赞誉为"恺撒和亚历山大终于后继有人,并且超过了他们"的拿破仑。是的,说这两句话的人,就是大名鼎鼎的拿破仑。

　　作为一名程序员,心中也应该有理想,发展方向大概有 3 种,包括项目管理、技术架构师、创业当老板。这几个方向各有千秋,每个人要根据自己的兴趣爱好及综合特征来合理选择。笔者选择的是纯技术路线,这么多年一直奋斗在研发第一线,喜欢钻研各种技术和架构。只有纯技术是不够的,业务方向选择的是"音视频和流媒体"。读者可以根据自己的实际情况选择一个方向,然后就要持之以恒地投入。

　　"有志者立长志,无志者常立志"。有这样一个故事,有两个学生拜师学棋,其中一个学生每次听课都是全神贯注的,一心一意地听老师讲解棋道,而另一个学生虽然很聪明,但上课总是心不在焉,而且他是今天想学下棋,明天又想学画画,不时地冒出来新的想法。有一次上课时,有一群天鹅从他们头上飞过,那个专心的学生头也没抬一下,浑然不知,而心不在焉的那位学生虽然看着像是在听课,可心里却想着怎么去射天鹅,将来成为一名出色的弓箭手。若干年后,那位专心致志的学生成为了一名出色的棋手,而另一位却一事无成。

1.3　从小白到大牛的炼钢之路

笔者有自己的微信服务群,不少学员反馈,不知道该怎么学习。经过分析汇总,笔者整理了"从小白到大牛的 3 年学习路径及计划",主要围绕技术方向,分 3 大部分,包括纯技术开发、音视频流媒体专业和项目实战,下面分别展开介绍。

第一,纯技术开发方向,需要学习的内容包括但不限于以下几方面。

(1) C++编程知识及技巧。

(2) 系统级编程,包括 Windows 和 Linux,必须熟练掌握系统 API,并可灵活运用。

(3) 框架与工具,例如 Qt 和 MFC,必须精通其中一种。

第二,音视频流媒体专业方向,需要学习的内容包括但不限于以下几方面。

(1) 音视频流媒体基础理论,必须认真学会基础理论,否则看代码就像在看天书。

(2) 编解码方向,需要精通 H.264、H.265、AAC、AC-3、MP3 等,包括原理和各个开源库,如 FFmpeg、libx264、libx265 等。

(3) 流媒体直播方向,需要精通各种直播协议,如 RTSP、RTMP、HLS、HTTP-FLV等,并钻研各个开源库,如 Live555、Darwin、SRS、ZLMediaKit、crtmpserver、WebRTC 等。

(4) 视频监控方向,包括原理和开源库,如 onvif + 281818、EasyMonitor、iSpy、ZoneMinder 等。

第三,项目实战方向,需要学习的内容包括但不限于以下几方面。

(1) Qt 项目,至少要亲手练习 10 个实战项目,包括网络服务器、多线程、数据库、图像处理、音视频处理、多人聊天、XML 和 JSON 处理等。

(2) 音视频项目,包括编解码、视频监控、直播等各个方向都需要亲手练习实战项目,包括视频服务器、后台管理系统、多端播放器等。

第 2 章

音视频入门

本章讲解音视频方面的基本概念,引导读者快速建立起宏观的知识体系,为后续章节打好基础。在日常生活中,音视频随处可见,但专业词汇很复杂,包括音频、视频、编解码、封装容器等。数字电视简称DTV,指的是从电视节目录制、播出到发射、接收全部采用数字编码与数字传输技术的新一代电视。短视频泛指在各种新媒体平台上播放的、适合在移动状态和短时休闲状态下观看的、高频推送的视频内容,播放时长从几秒到几分钟不等。

2.1 音视频入门引言

近年来5G技术的飞速发展同时也加速了音视频产业的发展。音视频是一门非常复杂的专业,令很多初学者望而生畏。多媒体是多种媒体的综合,一般包括文本、声音和图像等多种媒体形式,涉及的概念比较杂乱,例如媒体、多媒体与多媒体技术等。

2.1.1 5G+将推动音视频行业高度融合发展

5G+与AI技术结合,促进了音视频行业的飞速发展。音视频产业的发展一直由需求和技术创新双轮驱动,并且互为因果。在AI时代,技术创新将不断挖掘音视频产业的潜力,使其有更强的信息承载能力和更具潜力的应用价值,从而不断推进产业升级。今天,"直播+语音"场景掀起了线上互动的浪潮,而保障实时音视频传输的流畅、稳定、高清,达到完美的用户体验,是对实时音视频技术的考验。

2.1.2 音视频产业将迎来新的商机

在5G将会影响的领域中,音视频产业是重要部分。"5G+音视频产业"将会深入挖掘音视频产业的无限潜力,加速与云计算、人工智能等领域的深度融合,不断催生新的业态和新的商业模式。

近年来,IP视频网络领域最重要的发展之一是高质量视频的传输,无论视频网络中的域名数量如何,都能高达4K/60/4∶4∶4+HD,并且接近零延迟(低于1ms)。音视频传输中的这一里程碑不仅是技术上的胜利,它还为各种应用中的用户终端带来显著的好处。

AV over IP 就是在标准 IP 媒介上发送未经压缩的音频与视频信息。再复杂一点,就是把信号源进行编码,把降低比特率的压缩内容在 IP 媒介上传输,但总地来讲,它是指在标准 IP 网络上延长和切换视频和音频信号源。这意味着技术发展到今时今日,输入和输出信号已经无时、无刻、无处不在。信号源可以是"任何"和"许多",包括桌面 PC 输出、视频摄像机、媒体播放器、卫星/有线电视机顶盒等。

1. 医疗卫生领域

2019 年 6 月,全球首例骨科手术机器人多中心 5G 远程手术在北京积水潭医院机器人远程手术中心完成,如图 2-1 所示。

图 2-1　5G+远程手术

2019 年 9 月,全球首个 5G 远程全门诊服务,在中国人民解放军总医院海南医院和海南省三沙市人民医院之间正式开通。

有了 5G 网络的速度,医疗专业人士也正在寻求能提供卓越图像质量和色彩的视频技术(带有 HDR 的 4K),并希望实际操作与屏幕上显示出来的画面尽可能同步,因此可以发现,5G 时代给 IP 视频网络领域带来了无限的机遇。

2. 现场表演和高等教育应用

对于现场表演和高等教育应用而言,在使用视频墙或投影的活动中,AV over IP 可以将延迟最小化,达到用户难以察觉的程度,如图 2-2 所示。

它还可以确保不在现场观看的观众,也会看到、听到和感受到与现场观众一致的内容。

3. 博物馆

博物馆对于技术应用,特别是对于视频技术应用十分看重。因为博物馆设计师的目标是设计出吸引观众、使观众有参与感并且使观众沉浸的新方式。对于同时涉及数十个同步源,使用 4K 显示器和音频区的博物馆,设计公司通常在综合评估后,最终会选择基于 IP 的零延迟网络进行信号管理和分发。

4. 公共安全

越来越多的用户终端要求高质量视频和零延迟发布。在公共安全领域,尤其在应急管理中心和紧急行动中,更希望获得最佳图像质量和最快分配的应用,如图 2-3 所示。

图 2-2　5G＋现场表演与高等教育应用

图 2-3　5G＋公共安全应用

5．命令与控制中心

　　无论是在工业领域还是其他更高深的领域,都要求能提供极高分辨率、低延迟的视频,并有一定规模和性能水平的应用,而这些只能通过基于 IP 的系统提供。例如,指挥控制中心要求极高的视频分辨率和几乎零延迟的视频发布,如图 2-4 所示。

　　例如,NASA 最近在一个太空飞行中心安装了这样一个系统,要求在以 4K 视频直播来观察测试空间系统时,将视频延迟降低到最低限度。

图 2-4　5G＋远程控制应用

6．商业管理

在许多场景中,零延迟音视频分配也具有高实用性和高感知价值。如一个国际基金会最近安装了一个零延迟音视频分配系统,用于在向跨国董事会提供视频演示时,提高同步翻译的同步率。对于会议室演示而言,零延迟视频系统还能消除在移动鼠标时,显示屏上的光标经常出现的延迟。

2.1.3　未来音视频产业发展的新转变

随着5G与音视频领域的融合发展,未来音视频产业发展将会迎来几个新转变:一是音视频产业会有质的飞跃,新阶段技术创新将扮演着更为重要的作用;二是音视频产业会面临全新的生态,随着知识产权和版权保护数字技术的发展,数字音视频会实现爆发式增长,未来会形成一个全域的音视频服务生态,达到数万亿级的市场规模;三是音视频产业会处于一个大的创新期,发展方式将由规模竞争、资本竞争转变为以人才为核心的创新能力的竞争。

1．5G 技术为产业赋能

目前,5G 时代已经开启,5G＋人工智能也给音视频产业的发展带来了许多新的课题。音视频正在加快与人工智能、5G 信息显示等领域的融合,不断催生新业态和商业模式,同时视频技术正经历由数字标清、高清向超高清的重点演进,带动视频采集、制作、传输、呈现等加速变革。

2．超高清大屏市场大有可为

超高清时代正在全面到来,相比 1080P 视频,超高清视频的码流、分辨率、帧率、比特率、色彩饱和度都有非常大的提升,这些提升让视频数据量呈几何倍数增长,而 5G 带来的大带宽、低时延及广覆盖,可以保证超高清视频高质量传输,让有条件的观众通过更大的屏幕全面拓展和提升影像的观看感受。

3．助力场景化智慧生活

新一轮科技革命是人工智能、物联网、5G 和超高清显示的高速融合创新,落脚点是要充分利用和挖掘音视频产业的潜力,让其有更强的信息承载能力和更具潜力的应用价值,从而为消费升级、行业创新、健康医疗、社会治理提供新场景、新动能、新要素和新工具。

家庭智慧中心也会成为未来的一种发展趋势。家庭作为人们使用时间长、频率高的场所,在人工智能的应用上具有天然优势,因此也成为人工智能争夺的入口。人工智能给老年人提供了更多的便利,现在的电视已经支持语音操控,无须遥控器操控,同时支持很多方言,老年人可以和电视很好地互动,这对于年轻人来讲可能用处不大,但对老年人生活质量的改善非常大。

近年来,大数据智能产业一路高歌猛进,通过科技手段智慧化服务千家万户,尤其是人工智能和多光复成像等技术在最近几年发展很快,为传统中医的发展带来了一个重要的机遇。例如,北京某高科技视觉技术公司,通过 AI 和医疗的结合,开发出了一个舌象终端,主要通过云端做一些分析,包括口腔舌头的分割、病情的判断,以此做出一个诊断报告,最终通过药食同源方法来解决问题。

2.1.4　自学音视频的困惑

随着移动网络速度越来越快、质量越来越高,音视频技术已经在各种应用场景下全面开花,如语音通话、视频通话、视频会议、远程白板、远程监控等。音视频技术的开发也越来越受到重视,但是由于音视频开发涉及的知识面比较广,入门门槛相对较高,让许多初学者望而生畏。

虽然网上有很多博文总结了音视频技术的学习路线,但是相关的知识都相对独立,有讲音视频解码相关的,有讲 OpenGL 相关的,也有讲 FFmpeg 相关的,还有讲 RTP/RTCP、RTMP、RTSP、HLS/M3U8 等流媒体通信相关的,但是对于新手来讲,把所有的知识衔接并串联起来,以便很好地理解所有的知识,却是非常困难的。

笔者在学习音视频开发的过程中,深刻体会到了由于知识分散、过渡断层所带来的种种困惑和痛苦,因此希望通过自己的理解,把与音视频开发相关的知识总结出来,并形成专业图书,循序渐进,剖析各个环节,最终达到以下目的:对自己所学的知识做一个总结和巩固,同时也帮助想从事音视频开发但入门困难的读者。

2.2　音视频基础概念

日常生活中,音视频随处可见,但从技术角度来看,音视频到底是什么呢? 这个问题涉及几个专业概念,包括视频、音频、编解码、封装容器、音视频等。

2.2.1　视频

1．动画书

不知道读者小时候是否玩过一种动画小人书,连续翻动的时候,小人书的画面就会变成一个动画,类似现在的 gif 格式图片(翻动速度一定要够快),如图 2-5 所示。本来是一本静态的小人书,通过翻动以后,就会变成一个有趣的小动画,如果画面够多,翻动速度够快,这其实就是一个小视频。

图 2-5　小人书与视频

视频的原理正是如此,由于人类眼睛的特殊结构,在画面快速切换时,画面会有残留(视觉暂留),感觉起来就是连贯的动作,所以视频本质上就是由一系列图片构成的。

2．视频

视频(Video)技术泛指将一系列静态影像以电信号的方式加以捕捉、记录、处理、存储、传送与重现的各种技术。当连续的图像变化超过每秒 24 帧画面以上时,根据视觉暂留原理,人眼无法辨别单幅的静态画面,看上去是平滑连续的视觉效果,这样连续的画面叫作视频。

视频技术最早是为了电视系统而发展的,但现在已经发展为各种不同的格式以方便消费者将视频记录下来。网络技术的发达也促使视频的记录片段以串流媒体的形式存在于因特网上并可被计算机接收与播放。拍摄视频与拍摄电影属于不同的技术,后者是利用照相术将动态的影像捕捉为一系列的静态照片。常见的视频格式有 AVI、MOV、MP4、WMV、FLV、MKV 等。

3．视频帧

帧(Frame)是视频的一个基本概念,表示一幅画面,如上面的翻页动画书中的一页就是一帧。一段视频是由许多帧组成的。

4．帧率

帧率即单位时间内帧的数量,单位为 f/s。如动画书中,一秒内会翻过多张图片,翻过的图片越多,画面越顺滑,过渡越自然。

帧率一般有以下几个典型值。

(1) 29.97f/s:1 秒 30 000/1001 帧。

(2) 24f/s 或 25f/s:1 秒 24 或 25 帧,一般的电视/电影帧率。

(3) 30f/s 或 60f/s:1 秒 30 或 60 帧,游戏的帧率,30 帧可以接受,60 帧会感觉十分流畅。

一般来讲,85f/s 以上人眼基本无法察觉出来画面过渡了,所以过高的帧率在普通视频里没有太大的意义。

5．色彩空间

这里只讲常用的两种色彩空间(也叫颜色空间、颜色模式),即 RGB 和 YUV。RGB 色彩空间应该是最常见的一种,在现在的电子设备中应用广泛。通过 R、G、B 这 3 种基础色,可以混合出所有的颜色。

YUV 色彩空间并不常见,这是一种亮度与色度分离的色彩空间。早期的电视都是黑白的,即只有亮度值 Y。有了彩色电视以后,加入了 U、V 两种色度,形成现在的 YUV,也叫 YCbCr。其中 Y 表示明亮度(Luminance 或 Luma),也就是灰度值,而 U 和 V 表示的则是色度(Chrominance 或 Chroma),其作用是描述影像色彩及饱和度,用于指定像素的颜色。

亮度是通过 RGB 输入信号来建立的,其方法是将 RGB 信号的特定部分叠加到一起。

色度定义了颜色的两个方面,即色调与饱和度,分别用 Cr 和 Cb 来表示。其中,Cr 反映了 RGB 输入信号红色部分与 RGB 信号亮度值之间的差异,而 Cb 反映的是 RGB 输入信号蓝色部分与 RGB 信号亮度值之间的差异。

YUV 的含义如下。

(1) Y:亮度,即灰度值。除了表示亮度信号外,还含有较多的绿色通道量。

(2) U:蓝色通道与亮度的差值。

(3) V:红色通道与亮度的差值。

Y、U、V 这 3 个分量的效果差值,如图 2-6 所示。

6. YUV 的优势

人眼对亮度敏感,但对色度不敏感,因此减少部分 UV 的数据量,人眼却无法感知出来,这样可以通过压缩 UV 的分辨率,在不影响观感的前提下,减小视频的大小。

彩图

YUV 主要用于优化彩色视频信号的传输,使其向后兼容老式黑白电视。与 RGB 视频信号传输相比,它最大的优点在于只需占用极少的频宽(RGB 要求 3 个独立的视频信号同时传输)。

采用 YUV 色彩空间的重要性是它的亮度信号 Y 和色度信号 U、V 是分离的。如果只有 Y 信号分量而没有 U、V 分量,则表示的图像就是黑白灰度图像。彩色电视采用 YUV 色彩空间正是为了用亮度信号 Y 解决彩色电视机与黑白电视机的兼容问题,使黑白电视机也能接收彩色电视信号。

图 2-6 Y、U、V 分量图

7. RGB 和 YUV 的换算

未量化的 Y、U、V 取值一般是 $(0,255)$,量化就是通过线性变换让 Y、U、V 处于一定的范围内,例如让 $Y(0,255)$ 变到量化后的 $Y'(16,235)$,那么对应的变换公式是 $Y'=Y\times[(235-16)/255]+16$。

YUV 和 RGB 之间的转换有以下公式。

1）未量化的小数形式转换公式

$$R = Y + 1.4075 \times (V - 128)$$
$$G = Y - 0.3455 \times (U - 128) - 0.7169 \times (V - 128) \tag{2-1}$$
$$B = Y + 1.779 \times (U - 128)$$

$$Y = 0.299 \times R + 0.587 \times G + 0.114 \times B$$
$$U = (B - Y)/1.772 \tag{2-2}$$
$$V = (R - Y)/1.402$$

或写为

$$Y = 0.299 \times R + 0.587 \times G + 0.114 \times B$$
$$U = -0.169 \times R - 0.331 \times G + 0.5 \times B \tag{2-3}$$
$$V = 0.5 \times R - 0.419 \times G - 0.081 \times B$$

2）未量化的整数形式转换公式

$$R = Y + ((360 \times (V - 128)) \gg 8)$$
$$G = Y - (((88 \times (U - 128) + 184 \times (V - 128))) \gg 8) \tag{2-4}$$
$$B = Y + ((455 \times (U - 128)) \gg 8)$$

$$Y = (77 \times R + 150 \times G + 29 \times B) \gg 8$$
$$U = ((-44 \times R - 87 \times G + 131 \times B) \gg 8) + 128 \tag{2-5}$$
$$V = ((131 \times R - 110 \times G - 21 \times B) \gg 8) + 128$$

3）量化后的转换公式

$$R = 1.164 \times Y + 1.596 \times V - 222.9$$
$$G = 1.164 \times Y - 0.392 \times U - 0.823 \times V + 135.6 \tag{2-6}$$
$$B = 1.164 \times Y + 2.017 \times U - 276.8$$

$$Y = 0.257 \times R' + 0.504 \times G' + 0.098 \times B' + 16$$
$$U = -0.148 \times R' - 0.291 \times G' + 0.439 \times B' + 128 \tag{2-7}$$
$$V = 0.439 \times R' - 0.368 \times G' - 0.071 \times B' + 128$$

其中，R'、G'、B' 指带有 Gamma 矫正后的 R、G、B。

2.2.2　音频

1. 基本知识

音频数据的承载方式最常用的是脉冲编码调制，即 PCM。在自然界中，声音是连续不断的，是一种模拟信号，怎样才能把声音保存到计算机中呢？目前最常用的办法是把声音进行数字化处理，即转换为数字信号，然后存储到磁盘。

声音是一种波，有振幅和频率，所以要保存声音，就要保存声音在各个时间点上的振幅，但数字信号并不能连续保存所有时间点的振幅，事实上，并不需要保存连续的信号也可以还原出人耳可接受的声音。

根据奈奎斯特采样定理,为了不失真地恢复模拟信号,采样频率应该不小于模拟信号频谱中最高频率的 2 倍。根据以上分析,PCM 的采集分为以下步骤:

模拟信号→采样→量化→编码→数字信号

音频是一个专业术语,人类能够听到的所有声音都称为音频,它可能包括噪声。声音被录制下来以后,无论是说话声、歌声、乐器声都可以通过数字音乐软件处理。例如,把它制作成 CD,这时候所有的声音没有改变,因为 CD 本来就是音频文件的一种类型。

2. 采样率和采样位数

采样率,即采样的频率。上面提到,采样率要大于原声波最高频率的 2 倍,人耳能听到的最高频率约为 20kHz,所以为了满足人耳的听觉要求,采样率至少应为 40kHz,通常为 44.1kHz,更高的频率通常为 48kHz。

注意:人耳听觉频率范围为[20Hz,20kHz]。

采样位数涉及上面提到的振幅量化。波形振幅在模拟信号上是连续的样本值,而在信号中,数字信号一般是不连续的,所以模拟信号量化以后,只能取一个近似的整数值。为了记录这些振幅值,采样器会使用一个固定的位数,通常是 8 位、16 位或 32 位,如表 2-1 所示。

注意:位数越多,记录的值越准确,还原度越高,但是占用的硬盘空间越大。

表 2-1 音频采样位数

位　数	最　小　值	最　大　值
8	−128	127
16	−32 768	32 767
32	−2 147 483 648	2 147 483 647

3. 音频编码

由于数字信号是由 0 和 1 组成的,因此,需要将幅度值转换为一系列 0 和 1 进行存储,也就是编码,最后得到的数据就是数字信号,即一连串 0 和 1 组成的数据。

音频编码是指要在计算机内播放或者处理音频文件,也就是要对声音文件进行数、模转换,这个过程同样由采样和量化构成,人耳所能听到的声音,最低的频率是 20Hz,而最高频率为 20kHz。20kHz 以上的声音人耳是听不到的,因此音频文件格式的最大带宽是 20kHz,所以采样速率需要介于 40Hz～50kHz,而且对每个样本需要更多的量化位数。

音频数字化的标准是每个样本 16 位 −96dB 的信噪比,采用线性脉冲编码调制(PCM),每个量化步长都具有相等的长度。在音频文件的制作中,采用的正是这个标准。

音频的数字化编码过程如图 2-7 所示。

4. 声道数

声道数是指所支持的能发不同声音的音响的个数,常见的声道数如下。

(1)单声道:1 个声道。

(2)双声道:两个声道。

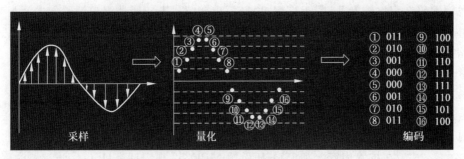

图 2-7 音频的数字化编码过程

（3）立体声道：默认为两个声道。

（4）立体声道（4 声道）：4 个声道。

5. 码率

码率指一个数据流中每秒能通过的信息量，单位为 b/s，可以用以下公式计算：

$$码率 = 采样率 \times 采样位数 \times 声道数 \tag{2-8}$$

6. 音频格式

常见的音频格式有 CD、WAVE、MP3、MIDI、AAC、WMA、AC-3 等。

2.2.3 音视频编码

这里的编码和上面音频中所提到的"数字化编码"不是同一个概念，是特指压缩编码。

在计算机的世界中，一切数据都是由 0 和 1 组成的，音频和视频数据也不例外。由于音视频的数据量庞大，如果按照裸流数据存储，将需要耗费非常大的存储空间，也不利于传送，而在音视频数据中，其实包含了大量 0 和 1 的重复数据，因此可以通过一定的算法来压缩这些 0 和 1 的数据。特别是在视频中，由于画面是逐渐过渡的，因此在整个视频中，包含了大量画面/像素的重复，这正好提供了非常大的压缩空间。因此，编码可以大大减小音视频数据的大小，让音视频更容易存储和传送。那么，未经编码的原始音视频，数据量到底有多大呢？以一个分辨率为 1920×1080 像素且帧率为 30f/s 的视频为例，共有 1920×1080＝2 073 600 像素，每像素是 24b（假设采取 RGB24），也就是每幅图片为 2 073 600×24b＝49 766 400b。8b（位）＝1B（字节），所以，49 766 400b＝6 220 800B≈6.22MB。这是一幅 1920×1080 图片的原始大小（6.22MB），再乘以帧率 30，也就是说，每秒视频的大小是 186.6MB，每分钟大约是 11GB，一部 90 分钟的电影，约为 990GB。

1. 视频编码

视频编码的格式有很多，例如 H.26x 系列和 MPEG 系列的编码，这些编码格式都是为了适应时代的发展而出现的。H.26x（1/2/3/4/5）系列由国际电信联盟（International Telecommunication Union，ITU）主导。MPEG（1/2/3/4）系列由运动图像专家组（Motion Picture Experts Group，MPEG）主导。当然，他们也有联合制定的编码标准，也就是现在主流的编码格式 H.264，还有下一代更先进的压缩编码标准 H.265。

视频编码知识比较专业,限于篇幅,这里简单介绍一下。所谓视频编码方式就是对数字视频进行压缩或者解压缩(视频解码)。通常这种压缩属于有损数据压缩。也可以通过特定的压缩技术,将某个视频格式转换成另一种视频格式。

常见的编码方式如下。

1) H.26x 系列

由 ITU 主导,包括 H.261、H.262、H.263、H.264、H.265。

(1) H.261:主要在老的视频会议和视频电话产品中使用。

(2) H.262:在技术内容上和 ISO/IEC 的 MPEG-2 视频标准(ISO/IEC13818-2)一致。

(3) H.263:主要在视频会议、视频电话和网络视频中使用。

(4) H.264:H.264/MPEG-4 第十部分,或称高级视频编码(Advanced Video Coding, AVC),是一种视频压缩标准,也是一种被广泛使用的高精度视频的录制、压缩和发布格式。

(5) H.265:高效率视频编码(High Efficiency Video Coding,HEVC)是一种视频压缩标准,是 H.264/MPEG-4 AVC 的继任者。HEVC 被认为不仅提升了图像质量,同时也能达到 H.264/MPEG-4 AVC 两倍压缩率(等同于同样画面质量下比特率减少了 50%),可支持 4K 分辨率甚至超高画质电视,最高分辨率可达 8192×4320(8K 分辨率),这是目前发展的趋势。

2) MPEG 系列

由 ISO 下属的 MPEG 开发,主要包括以下几种。

(1) MPEG-1 第二部分:主要使用在 VCD 上,有些在线视频也使用这种格式。该编解码器的质量大致上和原有的 VHS 录像带相当。

(2) MPEG-2 第二部分:等同于 H.262,使用在 DVD、SVCD 和大多数数字视频广播系统和有线分布系统(Cable Distribution Systems)中。

(3) MPEG-4 第二部分:可以使用在网络传输、广播和媒体存储上。比起 MPEG-2 和第一版的 H.263,它的压缩性能有所提高。

(4) MPEG-4 第十部分:技术上和 ITU 的 H.264 是相同的标准,有时候也被叫作 AVC。这两个编码组织合作,诞生了 H.264/MPEG-4 AVC 标准。ITU-T 将这个标准命名为 H.264,而 ISO/IEC 称它为 MPEG-4 AVC。

3) 其他系列

其他系列包括 AMV、AVS、Bink、CineForm、Cinepak、Dirac、DV、RealVideo、RTVideo、SheerVideo、Smacker、Sorenson Video、VC-1、VP3、VP6、VP7、VP8、VP9、WMV 等。

2. 音频编码

原始的 PCM 音频数据包含非常大的数据量,因此需要对其进行压缩编码。和视频编码一样,音频也有很多的编码格式,如 WAV、MP3、WMA、APE、FLAC 等,音乐发烧友应该对这些格式非常熟悉,特别是后两种无损压缩格式。

这里以 AAC 格式为例,直观地了解音频压缩格式。AAC 是新一代的音频有损压缩技术,是一种高压缩比的音频压缩算法。在 MP4 视频中的音频数据,大多数时候采用的是

AAC 压缩格式。AAC 格式主要分为两种：音频数据交换格式（Audio Data Interchange Format，ADIF）和音频数据传输流（Audio Data Transport Stream，ADTS）。

1）ADIF

ADIF 的特征是可以确定地找到这个音频数据的开始，不需在音频数据流中间开始解码，即它的解码必须在明确定义的开始处进行。ADIF 常用在磁盘文件中，只有一个统一的头（Head），所以必须得到所有的数据后才能解码。

2）ADTS

ADTS 的特征是它是一个有同步字的比特流，解码可以在这个流中的任何位置开始。它的特征类似于 MP3 数据流格式。ADTS 可以在任意帧解码，它的每一帧都有头信息。这两种格式的 header 格式也是不同的，目前一般编码所采用的是 ADTS 格式的音频流。

ADIF 数据格式为 header | raw_data。ADTS 的一帧数据格式如图 2-8 所示（中间部分为帧格式，左右省略号为前后数据帧）。

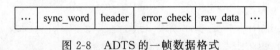

图 2-8 ADTS 的一帧数据格式

3. 硬解码和软解码

在一些播放器中会看到有硬解码和软解码两种播放形式供选择，但是大多数时候并不能感觉出它们的区别，对于普通用户来讲，只要能播放就行了。它们的内部究竟有什么区别呢？在手机或者 PC 上，都会有 CPU、GPU 或者解码器等硬件。通常，计算是在 CPU 上进行的，而 GPU 主要负责画面的显示（是一种硬件加速）。

软解码是指利用 CPU 的计算能力来解码，通常如果 CPU 的能力不是很强，解码速度则会比较慢，也可能出现发热现象，但是，由于使用统一的算法，兼容性会很好。

硬解码指的是利用专门的解码芯片来加速解码，通常硬解码的解码速度会快很多，但是由于硬解码由各个厂家实现，质量参差不齐，非常容易出现兼容性问题。

2.2.4 音视频容器

细心的读者可能已经发现，前面介绍的各种音视频的编码格式，没有一种是平时使用到的视频格式，例如 MP4、RMVB、AVI、MKV、MOV 等。这些常见的视频格式，其实是包裹了音视频编码数据的容器，用来把特定编码标准编码的视频流和音频流混在一起，成为一个文件。例如，MP4 支持 H.264、H.265 等视频编码和 AAC、MP3 等音频编码。MP4 是目前最流行的视频格式，在移动端，一般将视频封装为 MP4 格式。

2.3 多媒体基础概念

多媒体是多种媒体的综合，一般包括文本、声音和图像等多种媒体形式。多媒体涉及的概念比较杂乱，例如媒体、多媒体与多媒体技术等。

2.3.1 媒体

媒体(Media)是指信息的载体,其本质是信息传播的技术和手段。ITU把媒体分为五大类。

(1)感觉媒体:是指直接作用于人的感觉器官,从而为人的感知系统所接受的信息形态或媒体形式。感觉媒体主要有文字、声音、图形、图像、动画、视频等形态。

(2)表示媒体:是指感觉媒体在电子设备、计算机、网络等系统内部的存在形式,即编码形态的媒体。例如,计算机系统中的 ASCII 码、国家标准汉字字符集的区位码、字符的点阵码等,还有音频、图像与视频编码。

(3)表现媒体:是指将编码形式的媒体显示成感觉媒体的设备或技术。表现媒体包括显示器、投影仪、打印机、绘图仪、有源或无源音箱等。

(4)存储媒体:是指用于存放表示媒体(编码形态的媒体)的设备或技术,如内存、寄存器、磁盘、磁带、光盘、优盘等。

(5)传输媒体:是指用于传送表示媒体的设备或技术,如双绞线、电缆、光纤等,甚至包括用于直接传播声音的空气、传播无线电信号的电磁波。

2.3.2 多媒体

多媒体(MultiMedia)是指能够同时处理两种以上感觉媒体的计算机系统,其目标是为用户提供更丰富的应用体验。

与多媒体相关的概念非常多,而且比较杂乱,例如高清、标清、1080P、720P、M3U8、TS、H.264、MP3、MPEG-4 等,如图 2-9 所示。

图 2-9 杂乱的多媒体概念

视频分辨率有标清、高清、超清等。

标清:480P 以下(480 电视线逐行扫描),如 VCD 机、老式 DVD 机、国内数字电视。

高清:720P 或 1080I(720 电视线逐行扫描,1080 电视线隔行扫描),各国规定不一致,我国规定 720P 为高清。

超清:1080P(1080 电视线逐行扫描),关于超清的标准,国际上公认的有两条:视频垂直分辨率超过 720P 或 1080P；视频宽高比为 16∶9。

常见的视频编码有 H.264、H.265、VP8、VP9 等。常见的音频编码有 AAC、MP3、AC-3等。视频封装格式有 TS、M3U8、FLV、MP4、AVI 等。

2.3.3　多媒体技术

多媒体技术是指通过计算机对文字、数据、图形、图像、动画、声音等多种媒体信息进行综合处理和管理，使用户可以通过多种感官与计算机进行实时信息交互的技术，又称为计算机多媒体技术。真正的多媒体技术所涉及的对象是计算机技术的产物，而其他的单纯事物，如电影、电视、音响等，均不属于多媒体技术的范畴。

多媒体技术中的媒体主要是指前者，就是利用计算机把文字、图形、影像、动画、声音及视频等媒体信息数位化，并将其整合在一定的交互式界面上，使计算机具有交互展示不同媒体形态的能力。它极大地改变了人们获取信息的传统方法，符合人们在信息时代的阅读方式。

多媒体技术有以下几个特征：第一是媒体类型或媒体技术的多样性，一个可以被称为多媒体的应用系统，必须至少集成了两种不同类型的媒体及其相关技术。第二是媒体内容的同步性（Synchronization），在多媒体应用系统中，多种媒体是融合在一起的，它们是以一种协同的方式工作的。第三是交互性（Interactive），与交互性密切相关的另外两个概念是人机交互（Human-Computer Interaction，HCI）和人机界面（Human-Computer Interface，HCI）。

2.3.4　多媒体的应用领域

多媒体应用主要包括以下几大领域。

（1）大众传媒：传播速度快、覆盖范围广、影响效果大的媒体，主要包括报纸、广播、电视、电影、互联网等。

（2）消费电子领域：是指用于个人和家庭并与广播、电视有关的各类音频和视频产品。

（3）现代教育技术领域：是指建立在信息与网络技术基础之上的教育教学手段所构成的系统。

（4）多媒体通信领域：是指用数字信号作为载体来传输消息，或用数字信号对载波进行数字调制后再传输的通信方式。

（5）Web 应用：是指基于浏览器/服务器模型的应用系统，在客户端表现为浏览器页面，是一种以 HTTP 协议为核心的网络应用。

（6）物联网领域：是通过各种信息传感设备及系统，如传感器网络、射频识别（Radio Frequency Identification，RFID）、红外感应器、条码与二维码、全球定位系统、激光扫描器等和其他基于物物通信模式的短距离无线传感网络，按约定的协议，把物体接入互联网所形成的一个巨大的智能网络。

（7）游戏领域：是指各种游戏规则与声音、图像、视频相结合的软件产品。

2.4　数字电视基础概念

数字电视是一种新鲜事物。其实,"数字电视"的含义并不是指一般人家中的电视机,而是指电视信号的处理、传输、发射和接收过程中使用数字信号的电视系统或电视设备。其具体传输过程是:由电视台送出的图像及声音信号,经数字压缩和数字调制后,形成数字电视信号,经过卫星、地面无线广播或有线电缆等方式传送,由数字电视设备接收后,通过数字解调和数字音视频解码处理还原出原来的图像及伴音。因为全过程均采用数字技术处理,所以信号损失小,接收效果好。

2.4.1　数字电视简介

数字电视(Digital Television,DTV),是从电视节目录制、播出到发射、接收全部采用数字编码与数字传输技术的新一代电视。从节目采集、节目制作、节目传输一直到用户端都以数字方式处理信号,即从演播室到发射、传输、接收的全部环节都使用数字信号,或者通过0、1数字串所构成的数字序列进行传播。它具有许多优点,如可实现双向交互业务、抗干扰能力强、频率资源利用率高等,可提供优质的电视图像和更多的视频服务,例如交互电视、远程教育、会议电视、电视商务、影视点播等。

数字电视是继黑白模拟电视、彩色模拟电视之后的第三代电视类型,是相对模拟电视而言的概念。和模拟电视相比,数字电视画质更高,功能更强,音效更佳,内容也更丰富,通常还具备交互性和通信功能。

电视数字化是电视发展史上又一次重大的技术革命。数字电视不但是一个由标准、设备和节目源生产等多个部分相互支持和匹配的技术系统,而且将对相关行业产生影响并促进其发展。采用数字技术不仅使各种电视设备获得比原有模拟式设备更高的技术性能,而且还具有模拟技术所不能实现的新功能,使电视技术进入崭新时代。

2.4.2　数字电视的发展历程

数字技术是近20年来发展最快的技术之一。总体来看,数字技术在电视上的应用及发展总体分为3个主要阶段。

第一阶段:20世纪80年代之前,当时以研究开发单独的局部设备为主,投入使用的设备主要有数字时基校正器(DTBC)、数字帧同步机(DFS)、数字特技机(DVE)等。

第二阶段:20世纪80年代到90年代,这一阶段的特点是成功开发了数字整机电视设备,如数字录像机、数字信号处理摄像机等。

第三阶段:20世纪90年代以后,在这一阶段,数字电视技术已开始从单个设备向整个系统发展,一些研究机构提出了全数字化的数字电视广播标准,如欧洲的数字视频广播格式、美国的ATSC格式等,而且数字电视技术与高清晰度电视技术结合在一起,一些发达国家已经开始进行数字电视或数字高清晰度电视系统的试播。

2.4.3　数字电视的基本原理

在传统的模拟电视中,模拟电视信号通过调制在无线电射频载波上发送出去。广播信道可以是地面广播、有线电视网或卫星广播。数字电视则是将电视信号进行数字化采样,其信号的数据率是很高的,演播室质量的数字化电视信号的数据率为 200Mb/s。要在原模拟电视频道带宽内传输如此高速率的数字信号是不可能的,因此,必须发展数据压缩技术。

实现数据压缩技术的方法有两种:一是在信源编码过程中进行压缩,利用人类听觉与视觉效应去除信号中的多余成分,在不影响收听与收看效果的前提下尽量压缩数据率;二是改进信道编码,发展新的数字调制技术,提高单位频宽数据传送速率。在信源编码方面,IEEE 的 MPEG 专家组已发展制定了 ISO/IEC11172 MPEG-1 和 ISO/IEC13818 MPEG-2 两项国际标准。MPEG-1 的输入视频格式为 CIF352×288,主要用于 CD-ROM、VCD 或 T1 (E1)线路传输,码率为固定的 1.5Mb/s;MPEG-2 供数字电视使用,它支持标准分辨率的 16:9 宽屏及高清晰度电视等多种格式,其码率可变,为 3~40Mb/s。

信源编码是把节目源的模拟信号变为数字信号,再经过 MPEG-2 压缩编码,形成数字信号源,并根据多个节目传输的要求,编为复用码流。MPEG-2 是未来的广播电视数字压缩的国际标准。采用不同的层和级组合即可满足从家庭质量到广播级质量及将要播出的高清晰度电视质量不同的要求,其应用面很广。从进入家庭的 DVD 到卫星电视、广播电视微波传输都采用了这一标准。

数字电视的传输途径可分为 3 种:数字卫星电视、数字有线电视和数字地面开路电视。这 3 种数字电视的信源编码方式相同,都是 MPEG-2 的复用数据包,但由于它们的传输途径不同,它们的信道编码也采用了不同的调制方式。例如,在欧洲 DVB 数字电视系统中,数字卫星电视系统(DVB-S)采用正交相移键控(OPSK)调制;数字有线电视系统(DVB-C)采用正交振幅调制(QAM);数字地面开路电视系统(DVB-T)采用更为复杂的编码正交频分复用调制(COFDM)。

2.4.4　数字电视的分类

数字电视可以按以下几种方式分类。

(1) 按信号传输方式可以分为地面无线传输地面数字电视、卫星传输卫星数字电视、有线传输有线数字电视三类。

(2) 按产品类型可以分为数字电视显示器、数字电视机顶盒、一体化数字电视接收机。

(3) 按清晰度可以分为低清晰度数字电视(Low Definition Television,LDTV),其图像水平清晰度大于 250 线;标准清晰度数字电视(Standard Definition Television,SDTV),其图像水平清晰度大于 500 线;高清晰度数字电视(High Definition Television,HDTV),其图像水平清晰度大于 800 线。VCD 的图像格式属于低清晰度数字电视水平,DVD 的图像格式属于标准清晰度数字电视水平。

(4) 按显示屏幕幅型可以分为 4:3 幅型比和 16:9 幅型比两种类型。

(5) 按扫描线数显示格式可以分为 HDTV(扫描线数大于 800 线)和 SDTV(扫描线数为 500～800 线)等。

2.4.5　数字电视的优点

数字电视技术与原有的模拟电视技术相比,有以下优点。

(1) 信号杂波比和连续处理的次数无关。电视信号经过数字化后用若干位二进制的两个电平来表示,因而在连续处理过程中或在传输过程中引入杂波后,其杂波幅度只要不超过某一额定电平,通过数字信号再生,都可能把它清除掉,即使某个杂波电平超过额定值,造成误码,也可以利用纠错编解码技术把它们纠正过来,所以在数字信号的传输过程中,不会降低信杂比,而模拟信号在处理和传输中,每次都可能引入新的杂波,为了保证最终输出有足够的信杂比,就必须对各种处理设备提出较高信杂比的要求。模拟信号要求 S/N>40dB,而数字信号只要求 S/N>20dB。模拟信号在传输过程中噪声逐步积累,而数字信号在传输过程中,基本上不会产生新的噪声,即信杂比基本不变。

(2) 可避免系统非线性失真的影响,而在模拟系统中,非线性失真会造成图像的明显损伤。

(3) 数字设备输出信号稳定可靠。因数字信号只有 0 和 1 两个电平,1 电平的幅度大小只要满足处理电路中可能识别出是 1 电平即可,大一点、小一点无关紧要。

(4) 易于实现信号的存储,而且存储时间与信号的特性无关。近年来,大规模集成电路半导体存储器的发展,可以存储多帧的电视信号,从而完成用模拟技术不可能达到的处理功能。例如,帧存储器可用实现帧同步和制式转换等处理,获得各种新的电视图像特技效果。

(5) 由于采用数字技术,与计算机配合可以实现设备的自动控制和调整。

(6) 数字技术可实现时分多路,充分利用信道容量,利用数字电视信号中行、场消隐时间,可实现文字多工广播 Teletext。

(7) 压缩后的数字电视信号经数字调制后,可进行开路广播,在设计的服务区内(地面广播),观众将以极大的概率实现"无差错接收"(发 0 收 0,发 1 收 1),收看到的电视图像及声音质量非常接近演播室质量。

(8) 可以合理利用各种类型的频谱资源。以地面广播而言,数字电视可以启用模拟电视禁用频道(Taboo Channel),而且在今后能够采用单频率网络(Single Frequency Network)技术,例如 1 套电视节目仅占用同 1 个数字电视频道而覆盖全国。此外,现有的 6MHz 模拟电视频道,可用于传输 1 套数字高清晰度电视节目或者 4～6 套质量较高的数字常规电视节目,或者 16～24 套与家用 VHS 录像机质量相当的数字电视节目。

(9) 在同步转移模式(STM)的通信网络中,可实现多种业务的动态组合(Dynamic Combination)。例如,在数字高清晰度电视节目中,经常会出现图像细节较少的时刻。这由于压缩后的图像数据量较少,便可插入其他业务,如电视节目指南、传真、电子游戏软件等,而不必插入大量没有意义的"填充比特"。

(10) 很容易实现加密/解密和加扰/解扰技术,便于专业应用,包括军用及广播应用特别是开展各类收费业务。

(11) 具有可扩展性、可分级性和互操作性,便于在各类通信信道特别是异步转移模式(ATM)的网络中传输,也便于与计算机网络联通。可以与计算机"融合"而构成一类多媒体计算机系统,成为未来"国家信息基础设施"的重要组成部分。

2.4.6　数字电视的相关技术

数字电视涉及的技术非常多,而且比较复杂,主要包括以下几方面。

1. 数字电视广播流程及实现手段

数字电视广播流程及实现手段主要包括制作与编辑、信号处理、广播与传输、接收与显示几个过程。目前用于数字节目制作的手段主要有数字摄像机和数字照相机、计算机、数字编辑机、数字字幕机;用于数字信号处理的手段有数字信号处理(DSP)技术、压缩、解压、缩放等技术;用于传输的手段有地面广播传输、有线电视传输、卫星广播(DSS)及宽带综合业务网(ISDN)、DVD 等;用于接收显示的手段有阴极射线管显示器(CRT)、液晶显示器、等离子体显示器、投影显示(包括前投、背投)等。

视频编码技术的主要功能是完成图像的压缩,使数字电视的信号传输量由 995Mb/s 减少为 20～30Mb/s。视频编码计算时主要有以下客观依据:第一是图像时间的相关性,即视频信号由连续图像组成,相邻图像有很多相关性,找出这些相关性就可减少信息量。第二是图像空间的相关性,例如图像中有一大块单一颜色,那么不必把所有像素存储。人眼的视觉特性,即人眼对原始图像各处失真敏感度不同,对不敏感且无关紧要的信息给予较大的失真处理,即使这些信息全部丢失了,人眼也可能觉察不到;相反,对人眼比较敏感的信息,则尽可能减少其失真。第三是事件间的统计特性,即事件发生的概率越小,则其熵值越大,表示信息量越大,需分配较长的码字;反之,发生的概率越大,则其熵值越小,只需分配较短的码字。

与视频编解码相同,音频编解码主要功能是完成声音信息的压缩。声音信号数字化后,信息量比模拟传输状态大得多,因而数字电视的声音不能像模拟电视的声音那样直接传输,而是要多一道压缩编码工序。音频信号的压缩编码主要利用了人耳的听觉特性。第一是听觉的掩蔽效应。在人的听觉上,一个声音的存在掩蔽了另一个声音的存在,掩蔽效应是一个较为复杂的心理和生理现象,包括人耳的频域掩蔽效应和时域掩蔽效应。第二是人耳对声音的方向特性。对于 2kHz 以上的高频声音信号,人耳很难判断其方向性,因而立体声广播的高频部分不必重复存储。

国际上对数字图像编码曾制定了 3 种标准:主要用于电视会议的 H.261,主要用于静止图像的 JPMG 标准,以及用于连续图像的 MPEG 标准。在 HDTV 视频压缩编解码标准方面,美国、欧洲、日本没有分歧,都采用了 MPEG-2 标准。MPEG 压缩后的信息可以供计算机处理,也可以在现有和将来的电视广播频道中进行分配。在音频编码方面,欧洲、日本采用了 MPEG-2 标准;美国采纳了杜比公司(Dolby)的 AC-3 方案,MPEG-2 为备用方案。对于我国来讲,信源编解码标准也会与美国、欧洲、日本一样采用 MPEG-2 标准。

2. 数字电视的复用系统

数字电视的复用系统是 HDTV 的关键部分之一,从发送端信息的流向来看,它将视频、音频、辅助数据等编码器送来的数据比特流,经处理复合成单路串行的比特流,送给信道编码及调制。接收端与此过程正好相反。

模拟电视系统不存在复用器。在数字电视中,复用器把音频、视频、辅助数据的码流通过一个打包器打包(这是通俗的说法,其实是数据分组),然后复合成单路。目前网络通信的数据都是按一定格式打包传输的。HDTV 数据的打包使其具备了可扩展性、分级性、交互性的基础。付费电视是现在和将来电视发展的一个方向。复用器可对打包的节目信息进行加扰,使其随机化,接收机具有密钥才能解扰。

在 HDTV 复用传输标准方面,美国、欧洲、日本也没有分歧,都采用了 MPEG-2 标准。美国已有了 MPEG-2 解复用的专用芯片。我国也会采用 MPEG-2 作为复用传输的标准。HDTV 数据包长度是 188 字节,正好是 ATM 信元的整数倍。今后以光纤为传输介质,以 ATM 为信息传输模式的宽带综合业务数字网极有可能成为未来"信息高速公路"的主体设施,可用 4 个 ATM 信元完整地传送一个 HDTV 传送包。

3. 数字电视的信道编解码及调制解调

数字电视的信道编解码及调制解调通过纠错编码、网格编码、均衡等技术提高信号的抗干扰能力,通过调制把传输信号放在载波或脉冲串上,为发射做好准备。目前所讲的各国数字电视的制式,标准不能统一,主要是指各国在该方面的不同,具体包括纠错、均衡等技术的不同,带宽的不同,尤其是调制方式的不同。数字传输的常用调制方式:第一是正交振幅调制(QAM),调制效率高,要求传送途径的信噪比高,适合有线电视电缆传输。第二是四相移相键控(QPSK)调制,调制效率高,要求传送途径的信噪比低,适合卫星广播。第三是残留边带(VSB)调制,抗多径传播效应好(消除重影效果好),适合地面广播。第四是编码正交频分复用调制(COFDM),抗多径传播效应和同频干扰好,适合地面广播和同频网广播。美国地面电视广播迄今仍占其电视业务的一半以上,因此,美国在发展高清晰度电视时首先考虑的是如何通过地面广播网进行传输,并提出了以数字高清晰度电视为基础的标准 ATSC。美国 HDTV 地面广播频道的带宽为 6MHz,调制采用 8VSB。美国的卫星广播电视采用 QPSK 调制,电缆电视采用 QAM 或 VSB 调制。从 1995 年起,欧洲陆续发布了数字地面开路电视系统(DVB-T)、数字卫星电视系统(DVB-S)、数字有线电视系统(DVB-C)的标准。欧洲数字电视首先考虑的是卫星信道,采用 QPSK 调制。欧洲地面广播数字电视采用 COFDM 调制、8MB 带宽。欧洲电缆数字电视采用 QAM 调制。日本数字电视首先考虑的是卫星信道,采用 QPSK 调制,并在 1999 年发布了数字电视的标准。

2.5　短视频基础概念

随着网红经济的出现,短视频行业飞速发展。各大视频公司或优秀团队为了抢占市场,都投入了很多资源。短视频带货也是一个非常热门的应用。

2.5.1 短视频的简介

短视频泛指在各种新媒体平台上播放的、适合在移动状态和短时休闲状态下观看的、高频推送的视频内容,播放时长只有几秒到几分钟不等。短视频的内容融合了技能分享、幽默搞怪、时尚潮流、社会热点、街头采访、公益教育、广告创意、商业定制等主题。由于内容较短,可以单独成片,也可以成为系列栏目。

短视频即短片视频,是一种互联网内容传播方式,一般是在互联网新媒体上传播的时长在5min以内的视频;随着移动终端的普及和网络的提速,短平快的大流量传播内容逐渐获得各大平台、用户和资本的青睐。

随着网红经济的出现,视频行业逐渐崛起一批优质UGC内容制作者,微博、秒拍、快手、今日头条等纷纷入局短视频行业,募集一批优秀的内容制作团队入驻。近几年,短视频行业竞争进入白热化阶段,内容制作者也偏向PGC化专业运作。

短视频没有精确的定义,各大视频公司都可以给出自己的定义。近几年,各大视频平台都在抢跑布局,争取成为短视频行业的领军者。究竟有多短才能算短视频?是横屏还是竖屏?例如某视频公司为短视频抛出一个定义:"57s,竖屏",但这只是一个具体的应用,不是短视频行业的工业标准。A公司说57s竖屏,B公司说要短到15s,C公司坚持10s最合适,而D公司则说5min!一千个人眼中有一千个"哈姆雷特",2020年已经过去,这场定义之战还没有停止,但这些并不重要,短视频就是短视频,没有必要给出具体的定义,如图2-10所示。

图 2-10　短视频到底是什么

2.5.2 短视频的特点

不同于微电影和直播,短视频制作并没有像微电影一样具有特定的表达形式和团队配置要求,具有生产流程简单、制作门槛低、参与性强等特点,又比直播更具有传播价值,超短的制作周期和趣味化的内容对短视频制作团队的文案及策划功底有着一定的挑战。

优秀的短视频制作团队通常依托于成熟运营的自媒体或IP,除了高频稳定的内容输出外,也有强大的用户渠道。短视频的出现丰富了新媒体原生广告的形式。下面详细分析一下短视频的几大特点。

1. 时间短,内容丰富有趣

短视频指常在各种新媒体平台上播放、适合在移动状态和休闲状态下观看的视频内容,视频时长一般在 5s～5min。相对于文字和图片来讲,视频能够带给用户更好的视觉体验,在表达时也更加生动形象,能够将创作者希望传达的信息更真实、更生动地传达给受众。因为时间有限,短视频展示出来的内容往往都是精华,符合用户碎片化的观看习惯,降低人们参与的时间成本。短视频有个核心理念,即时间短,视频时长能控制在 10s,就不要 11s,如果内容不精湛,不在视频的前 3s 抓住用户,后面就更难抓住。

2. 制作过程简单

在短视频诞生之前,视频制作的经典案例就是制作电视剧。在常规认知中,制作视频是需要专业团队才能做到的事情,门槛极高,但是随着短视频的兴起,个人可以通过手机自行拍摄,通过简单的处理就可以上传至网络,收获流量,吸引用户。于是创作者大量增加,短视频之所以能逐步发展起来,离不开千千万万的个人创作者。当人人都能参与制作的时候,大众积极性就能调动起来,整个行业发展也更迅速。

3. 互动性与草根性

在各大短视频应用中,用户一般可以对视频进行点赞、评论,甚至还可以给视频发布者私信,视频发布者也可以对评论进行回复。这样就增强了视频发布者和用户之间的互动,一定程度上也增加了社交黏合性。

短视频的兴起,让一部分"草根"短视频创作者火了起来。和传统媒介相比,短视频的门槛稍微低了一些,短视频的创作者可根据市场的走向和最近火爆的元素来创作作品,这类作品受到众多网友的喜爱,一批"草根"明星应运而生。

4. 搞笑娱乐性与创意性强

当前一些节目团队的制作内容大多偏向创意类轻喜剧,该类视频短剧以搞笑创意为主,迅速在网上斩获了大批用户。这些带有娱乐性、轻松幽默的短视频很大程度上缓解了人们来自于现实中的压力,在业余休息时间打开看一看,能给枯燥的生活带来一丝丝乐趣,甚至能让用户有"上瘾"的感觉,不看就会感觉缺少些什么。

在任何时候,有创意的内容总会让人眼前一亮,对于短视频来讲更是如此。现在的短视频创作百花齐放,吸引着人们去观看,如果想在其中脱颖而出,就需要大量的想法和创意。短视频常常运用充满个性和创意的剪辑手法,或制作精美震撼,或运用比较动感的转场和节奏,或加入解说、评论等,让人看完一遍还觉得不过瘾,想再看一遍。

5. 传播性强与方便营销

由于短视频的制作门槛低,发布渠道多样,可以直接在平台上分享自己制作的视频,以及观看、评论、点赞他人的视频,容易促成裂变式传播和在熟人间传播。丰富的传播渠道和方式能够使短视频传播的力度更大、范围更广、交互性更强。

在快节奏的生活方式下,大多数人在获取日常信息时习惯追求"短、平、快"的消费方式。短视频传播的信息观点鲜明、内容集中、言简意赅,容易被用户理解与接受,一个短短的视频,播放量会比长篇视频播放量高得多。

　　与其他营销方式相比,短视频营销可以准确地找到目标用户,更加精准。因为不同身份、年龄的人看的视频类型不同,可以根据想吸引的用户去精准垂直制作视频,更方便卖出货品。例如,目前多数短视频运营平台植入广告,用户在看短视频的时候经常会刷到广告,短视频中或者直播中还会插入购物链接,就很方便用户在观看视频的同时购买自己所需要的商品,也达到更好的营销效果。

2.5.3　短视频带货

　　做短视频最关心的问题之一就是到底什么样的内容能带货?是不是只有好物短视频平台才可以带货?答案是否定的,好物短视频平台确实是最方便的,因为用户群体是非常精准的,但短视频带货是把双刃剑,做短视频的第一件大事就是能把内容传播出去。如果播放量只有 200,即使内容特别好也没有用。其次是人设信任度,一旦人设信任度崩塌,就更难把商品卖出去了。

图 2-11　短视频带货

　　短视频带货需要综合考虑用户变现、精准引流、开通初创带货等,如图 2-11 所示。

　　短视频吸引注意力需要从标题、封面、内容等几方面入手。

1. 标题

　　标题必须吸引人,在前 3s 就把用户的眼球吸引住。标题不仅是为了吸引注意力,最重要的是怎样获取精准用户,平台会根据标题决定是否推荐。标题的作用就是让精准受众一看就知道要表达的主题是什么,更利于精准引流。标题的类型有很多种,但必须简洁明了,可以加入悬念、反问、疑问式等。写标题没有固定的模式,也没有固定的模板,也可以随着自己的角度去写,有时候就靠感觉。不同的人写标题的模式及手法也不同,因人而异,当然效果也不同。

2. 封面

　　选择最精彩的画面作为封面,吸引用户观看。之后也可统一封面,这样会让账号权重更高,垂直度较精准,这样也能迅速获取"精准粉"。

3. 音乐

　　优先用热门音乐,根据实际情况具体选择。

4. 内容

　　视频内容不能单薄,应富有创意性,可选择搞笑内容,画面应感人,但视频一定要短而精。

第 3 章

音视频开发常用工具

工欲善其事,必先利其器。音视频知识比较复杂,掌握几款常用的音视频工具,对于初学者非常有帮助,可以做到事半功倍。VLC 是一款功能很强大的开源播放器,支持多种常见音视频格式,支持多种流媒体传输协议,也可当作本地流媒体服务器使用。MediaInfo 用来分析视频和音频文件的编码和内容信息。Elecard Stream Analyzer 是一款简单小巧的码流分析工具,通过该软件,用户可以快速地分析视频序列码流。FFmpeg 是一个跨平台的音视频处理库,是一套可以用来记录、转换数字音视频,并能将其转化为流的开源计算机程序。

3.1 VLC 播放器简介

VLC 是一款功能很强大的开源播放器,VLC 的全名为 Video Lan Client,是一个开源的、跨平台的视频播放器。VLC 支持多种常见音视频格式,支持多种流媒体传输协议,也可当作本地流媒体服务器使用。官网下载网址为 https://www.videolan.org/。

3.1.1 VLC 播放器

VLC 多媒体播放器是 VideoLAN 计划的多媒体播放器。它支持众多音频与视频解码器及文件格式,并支持 DVD 影音光盘、VCD 影音光盘及各类流式协议。它也能作为 unicast 或 multicast 的流式服务器在 IPv4 或 IPv6 的高速网络连接下使用。它融合了 FFmpeg 的解码器与 libdvdcss 程序库,使其有播放多媒体文件及加密 DVD 影碟的功能。作为音视频的初学者,很有必要熟练掌握 VLC 这个工具。

3.1.2 VLC 的功能列表

VLC 是一款自由、开源的跨平台多媒体播放器及框架,可播放大多数多媒体文件、DVD、CD、VCD 及各类流媒体协议文件。VLC 支持大量的音视频传输、封装和编码格式,下面列出简要的功能列表。

(1) 操作系统包括 Windows、Windows CE、Linux、Mac OS X、BEOS、BSD 等。

(2) 访问形式包括文件、DVD/VCD/CD、HTTP、FTP、TCP、UDP、HLS、RTSP 等。

(3) 编码格式包括 MPEG、DIVX、WMV、MOV、3GP、FLV、H.264、FLAC 等。

（4）视频字幕包括 DVD、DVB、Text、Vobsub 等。

（5）视频输出包括 DirectX、X11、XVideo、SDL、FrameBuffer、ASCII 等。

（6）控制界面包括 WxWidgets、QT、Web、Telnet、Command line 等。

（7）浏览器插件包括 ActiveX、Mozilla 等。

3.1.3　VLC 播放网络串流

VLC 播放一个视频大致分为 4 个步骤：第一步，access，即从不同的源获取流；第二步，demux，即把通常合在一起的音频和视频分离（有的视频也包含字幕）；第三步，decode，即解码，包括音频和视频的解码；第四步，output，即输出，也分为音频和视频的输出（aout 和 vout）。

使用 VLC 可以很方便地打开网络串流。首先单击主菜单的"媒体"，选择"打开网络串流"，如图 3-1 所示，然后在弹出的对话框界面中输入网络 URL，如图 3-2 所示，单击"播放"按钮，即可看到播放的网络流效果，如图 3-3 所示。测试地址为 CCTV-1 高清频道 http://ivi.bupt.edu.cn/hls/cctv1hd.m3u8。

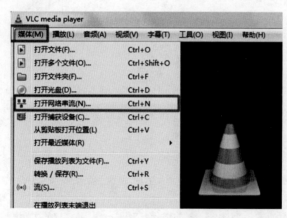

图 3-1　VLC 打开网络串流

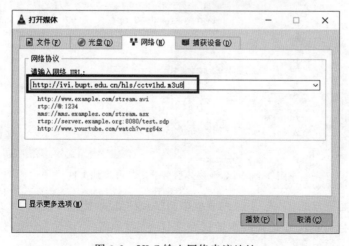

图 3-2　VLC 输入网络串流地址

图 3-3　VLC 播放 CCTV-1 高清频道

3.1.4　VLC 作为流媒体服务器

VLC 的功能很强大，它不仅是一个视频播放器，也可作为小型的视频服务器，一边播放一边转码，把视频流发送到网络上。VLC 作为视频服务器的具体步骤如下。

（1）单击主菜单"媒体"中的"流"选项。

（2）在弹出的对话框中单击"添加"按钮，选择一个本地视频文件，如图 3-4 所示。

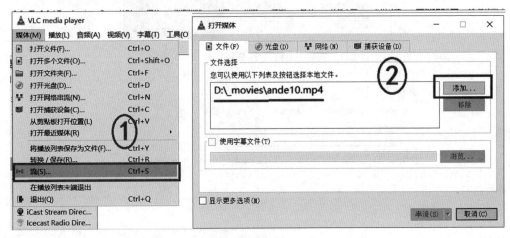

图 3-4　VLC 流媒体服务器之打开本地文件

（3）单击页面下方的"串流"下拉列表框中的"串流"选项，添加串流协议，如图 3-5 所示。

（4）该页面会显示刚才选择的本地视频文件，然后单击"下一个"按钮，如图 3-6 所示。

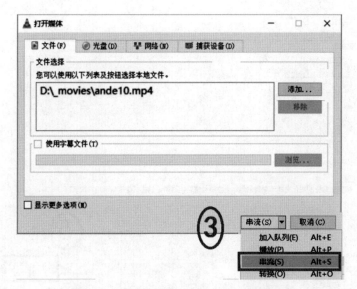

图 3-5　VLC 流媒体服务器之添加串流协议

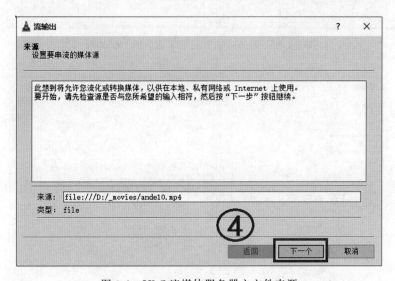

图 3-6　VLC 流媒体服务器之文件来源

（5）在该页面单击"添加"按钮，选择具体的流协议，例如 RTSP，然后单击"下一个"按钮，如图 3-7 所示。

（6）在该页面的下拉列表中选择"Video-H.264+MP3(TS)"，然后单击"下一个"按钮，如图 3-8 所示。

注意：一定要选中左上方的"激活转码"，并且需要是 TS 流格式。

（7）在该页面可以看到 VLC 生成的所有串流输出参数，然后单击"流"按钮即可，如图 3-9 所示。

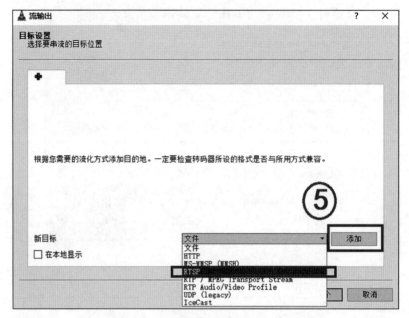

图 3-7　VLC 流媒体服务器之选择 RTSP 协议

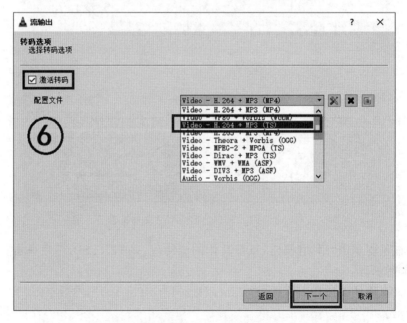

图 3-8　VLC 流媒体服务器之 Video-H. 264＋MP3(TS)

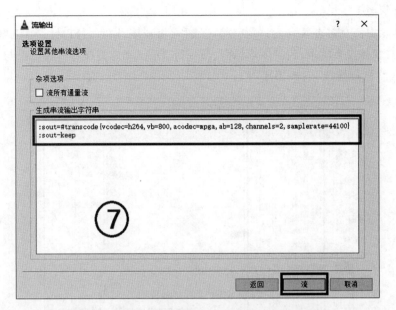

图 3-9 VLC 流媒体服务器之串流输出参数字符串

3.2 MediaInfo 简介

3.2.1 MediaInfo

MediaInfo 用来分析视频和音频文件的编码和内容信息,是一款自由软件,可以免费使用、免费获得源代码,许可协议是 GNU GPL/LGPL。

1. 获取多媒体文件信息

MediaInfo 可以获取的多媒体文件的基本信息,具体包括以下几方面。

(1) 内容信息:标题、作者、专辑名、音轨号、日期、总时间等。

(2) 视频:编码器、宽高比、帧频率、码率、比特率等。

(3) 音频:编码器、采样率、声道数、语言、比特率等。

(4) 文本:语言、字幕等。

(5) 段落:段落数、列表等。

2. 支持的格式

MediaInfo 支持的格式很多,具体包括以下几种格式。

(1) 视频:MKV、OGM、AVI、DivX、WMV、QuickTime、MPEG、DVD 等。

(2) 编码器:DivX、XviD、MSMPEG-4、ASP、H. 264、AVC 等。

(3) 音频:OGG、MP3、WAV、RA、AC-3、DTS、AAC、M4A、AU、AIFF 等。

(4) 字幕:SRT、SSA、ASS、SAMI 等。

3. 查看方式

MediaInfo 支持众多查看方式,包括文本、表格、树形图、网页、HTML、XML 等,如图 3-10 所示。它支持 3 种发布版本,包括图形界面、命令行、DLL(动态链接库),还可以与 Windows 资源管理器整合,包括拖放、右击菜单等。

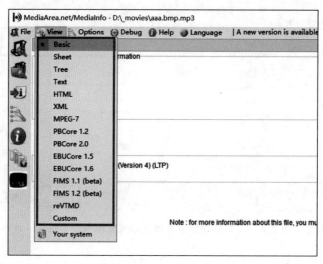

图 3-10　MediaInfo 查看方式

4. 国际化

MediaInfo 的软件界面可以轻松实现本地化,但需要当地的志愿者翻译语言文件。

3.2.2　MediaInfo 使用方法

如果需要查看少数媒体文件的信息,则可以直接把文件拖入 MediaInfo 应用界面,然后就会直接显示出文件的相关信息,也可以直接查看整个文件夹下的媒体文件信息,可以单击界面左侧中间的图标。无论采用哪种方式,都可以查看视频、音频、图片的格式信息,如图 3-11 所示。

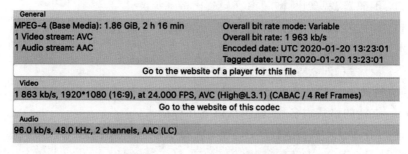

图 3-11　MediaInfo 显示媒体信息

3.2.3　MediaInfo 参数说明

媒体文件信息涉及的内容比较复杂，这里简单介绍一下。此处先把视图切换为 HTML（View 菜单→HTML）。可以看出，媒体的详细信息主要包括 3 部分的参数，分别是 General、Video、Audio，分别如图 3-12 和图 3-13 所示。

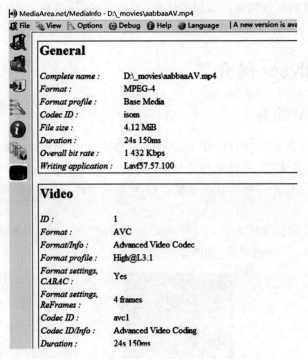

图 3-12　MediaInfo 以 HTML 格式显示媒体详细信息之一

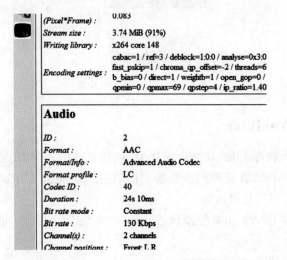

图 3-13　MediaInfo 以 HTML 格式显示媒体详细信息之二

（1）General 主要包括视频封装格式的信息，包括文件大小、文件时长、比特率、编码时间等。

（2）Video 主要包括视频编码的相关信息，包括编码器、Profile&Level、是否使用算术熵编码、比特率、视频文件大小、视频尺寸、帧率模式、帧率、色彩空间、扫描类型（逐行/隔行）、编码设置等。

（3）Audio 主要包括音频编码的相关信息，包括格式、声道数、编码格式、Profile、时长、比特率、是否有损压缩、音频的帧率等信息。

3.3　FlvAnalyser 简介

3.3.1　FLV 简介

直播推流的时候需要用到 RTMP 的视频数据格式。RTMP 的视频格式和 FLV 相似，通过查看 FLV 的格式文档，可以通过分析 FLV 格式来解析 RTMP 格式。RTMP 中的数据就是由 FLV 的 TAG 中的数据区构成的。FLV 是流媒体封装格式，可以将其数据看为二进制字节流。

总体上看，FLV 包括文件头（File Header）和文件体（File Body）两部分，其中文件体由一系列的 Tag 及 Tag Size 对组成，如图 3-14 所示。

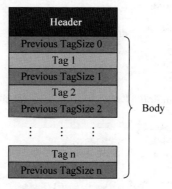

图 3-14　FLV 格式结构图

3.3.2　FlvAnalyser

FlvAnalyser 非常简单方便，功能也很强大，包括文件格式分析、数据分析、十六进制分析、时间戳分析、码率分析、音视频同步分析、日志记录、语法指南（FLV 基本语法）、视频或音频 ES 提取文件、时间信息提取等。

查看文件信息，单击 AV 工具栏按钮，选择一个本地 FLV 文件，即可看到分析的效果，如图 3-15 所示。

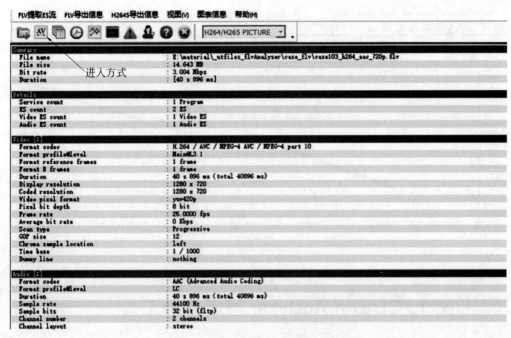

图 3-15　FlvAnalyser 分析文件信息

查看 Tag 列表信息，单击"FLV 提取 ES 流"工具栏按钮，可以查看语法详情、NALU 标注、二进制与十六进制切换等，显示效果如图 3-16 所示。

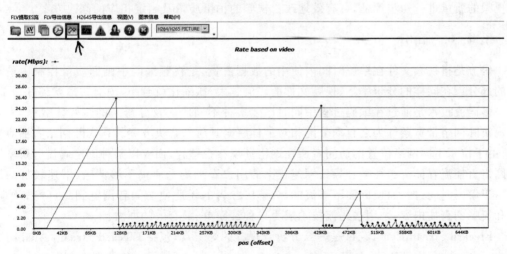

图 3-16　FlvAnalyser 分析 Tag 列表信息

查看时间信息，单击"小时钟"工具栏按钮，可以查看时间信息，显示效果如图 3-17 所示。

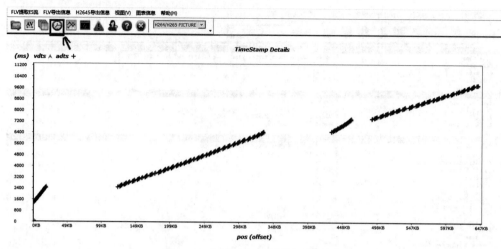

图 3-17　FlvAnalyser 分析时间信息

3.4　Elecard Stream Analyzer 码流分析工具

Elecard Stream Analyzer 是一款简单小巧的码流分析工具,通过该软件,用户可以快速地分析视频序列码流。软件操作简单,使用方便,用户只需将视频文件导入软件内,系统就会自动分析文件,分析后就会显示视频码的文件大小、码流类型、数据包数等内容,方便用户对视频的质量进行初步评估,可有效地改善视频的拍摄质量及制定相应的修改方案。

3.4.1　简介

码流是指视频文件在单位时间内使用的数据流量,是视频编码中画面质量控制中最重要的部分。在同样的分辨率下,视频文件的码流越大,压缩比就越小,画面质量就越好。

多码流技术是通过在编码过程中同时产生多种不同码流及分辨率的流媒体数据,根据用户实际网络带宽条件为之自动分配相对最佳解码画质的解决方案。在实际网络直播应用中,由于位于不同网络位置的访问者所在网络环境存在差异,而仅以某种固定码流分辨率进行网络直播流媒体传送往往会导致网速较高的用户看到的画质仍不够清晰,网速较低的用户由于解码时间过长而使画面不够流畅,为解决二者的矛盾使访问者浏览到尽可能兼顾清晰和流畅的直播内容,采用多码流技术成为一种最简单、最有效的办法。

Elecard StreamEye Tools 是一款分析音视频的好工具,包括 Elecard Stream Analyzer、Elecard StreamEye、Elecard YUV Viewer。

(1) Elecard StreamEye 用于编码视频的可视化表现,以及流结构分析,这些流是 MPEG-1/2/4 或 AVC/H.264 视频基本流(Video Element Stream,VES)、MPEG-1 的系统流(System Stream,SS)、MPEG-2 的程序流(Program Stream,PS)、MPEG-2 的传输流(Transport Stream,TS)。

（2）Elecard YUV Viewer 是用来看 YUV 视频文件数据序列的，和其他的文件相比较，找到二进制的图像是否是匹配的，并且可观看比较结果。应用程序允许用户计算度量的质量，例如 PSNR、NQI 和 VQM。

（3）Elecard Stream Analyzer 用于编码媒体流的语法分析，以及人类可读形式的展示。可以操作 MPEG-1 Video/Audio、MPEG-2 Video/Audio、AAC、AC-3、AVC/H. 264 等。Elecard Stream Analyzer 的主界面如图 3-18 所示。

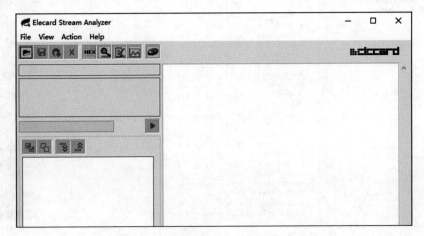

图 3-18　Elecard Stream Analyzer 主界面

3.4.2　功能列表

Elecard Stream Analyzer 是一个专业的视频码流分析工具，功能非常强大，拥有码流错误报告、TS 错误侦测和基于 ETSI TR101-290 的分析功能。能够对编码器媒体流进行深入句法分析；支持 H. 264/AVC、MPEG-2 TS/ PS 等多种常用的视频格式；可以将 ES 码流导出到文件；支持 HEX 浏览、导航和搜索；支持音视频交织分析；支持自动分析的命令行模式等。

Elecard Stream Analyzer 所支持的视频格式主要包括 MPEG-2 TS、MPEG-2 PS、MPEG-1/2 Video Stream、AVC/H. 264 Video Stream、HEVC/H. 265 Video Stream、VP9 Video Stream、MP4 File Container、MKV File Container、AVI File Container 等。

Elecard Stream Analyzer 支持的音频格式主要包括 MPEG-1/2 Audio Layer 1/2/3、Dolby Digital Audio、高级音频编码（Advanced Audio Coding，AAC）等。

安装好软件之后，打开一个本地视频文件，主界面如图 3-19 所示，会显示 SEI、序列参数集（Sequence Parameter Set，SPS）、图像参数集（Picture Parameter Set，PPS）、I/P/B Slice 等信息。

单击某帧可以查看详细信息，如图 3-20 所示，包括 frame_num、slice_type 等。

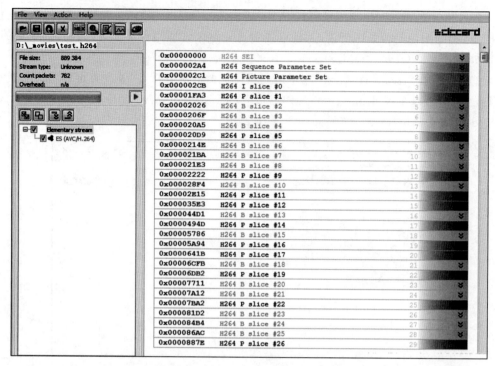

图 3-19　Elecard Stream Analyzer 打开本地 H.264 文件

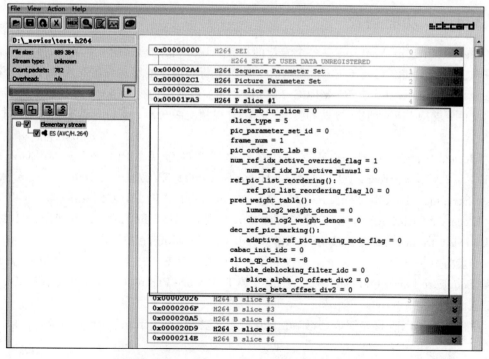

图 3-20　Elecard Stream Analyzer 查看帧详细信息

3.5 FFmpeg 简介

3.5.1 FFmpeg

FFmpeg 是一个跨平台的音视频处理库,是一套可以用来记录、转换数字音视频,并能将其转化为流的开源计算机程序,支持 Windows、Linux、Mac 等。FFmpeg 采用 LGPL 或 GPL 许可证,提供了录制、转换及流化音视频的完整解决方案,包含非常先进的音视频编解码库 libavcodec。为了保证高可移植性和编解码质量,libavcodec 中很多编解码算法都是全新开发的。

FFmpeg 包括几个常用的模块库,如下所述。

(1) libavformat:用于各种音视频封装格式的生成和解析,包括获取解码所需信息以生成解码上下文结构。

(2) libavcodec:用于各种类型音视频编解码。

(3) libavutil:包含一些公共的工具函数。

(4) libswscale:用于视频场景比例缩放、色彩映射转换等。

(5) libpostproc:用于后期效果处理等。

(6) libswresample:提供音频重采样功能,包括采样频率、声道格式等。

(7) libavfilter:用于滤波器处理,如音视频倍速、水平翻转、叠加文字等功能。

(8) libavdevice:包含输入/输出设备的库,实现音视频数据的抓取或渲染。

FFmpeg 提供了 3 个命令行工具,如下所述。

(1) ffmpeg:编解码小工具,可用于格式转换、解码或电视卡即时编码等。

(2) ffserver:一个 HTTP 多媒体即时广播串流服务器。

(3) ffplay:一个简单的播放器,使用 ffmpeg 库解析和解码,通过 SDL 显示。

FFmpeg 的开发分为两种,一种方式是直接使用所提供的这 3 个命令行工具进行多媒体处理,另一种是使用封装的上述 8 个模块库进行二次开发。

3.5.2 FFmpeg 命令行

FFmpeg 提供的命令行功能非常强大,包括但不限于以下功能。

(1) 列出支持的格式。

(2) 剪切一段媒体文件。

(3) 提取一个视频文件中的音频文件。

(4) 从 MP4 文件中抽取视频流并可导出裸的 H.264 数据。

(5) 视频静音,即只保留视频,使用命令参数-an。

（6）使用 AAC 音频数据和 H.264 视频生成 MP4 文件。

（7）音频格式转换。

（8）从 WAV 音频文件中导出 PCM 裸数据。

（9）将一个 MP4 文件转换为一个 GIF 动图。

（10）使用一组图片生成 GIF 动图。

（11）淡入效果器使用。

（12）淡出效果器使用。

（13）将两路声音合并，例如加背景音乐。

（14）为视频添加水印效果。

（15）视频提亮效果器。

（16）视频旋转效果器的使用。

（17）视频裁剪效果器的使用。

（18）将一段视频推送到流媒体服务器上。

（19）将流媒体服务器上的流下载并保存到本地计算机。

（20）将两个音频文件以两路流的形式封装到一个文件中。

注意：本书仅提供命令行功能列表，更详细的参数使用可关注后续的图书。

3.5.3　FFmpeg 开发包

当前 FFmpeg 最新的版本为 4.3.1，包括静态库、动态库、开发者 3 种版本。

（1）Static（静态库版本）：其中只有 3 个应用程序，包括 ffmpeg.exe、ffplay.exe、ffprobe.exe，每个 exe 应用程序的体积都很大，相关的 dll 文件已经被编译到 exe 程序中了。作为工具而言此版本最合适，不依赖动态库，为单个可运行程序。

（2）Shared（动态库版本）：其中除了 3 个应用程序 ffmpeg.exe、ffplay.exe、ffprobe.exe 之外，还有一些动态 dll 文件，例如 avcodec-54.dll 之类的文件。Shared 中的 exe 程序体积很小，它们在运行的时候，到相应的 dll 文件中调用功能。程序运行过程必须依赖于提供的 dll 文件，开发程序时必须下载该版本，因为只有该版本中有 dll 动态库，需要注意 Dev（开发者版本）中不包含这些 dll 动态库。

（3）Dev（开发者版本）：此版本用于开发，其中包含了库文件 xxx.lib 及头文件 xxx.h，这个版本不包含 exe 文件和 dll 文件。Dev 版本中 include 文件夹内包含了所有头文件，lib 文件夹中包含了所有编译开发所需要的库，但没有运行库，所以需要从 Shared 版本中获取。

最新的下载网址为 https://github.com/BtbN/FFmpeg-Builds/releases，如图 3-21 所示。也可扫描本书前言处"本书源代码下载"二维码来下载开发包和源代码。下载之后，解压出来即可，开发环境可以选择 Windows 10 64bit ＋QT5.9.8/VS2019。

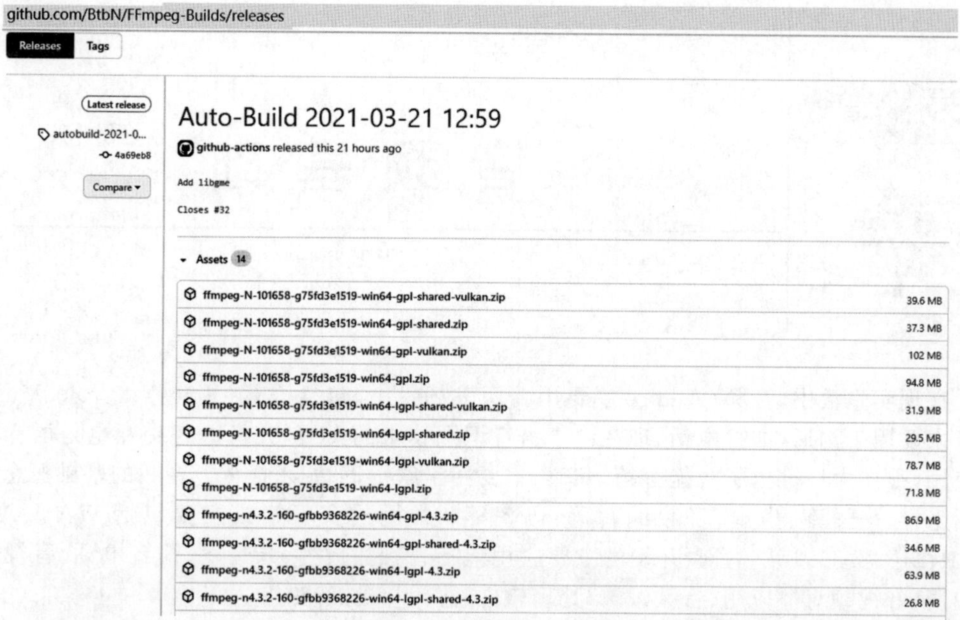

github.com/BtbN/FFmpeg-Builds/releases

Releases　Tags

Latest release
autobuild-2021-0...
-O- 4a69eb8
Compare ▾

Auto-Build 2021-03-21 12:59

github-actions released this 21 hours ago

Add libgme

Closes #32

▾ Assets 14

ffmpeg-N-101658-g75fd3e1519-win64-gpl-shared-vulkan.zip	39.6 MB
ffmpeg-N-101658-g75fd3e1519-win64-gpl-shared.zip	37.3 MB
ffmpeg-N-101658-g75fd3e1519-win64-gpl-vulkan.zip	102 MB
ffmpeg-N-101658-g75fd3e1519-win64-gpl.zip	94.8 MB
ffmpeg-N-101658-g75fd3e1519-win64-lgpl-shared-vulkan.zip	31.9 MB
ffmpeg-N-101658-g75fd3e1519-win64-lgpl-shared.zip	29.5 MB
ffmpeg-N-101658-g75fd3e1519-win64-lgpl-vulkan.zip	78.7 MB
ffmpeg-N-101658-g75fd3e1519-win64-lgpl.zip	71.8 MB
ffmpeg-n4.3.2-160-gfbb9368226-win64-gpl-4.3.zip	86.9 MB
ffmpeg-n4.3.2-160-gfbb9368226-win64-gpl-shared-4.3.zip	34.6 MB
ffmpeg-n4.3.2-160-gfbb9368226-win64-lgpl-4.3.zip	63.9 MB
ffmpeg-n4.3.2-160-gfbb9368226-win64-lgpl-shared-4.3.zip	26.8 MB

图 3-21　FFmpeg 下载界面

第4章

音 频 基 础

在现实生活中,音频(Audio)主要用在两大场景中,包括语音(Voice)和音乐(Music)。语音主要用于沟通,如打电话,现在由于语音识别技术的发展,人机语音交互也是语音的一个应用,很多大厂推出了智能音箱。音乐主要用于欣赏,如音乐播放。音频的基础概念主要包括采样、采样率、声道、音频编解码、码率等。常用的音频格式主要包括 WAV、AAC、AMR、MP3、AC-3 等。音频开发的主要应用包括音频播放器、录音机、语音电话、音视频监控应用、音视频直播应用、音频编辑/处理软件、蓝牙耳机/音箱等。

4.1 音频基础概念

音频是个专业术语,音频一词通常用作一般性描述音频范围内和声音有关的设备及其作用。人类能够听到的所有声音都称为音频,它可能包括噪声等。声音被录制下来以后,无论是说话声、歌声、乐器声都可以通过数字音乐软件处理,或是把它制作成 CD,这时候所有的声音没有改变,因为 CD 本来就是音频文件的一种类型,而音频是指存储在计算机中的声音。与音频相关的概念包括数字音频、音频采集、音频处理、音频应用场景、常见的音频格式、混音技术等。

4.1.1 声音和音频

声音和音频是两个不同的概念,这里简要介绍声音的三要素和音频的基础概念。

1. 声音的三要素

声音的三要素为频率、振幅和波形。频率是指声波的频率,即声音的音调,人类听觉的频率(音调)范围为[20 Hz, 20 kHz]。振幅是指声波的响度,通俗地讲就是声音的高低,可以理解为音量,例如一般男生的声音振幅(响度)大于女生。波形是指声音的音色,在同样的频率和振幅下,钢琴和小提琴的声音听起来是完全不同的,因为它们的音色不同。波形决定了其所代表声音的音色,音色不同是因为它们的介质所产生的波形不同。综上所述,声音的本质就是音调、音量和音色。音调是指频率,音量是指振幅,音色与材质有关。

声音响度和强度是两个不同的概念,声音的主观属性响度表示的是一个声音听起来有多响的程度。响度主要随声音的强度而变化,但也受频率的影响,例如中频纯音听起来比低频和高频纯音响一些。

声波波形,如图 4-1 所示。上半部分甲的振幅小,响度小;乙的振幅大,响度大,但甲和乙的音调是相同的。下半部分在相同时间内,甲的声波个数多,频率高,音调高;乙的声波个数少,频率低,音调低。

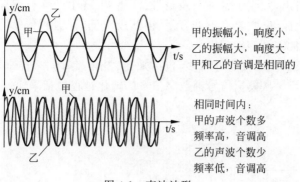

图 4-1　声波波形

2. 音频的基础概念

音频是一个专业词汇,相关的概念包括比特率、采样、采样率、奈奎斯特采样定律等。比特率表示经过编码(压缩)后的音频数据每秒需要用多少比特来表示,单位常为 kb/s。采样是把连续的模拟信号,变成离散的数字信号。采样率是指每秒采集多少个样本。音频数据的离散抽样,如图 4-2 所示。

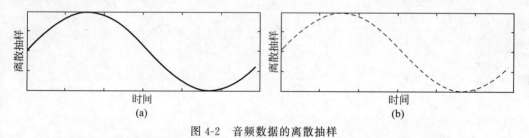

图 4-2　音频数据的离散抽样

奈奎斯特(Nyquist)采样定律规定当采样率大于或等于连续信号最高频率分量的 2 倍时,采样信号可以用来完美重构原始连续信号,奈奎斯特采样模拟如图 4-3 所示。

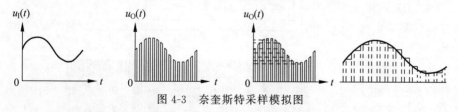

图 4-3　奈奎斯特采样模拟图

4.1.2　数字音频

数字音频是一种利用数字化手段对声音进行录制、存放、编辑、压缩或播放的技术,它是随着数字信号处理技术、计算机技术、多媒体技术的发展而形成的一种全新的声音处理手段。数字音频的主要应用领域是音乐后期制作和录音。

计算机数据的存储是以 0、1 的形式存储的,所以数字音频就是首先将音频文件进行转化,接着将这些电平信号转化成二进制数据保存,播放的时候把这些数据转化为模拟的电平信号再送到扬声器播出,数字声音和一般磁带、广播、电视中的声音就存储及播放方式而言有着本质区别。相比而言,它具有存储方便、存储成本低、存储和传输的过程中没有声音的失真、编辑和处理非常方便等特点。

数字音频所涉及的基础概念非常多,包括采样、量化、编码、采样率、采样数、声道数、音频帧、比特率、PCM 等。从模拟信号到数字信号的转化过程包括采样、量化、编码 3 个阶段,如图 4-4 所示。

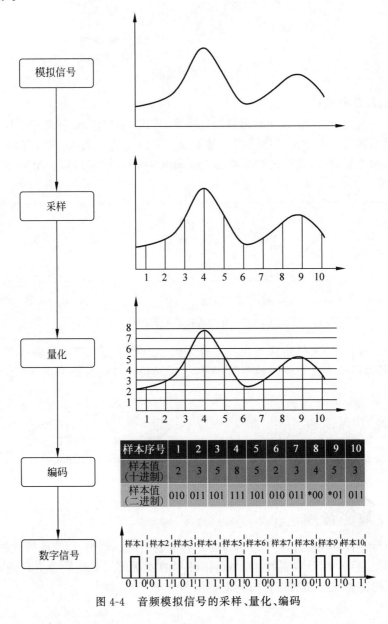

图 4-4 音频模拟信号的采样、量化、编码

1. 采样

采样是指只在时间轴上对信号进行数字化。根据奈奎斯特定律,当按照比声音最高频率的 2 倍以上进行采样时,采样信号可以用来完美重构原始连续信号。人类听觉的频率(音调)范围为[20Hz,20kHz],所以采样频率至少要大于 40kHz。采样频率一般为 44.1kHz,即 1s 采样 44 100 次,这样可保证声音达到 20kHz 也能被数字化。

采样率,简单来讲就是每秒获取声音样本的次数。声音是一种能量波,其具有音频频率和振幅的特征。采样的过程,其实就是抽取某点的频率值。如果在 1s 内抽取的点越多,获得的信息也就越多,采样率越高,声音的质量就越好,但并不是说采样率越高就越好,因为人耳的听觉范围为[20Hz,20kHz]。一般来讲,44 100Hz 的采样率已经能够满足基本要求了,更高的采样频率还有 48 000Hz。

采样数跟采样率、采样时间、采样位数和声道数有关系,即采样数等于采样率、采样时间、采样位数和声道数这几个参数的乘积。例如采样率为 44 100Hz,采样时间为 1s,采样位数为 16b,声道数为 2,那么采样数就等于 44 100×1×16×2＝1 411 200。

2. 量化

每个采样又该如何表示呢?这就涉及量化了。量化是指在幅度轴上对信号进行数字化。如果用 16 比特的二进制信号来表示一个采样,则一个采样所表示的范围为[−32 768,32 767]。

采样位数也叫采样大小、量化位数、量化深度、采样位深、采样位宽。采样位数表示每个采样点用多少比特表示,音频的量化深度一般为 8b、16b、32b 等。例如,当量化深度为 8b 时,每个采样点可以表示 256 个不同的量化值,而当量化深度为 16b 时,每个采样点可以表示 65 536 个不同的量化值。量化深度的大小会影响声音的质量,位数越多,量化后的波形越接近原始波形,声音的质量越高,而需要的存储空间也越大;位数越少,声音的质量越低,需要的存储空间越小。例如常见的 CD 音质采用的是 16b 的量化深度。采样精度用来指定采样数据的格式和每次采样的大小。例如数据格式为 PCM,每次采样位数为 16b。

3. 编码

每个量化都是一个采样,将这么多采样进行存储就叫作编码。所谓编码,就是按照一定的格式记录采样和量化后的数字数据,例如顺序存储或者压缩存储等。通常所讲的音频裸数据格式就是脉冲编码调制(PCM)数据。描述一段 PCM 数据通常需要几个概念,包括量化格式(通常为 16b)、采样率、声道数等。对于声音格式,还有一个概念用来描述它的大小,即比特率,即 1s 内的比特数目,用来衡量音频数据单位时间内的容量大小。

这里简单来说明 PCM(Pulse Code Modulation),它是指在原始收录声音时,数据会保存到一串缓冲区(Buffer)中,这串缓冲区采用了 PCM 格式存储。通常把音频采样过程也叫作脉冲编码调制编码,即 PCM 编码,采样值也叫 PCM 值。PCM 编码过程就是从模拟信号到数字信号的转化过程,包括抽样、量化和编码 3 个阶段。例如在 Windows 系统中,通过 WaveIn 或者 CoreAudio 采集声音,得到的原始数据就是一串 PCM 格式的 Buffer。

4．其他概念

从模拟信号到数字信号的转化过程包括采样、量化、编码这 3 个阶段，除此之外，数字音频还涉及几个基础概念。

通道数，即声音的通道数目，常见的有单声道、双声道和立体声道。记录声音时，如果每次只生成一个声波数据，称为单声道；每次生成两个声波数据，称为双声道（立体声）。立体声存储大小是单声道文件的两倍。单声道的声音通常使用一个扬声器发声，但也可以处理成两个扬声器输出同一个声道的声音，当通过两个扬声器回放单声道信息的时候，可以明显感觉到声音是从两个音箱中间传递到耳朵里的，无法判断声源的具体位置。双声道就是有两个声音通道，其原理是人们听到声音时可以根据左耳和右耳对声音的相位差来判断声源的具体位置。声音在录制过程中被分配到两个独立的声道中，从而达到了很好的声音定位效果。

音频跟视频不太一样，视频的每一帧就是一副图像，但是音频是流式的，本身没有一帧的概念。对于音频来讲，确实没有办法明确定义出一帧。例如对于 PCM 流来讲，采样率为44 100Hz，采样位数为 16b，通道数为 2，那么 1s 音频数据的大小是固定的，共 44 100×16b×2÷8＝176 400B。通常情况下，可以规定一帧音频的概念，例如规定每 20ms 的音频是一帧。

比特率（码率），是指音频每秒传送的比特数，单位为 b/s。比特率越大表示单位时间内采样的数据越多，传输的数据量就越大。例如对于 PCM 流，采样率为 44 100Hz，采样大小为 16b，声道数为 2，那么比特率为 44 100×16×2＝1 411 200b/s。

一个音频文件的总大小，可以根据采样率、采样位数、声道数、采样时间来计算，即文件大小＝采样率×采样时间×采样位数×声道数÷8。

4.1.3　音频采集

音频技术用于实现计算机对声音的处理。声音是一种由物体振动而产生的波，当物体振动时，使周围的空气不断地压缩和放松，并向周围扩散，这就是声波，人可以听到的音频频率范围为[20Hz,20kHz]。人可以听到声音的 3 个要素是音量、音调和音色，其中音量是声音的强度，取决于声音的振幅；音调与声音的频率有关，频率高则声音高，频率低则声音低；音色是由混入基音的泛音决定的。每个基音又都有固有的频率和不同音强的泛音，从而使每个声音都具有特殊的音色效果。音频数据的格式主要包括 WAVE、MP3、AAC、AC-3、Real Audio、CD Audio 等。音频数据的采集，常见的方法有 3 种，包括直接获取已有音频、利用音频处理软件捕获并截取声音、用话筒录制声音。

1．直接获取已有音频数据

直接获取已有音频数据的常用办法包括从网上下载、从多媒体光盘中查找。网上有许多声音素材网站，声音文件的下载方法和其他文件的下载方法相同。常见的声音素材网站包括笔秀网、音笑网、声音网等。这些网站一般是大型综合的素材下载网站，提供海量音效素材和配乐素材，并且可以下载。使用起来也非常方便，当用鼠标指向一个声音文件时，就会播放这个声音素材的效果；如果想下载素材，单击"下载素材"按钮，按提示即可下载选中的声音素材。

2．利用音频处理软件捕获截取

利用音频处理软件捕获、截取 CD 光盘音频数据，通常称为 CD 抓轨，"轨"指的是音轨。抓轨是多媒体术语，是抓取 CD 音轨并转换成 MP3、WAV 等音频格式的过程。和普通对音频进行编辑转换不同的是，常见的 CD 光盘，在计算机上查看时，其包括的文件后缀为 CDA，仔细观察会发现，这些 CDA 的大小全部是 44.1kB，这些文件包含的其实不是音频信息，而是 CD 轨道信息，这些文件是无法直接保存到计算机上的，而 CD 抓轨正是将 CD 轨道信息转换成普通音频，保存到计算机并尽量保持 CD 的音质的多媒体技术。

另外还可以剥离出视频文件中的声音，可以用很多方便的软件来操作（例如用 ffmpeg 一条命令就可以做到），可以方便直接地转换音频格式，可以实现大多数视频、音频及图像不同格式之间的相互转换，还可以实现增添数字水印等功能。

3．利用话筒录制

利用话筒录制声音也很方便，需要先把话筒接到计算机上，然后利用录音软件直接录制声音。例如可以使用 Windows 自带的"录音机"，采集声音的具体步骤如下。

（1）将话筒插入计算机声卡中标有 MIC 的接口上。

（2）设置录音属性。双击"控制面板"中"声音和音频设备"图标，切换到"声音和音频设备属性"对话框中的"音频"选项卡，在"录音"选项区域中选择相应的录音设备。

（3）决定录音的通道。声卡提供了多路声音输入通道，录音前必须正确选择。方法是双击桌面的右下角状态栏中的扬声器图标，打开"主音量"对话框，选择"选项"中的"属性"命令，在"调节音量"列表框内选择"录音"单选按钮，选中要使用的录音设备，即话筒。

（4）录音。从"开始"菜单中运行录音机程序，单击红色的"录音"按钮，这样就能录音了。录音完成后，按"停止"按钮，并选择"文件"菜单中的"保存"命令，将文件命名后保存。

该方式的优点是"录音机"由 Windows 自带，界面非常简单，可以很方便地录制声音，但缺点是 Windows 自带的"录音机"录音的最长时间只有 60s，并且对声音的编辑功能也很有限，因此在声音的制作过程中不能发挥太大的作用。

4.1.4　音频处理

音频处理技术包括音频采集、语音编解码、文字与声音的转换、音乐合成、语音识别与理解、音频数据传输、音视频同步、音频效果与编辑等。通常实现计算机语音输出有两种方法，分别是录音与重放、文字声音转换。

1．噪声抑制

噪声抑制（Noise Suppression）是很常见的应用，例如手机等设备采集的原始声音往往包含了背景噪声，影响听众的主观体验，还能降低音频压缩效率，这就需要进行噪声抑制处理。以谷歌著名的开源框架 WebRTC 为例，对其中的噪声抑制算法进行严谨测试，发现该算法可以对白噪声和有色噪声进行良好抑制，满足视频或者语音通话的要求。其他常见的噪声抑制算法,如开源项目 Speex 包含的噪声抑制算法,也有较好的效果,该算法适用范围较 WebRTC 的噪声抑制算法更加广泛,可以在任意采样率下使用。

2. 回声消除

回声消除技术是数字信号处理的典型应用之一。在视频或者音频通话过程中,本地的声音传输到对端播放之后,声音会被对端话筒采集,混合着对端人声一起传输到本地播放,这样本地播放的声音包含了本地原来采集的声音,造成主观感觉听到了自己的回声。回声非常影响听觉效果,回声消除(Acoustic Echo Canceller)的原理和算法非常复杂。以 WebRTC 为例,其中的回声抑制模块建议移动设备采用运算量较小的 AECM 算法,有兴趣的读者可以参考 AECM 的源代码进行研究,这里不展开介绍。

回声消除的基本原理以扬声器信号与由它产生的多路径回声的相关性为基础,建立远端信号的语音模型,利用它对回声进行估计,并不断修改滤波器的系数,使估计值更加逼近真实的回声,然后将回声估计值从话筒的输入信号中减去,从而达到消除回声的目的。

回声消除在即时通信应用中,需要双方进行,或是多方的实时语音交流,在要求较高的场合,通常采用外置音箱放音,这样必然会产生回音,即一方说话后,通过对方的音箱放音,然后又被对方的话筒采集并回传给自己。如果不对回音进行处理,将会影响通话质量和用户体验,更严重的情况还会形成震荡,产生啸叫。

回声消除就是在话筒采集到声音之后,将本地音箱播放出来的声音从话筒采集的声音数据中消除,使话筒录制的声音只有本地用户说话的声音。传统的回声消除都采用硬件方式,在硬件电路上集成 DSP 处理芯片,如常用的固定电话、手机等都有专门的回音消除处理电路,而采用软件方式实现回声消除一直存在技术难点,包括国内应用最广泛的 QQ 超级语音,便是采用国外的 GIPS 技术,由此可见一般。回声消除已经成为即时通信中提供全双工语音的标准方法。声学回声消除是通过消除或者移除本地话筒中拾取的远端的音频信号来阻止远端的声音返回去的一种处理方法。这种音频的移除都是通过数字信号处理来完成的。

3. 自动增益控制

手机等设备采集的音频数据往往有时候响度偏高,有时候响度偏低,从而造成声音忽大忽小,影响听众的主观感受。自动增益控制(Auto Gain Control)算法根据预先配置的参数对输入声音进行正向/负向调节,使输出的声音大小适宜人耳的主观感受。

4. 静音检测

静音检测(Voice Activity Detection)的基本原理是计算音频的功率谱密度,如果功率谱密度小于阈值则认为是静音,否则认为是声音。静音检测广泛应用于音频编码、AGC、AECM 等。

5. 舒适噪声产生

舒适噪声产生(Comfortable Noise Generation)的基本原理是根据噪声的功率谱密度,人为生成噪声,广泛适用于音频编解码器。在编码端计算静音时的白噪声功率谱密度,将静音时段和功率谱密度信息编码。在解码端,根据时间信息和功率谱密度信息,重建随机白噪声。例如完全静音时,为了创造舒适的通话体验,在音频后处理阶段添加随机白噪声。

4.1.5 音频使用场景及应用

在现实生活中,音频主要用在两大场景中,包括语音和音乐。语音主要用于沟通,如打电话,现在由于语音识别技术的发展,人机语音交互也是语音的一个应用,目前正处于风口上,很多大厂都推出了智能音箱。音乐主要用于欣赏,如音乐播放。

音频开发的主要应用包括音频播放器、录音机、语音电话、音视频监控应用、音视频直播应用、蓝牙耳机、音箱、音频编辑与处理软件,如 KTV 音效和铃声转换等。

音频开发的具体内容包括音频采集与播放、音频算法处理、音频的编解码和格式转换、音频传输协议的开发等。音频算法处理包括去噪、VAD 检测、回声消除、音效处理、增强、混音与分离等。

4.1.6 音频格式

音频格式是指要在计算机内播放或处理的音频文件的格式,是对声音文件进行数、模转换的过程。音频格式最大带宽是 20kHz,速率介于 $[40\text{Hz},50\text{kHz}]$ 区间,采用线性脉冲编码调制(PCM),每个量化步长都具有相等的长度。

目前音乐文件播放格式分为有损压缩和无损压缩。使用不同格式的音乐文件,在音质的表现上有很大的差异。有损压缩就是降低音频采样频率与比特率,输出的音频文件会比原文件小。另一种音频压缩被称为无损压缩,能够在 100% 保存原文件的所有数据的前提下,将音频文件的体积压缩得更小,而将压缩后的音频文件还原后,能够实现与源文件相同的大小、相同的码率。

1. WAV

WAV 是微软公司开发的一种声音文件格式,也叫波形声音文件,是最早的数字音频格式,被 Windows 平台及其应用程序广泛支持,但压缩率比较低。WAV 编码是在 PCM 数据格式的前面加上 44B 的头部,分别用来描述 PCM 的采样率、声道数、数据格式等信息。WAV 编码的特点是音质非常好、大量软件支持。一般应用于多媒体开发的中间文件、保存音乐和音效素材等。

2. MIDI

乐器数字接口(Musical Instrument Digital Interface,MIDI),是数字音乐与电子合成乐器的统一国际标准。它定义了计算机音乐程序、数字合成器及其他电子设备交换音乐信号的方式,规定了不同厂家的电子乐器与计算机连接的电缆和硬件及设备间数据传输的协议,可以模拟多种乐器的声音。MIDI 文件就是 MIDI 格式的文件,在 MIDI 文件中存储的是一些指令。把这些指令发送给声卡,由声卡按照指令将声音合成出来。

3. MP3

MP3 全称是 MPEG-1 Audio Layer 3,它在 1992 年合并至 MPEG 规范中。MP3 能够以高音质、低采样率对数字音频文件进行压缩,应用最普遍。MP3 具有不错的压缩比,使用

LAME 编码的中高码率的 MP3 文件,在听感上非常接近源 WAV 文件。其特点是音质在 128kb/s 以上表现还不错,压缩比比较高,兼容性好。主要应用于在高比特率下对兼容性有要求的音乐欣赏方面。

4. MP3Pro

MP3Pro 是由瑞典 Coding 科技公司开发的,其中包含了两大技术,一是来自于 Coding 科技公司所特有的解码技术,二是由 MP3 的专利持有者法国汤姆森多媒体公司和德国 Fraunhofer 集成电路协会共同研究的一项译码技术。MP3Pro 可以在基本不改变文件大小的情况下改善原先的 MP3 音乐音质。它能够在用较低的比特率压缩音频文件的情况下,最大程度地保持压缩前的音质。

5. WMA

WMA(Windows Media Audio)是微软公司在互联网音频、视频领域的力作。WMA 格式以减少数据流量但保持音质的方法来达到更高的压缩率目的,其压缩率一般可以达到 1:18。此外,WMA 还可以通过 DRM(Digital Rights Management)保护版权。

6. RealAudio

RealAudio 是由 Real Networks 公司推出的一种文件格式,其最大的特点就是可以实时传输音频信息,尤其是在网速较慢的情况下,仍然可以较为流畅地传送数据,因此 RealAudio 主要适用于网络上的在线播放。现在的 RealAudio 文件格式主要有 RA (RealAudio)、RM(RealMedia)、RMX(RealAudio Secured)这 3 种,这些文件的共同性在于随着网络带宽的不同而改变声音的质量,在保证大多数人听到流畅声音的前提下,令带宽较宽敞的听众获得较好的音质。

7. Audible

Audible 拥有 4 种不同的格式,包括 Audible1、2、3、4。每种格式主要考虑音频源及所使用的收听设备。格式 1、2 和 3 采用不同级别的语音压缩,而格式 4 采用更低的采样率和与 MP3 相同的解码方式,所得到的语音吐词更清楚,而且可以更有效地从网上下载。Audible 所采用的是自己的桌面播放工具,这就是 Audible Manager,使用这种播放器就可以播放存放在 PC 或者传输到便携式播放器上的 Audible 格式文件了。

8. AAC

高级音频编码(Advanced Audio Coding,AAC)是由 Fraunhofer IIS-A、杜比和 AT&T 共同开发的一种音频格式,它是 MPEG-2 规范的一部分。AAC 所采用的运算法则与 MP3 的运算法则有所不同,AAC 通过结合其他的功能来提高编码效率。AAC 的音频算法在压缩能力上远远超过了以前的一些压缩算法,如 MP3。它还同时支持多达 48 个音轨、15 个低频音轨、更多种采样率和比特率、多种语言的兼容能力、更高的解码效率。总之,AAC 可以在比 MP3 文件缩小 30% 的前提下提供更好的音质。

AAC 是新一代的音频有损压缩技术,它通过一些附加编码技术(如 PS 和 SBR)衍生出 LC-AAC、HE-AAC、HE-AAC V2 这 3 种主要编码格式。在小于 128kb/s 码率下表现优异,且多用于视频中的音频编码。在 128kb/s 码率下的音频编码,多用于视频中的音频轨的编码。

9. Ogg Vorbis

Ogg Vorbis 是一种新的音频压缩格式,类似于 MP3 等现有的音乐格式,但有一点不同的是,它是完全免费、开放和没有专利限制的。Vorbis 是这种音频压缩机制的名字,而 Ogg 则是一个计划的名字,该计划意图设计一个完全开放性的多媒体系统。Vorbis 也是有损压缩,但通过使用更加先进的声学模型以减少损失,因此,同样位速率编码的 Ogg 与 MP3 相比听起来更好一些。Ogg 编码音质好、完全免费,可以用更小的码率达到更好的音质,128kb/s 的 Ogg 比 192kb/s 甚至更高的 MP3 还要出色,但是目前在媒体软件支持上还是不够友好。在高、中、低码率下都有良好的表现,但兼容性不够好,流媒体特性不支持。

10. APE

APE 是一种无损压缩音频格式,在音质不降低的前提下,可以压缩到传统无损格式 WAV 文件的一半。简单来讲,APE 压缩与 WinZip 或 WinRAR 这类专业数据压缩软件压缩原理类似,只是 APE 等无损压缩数字音乐之后的 APE 音频文件是可以直接被播放的。APE 的压缩速率是动态的,压缩时只压缩可被压缩的部分,不能被压缩的部分还是会被保留下来。

11. FLAC

FLAC(Free Lossless Audio Codec)是一套著名的自由音频无损压缩编码,其特点是无损压缩。FLAC 与 MP3 不同,MP3 是有损音频压缩编码,但 FLAC 是无损压缩,也就是说音频以 FLAC 编码压缩后不会丢失任何信息,将 FLAC 文件还原为 WAV 文件后,与压缩前的 WAV 文件内容相同。这种压缩与 ZIP 的方式类似,但 FLAC 的压缩率大于 ZIP 和 RAR,因为 FLAC 是专门针对 PCM 音频的特点而设计的压缩方式,而且可以使用播放器直接播放 FLAC 压缩的文件,就像通常播放 MP3 文件一样。FLAC 是免费的,并且支持大多数的操作系统,包括 Windows、基于 UNIX Like 内核(Linux、BSD、Solaris、IRIX、AIX 等)而开发的系统、BeOS、OS/2、Amiga 等,并且 FLAC 提供了在开发工具 autotools、MSVC、Watcom C、Project Builder 上的 build 系统。现各大网站都有 FLAC 音乐供下载,发布者一般是购买 CD 后把.cda 音轨直接抓取成.flac 格式文件,以保证光盘的原无损质量。

4.1.7　混音技术

混音就是把两路或者多路音频流混合在一起,形成一路音频流。混流则是指音视频流的混合,也就是视频画面和声音的对齐。在混音之前,还需要做回声消除、噪声抑制和静音检测等处理。回声消除和噪声抑制属于语音前处理范畴的工作。静音抑制可做可不做,对于终端混音,是要把采集到的主播声音和从音频文件中读到的伴奏声音混合。如果主播停顿一段时间而不发出声音,通过 VAD 检测到了以后,这段时间不混音,直接采用伴奏音乐的数据即可,然而,为了简单起见,也可以不做 VAD。在主播不发声音期间,继续做混音也可以,此时主播的声音为零振幅。

注意:静音检测与回声消除可参考"4.1.4 音频处理"。

并非任何两路音频流都可以直接混合,两路音频流必须符合以下条件才能混合。

（1）格式相同，要解压成 PCM 格式。

（2）采样率相同，要转换成相同的采样率。主流采样率包括 16kHz、32kHz、44.1kHz 和 48kHz。

（3）帧长相同，帧长由编码格式决定，PCM 没有帧长的概念，开发者可自行决定帧长。为了和主流音频编码格式的帧长保持一致，推荐采用 20ms 为帧长。

（4）位深（Bit-Depth）或采样格式相同，承载每个采样点数据的比特数目要相同。

（5）声道数相同，必须同样是单声道或者双声道。

4.1.8　音频重采样

音频重采样就是将音频进行重新采样得到新的采样率/采样位数/声道数。在音频系统中可能存在多个音轨，而每个音轨的原始采样率可能是不一致的。例如在播放音乐的过程中，来了一个提示音，此时就需要把音乐和提示音混合到编解码器进行输出，音乐的原始采样率和提示音的原始采样率可能是不一致的。如果编解码器的采样率设置为音乐的原始采样率，提示音就会失真，所以需要进行音频重采样。最简单见效的解决方法是编解码器的采样率固定一个值（44.1kHz 或 48kHz），所有音轨都重采样到这个采样率，然后才送到编解码器，以此保证所有音轨听起来都不失真。

音频重采样作为一个独立模块蕴含了数字信号处理理论的多方面内容，综合起来其物理原理及滤波器的实现优化可以作为一个独立的项目做较深入的研究，可谓是一门学问。音频重采样分为上采样和下采样，即插值和抽取。在实现有理数级重采样时，则是将上采样和下采样做结合。例如 48kHz 转 44.1kHz 时，将 44.1kHz 近似为 44kHz，将 48kHz 下采样到 4kHz，再上采样至 44.1kHz 实现。

在数字信号处理中，根据时域信号和频域信号的时频对偶特性可知：时域的抽取，对应频域的延拓；时域的插值，对应频域的压缩。如果对信号的频率成分不做限制，频域的延拓可能会引发频谱混叠；频域的压缩会引起频谱镜像响应，因此在下采样前，要经过滤波器滤波以防止混叠，即抗混叠（Antialiasing Filter）滤波；上采样后也要经过滤波处理，即抗镜像（Anti-image Filter）滤波。

4.2　音频编码原理

从信息论的观点来看，描述信源的数据是信息和数据冗余之和，即数据＝信息＋数据冗余。音频信号在时域和频域上具有相关性，即存在数据冗余。将音频作为一个信源，音频编码的实质是减少音频中的冗余。自然界中的声音非常复杂，波形也极其复杂，通常采用的是脉冲编码调制编码，即 PCM 编码。PCM 通过抽样、量化、编码 3 个步骤将连续变化的模拟信号转化为数字编码信号。

4.2.1　音频压缩

在原始的音频数据中存在大量的冗余信息,有必要进行压缩处理。音频信号能压缩的基本依据,包括声音信号中存在大量的冗余度,以及人的听觉具有强音能抑制同时存在的弱音现象。

压缩编码,其原理是压缩掉冗余的信号,冗余信号是指不能被人耳感知到的信号,包括人耳听觉范围之外的音频信号及被掩蔽掉的音频信号。模拟音频信号转化为数字信号需要经过采样和量化。量化的过程被称为编码,根据不同的量化策略,产生了许多不同的编码方式,常见的编码方式有 PCM 和 ADPCM。这些数据代表着无损的原始数字音频信号,添加一些文件头信息就可以存储为 WAV 文件了,它是一种由微软和 IBM 联合开发的用于音频数字存储的标准,可以很容易地被解析和播放。在进一步了解音频处理和压缩之前需要明确几个概念,包括音调、响度、采样率、采样精度、声道数、音频帧长等。

注意:与音频相关的基础概念可参考"4.1音频基础概念"。

音频压缩编码分为 2 类,包括无损压缩和有损压缩。

(1) 无损压缩,主要指熵编码,包括哈夫曼编码、算术编码、行程编码等。

(2) 有损压缩,包括波形编码、参数编码、混合编码。波形编码包括 PCM、DPCM、ADPCM、子带编码、矢量量化等。

音频压缩编码有 3 种常用的实现方案。

(1) 采用专用的音频芯片对语音信号进行采集和处理,音频编解码算法集成在硬件内部,如 MP3 编解码芯片、语音合成分析芯片等。使用这种方案的优点是处理速度快,设计周期短。其缺点是局限性比较大,不灵活,难以进行系统升级。

(2) 利用 A/D 采集卡加上计算机组成的硬件平台,音频编解码算法由计算机上的软件实现。使用这种方案的优点是价格便宜,开发灵活并且利于系统的升级。其缺点是处理速度较慢,开发难度较大。

(3) 使用高精度、高速度的 A/D 采集芯片来完成语音信号的采集,使用可编程的数据处理能力强的芯片实现语音信号处理的算法,然后用 ARM 进行控制。采用这种方案的优点是系统升级能力强,可以兼容多种音频压缩格式甚至未来的音频压缩格式,系统成本较低。其缺点是开发难度较大,设计者需要将音频的解码算法移植到相应的 ARM 芯片中。

音频压缩编码有 3 种常用的标准。

(1) ITU/CCITT 的 G 系列:G.711、G.721、G.722、G.723、G.728、G.729 等。

(2) MPEG 系列:MPEG-1、MPEG-2、MPEG-4 中的音频编码等。

(3) Dolby 实验室的 AC 系列:AC-1、AC-2、AC-3 等。

4.2.2　音频编码

1.音频编码概述

音频编码致力于降低传输所需的信道带宽,同时保持输入语音的高质量。音频编码的目标在于设计低复杂度的编码器以尽可能低的比特率实现高品质数据传输。

音频信号数字化是指将连续的模拟信号转化成离散的数字信号,完成采样、量化和编码3个步骤。它又称为脉冲编码调制,通常由 A/D 转换器实现。音频模拟信号的数字化过程如图 4-5 所示。

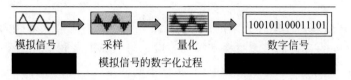

模拟信号　　　采样　　　量化　　　数字信号

模拟信号的数字化过程

图 4-5　音频模拟信号的数字化过程

音频编码有 3 类常用方法,包括波形编码、参数编码和混合编码。波形编码是尽量保持输入波形不变,即重建的语音信号基本上与原始语音信号的波形相同,压缩率比较低。参数编码要求重建的信号听起来与输入语音一样,但其波形可以不同,它是以语音信号所产生的数学模型为基础的一种编码方法,压缩率比较高。混合编码是综合了波形编码的高质量潜力和参数编码的高压缩效率的混合编码方法,这类方法也是目前低码率编码的方向。

2. 静音阈值曲线

静音阈值曲线是指在安静环境下,人耳在各个频率所能听到的声音的阈值,如图 4-6 所示。

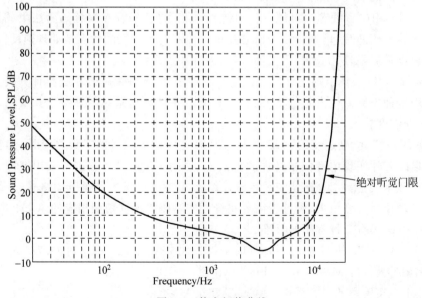

图 4-6　静音阈值曲线

3. 临界频带

由于人耳对不同频率的解析度不同,MPEG-1/Audio 将 22kHz 内可感知的频率范围依不同编码层,以及不同取样频率,划分成 23～26 个临界频带,如表 4-1 所示。从表 4-1 中可看到,人耳对低频的解析度较好。

表 4-1 临界频带

Band(Bark)	Lower/Hz	Center/Hz	Upper/Hz
1	0	50	100
2	100	150	200
3	200	250	300
4	300	350	400
5	400	450	510
6	510	570	630
7	630	700	770
8	770	840	920
9	920	1000	1080
10	1080	1170	1270
11	1270	1370	1480
12	1480	1600	1720
13	1720	1850	2000
14	2000	2150	2320
15	2320	2500	2700
16	2700	2900	3150
17	3150	3400	3700
18	3700	4000	4400
19	4400	4800	5300
20	5300	5800	6400
21	6400	7000	7700
22	7700	8500	9500
23	9500	10 500	12 000
24	12 000	13 500	15 500
25	15 500	19 500	—

4. 频域上的掩蔽效应

频域上的掩蔽效应是指幅值较大的信号会掩蔽频率相近的幅值较小的信号,如图 4-7 所示。

5. 时域上的遮蔽效应

在一个很短的时间内,若出现了两个声音,SPL(Sound Pressure Level)较大的声音会遮蔽 SPL 较小的声音,如图 4-8 所示。时域遮蔽效应分为前向遮蔽(Pre-masking)和后向遮蔽(Post-masking),其中 Post-masking 的时间会比较长,约是 Pre-masking 的 10 倍。时域遮蔽效应有助于消除前回音。

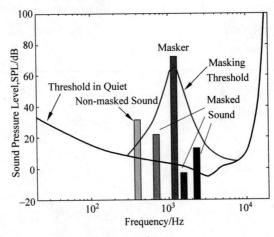

图 4-7 频域掩蔽效应

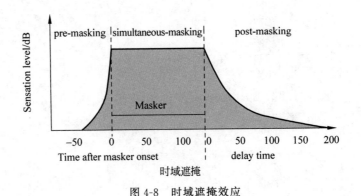

图 4-8 时域遮掩效应

4.2.3 音频编码基本手段

音频编码的基本手段包括量化器和语音编码器。

1. 量化和量化器

量化是把离散时间上的连续信号转化成离散时间上的离散信号。量化过程追求的目标是最小化量化误差，并尽量减低量化器的复杂度。由于这两者本身就是一个矛盾，所以需要折中考虑。

常见的量化器有均匀量化器、对数量化器、非均匀量化器，各自都有优缺点。均匀量化器的实现最简单，但性能最差，仅适应于电话语音。对数量化器比均匀量化器稍微复杂，也比较容易实现，其性能比均匀量化器好。非均匀量化器根据信号的分布情况来设计量化器，信号密集的地方进行细致量化，而稀疏的地方进行粗略量化。

2. 语音编码器

语音编码器通常分为 3 种类型，包括波形编码器、声码器和混合编码器。波形编码器以构造出背景噪音在内的模拟波形为目标,作用于所有输入信号,因此会产生高质量的样值并且耗费较高的比特率,而声码器不会再生原始波形,这种编码器会提取一组参数,这组参数被送到接收端,用来导出语音所产生的模拟波形,但是声码器语音质量不够好。混合编码器融入了波形编码器和声码器的长处。

波形编码器的设计常独立于信号,所以适应于各种信号的编码而不限于语音,主要包括时域编码和频域编码。时域编码包括 PCM、DPCM、ADPCM 等,如图 4-9 所示。PCM 是最简单的编码方式,仅仅对信号进行离散和量化,通常采用对数量化。差分脉冲编码调制(Differential Pulse Code Modulation,DPCM),只对样本之间的差异进行编码。前一个或多个样本用来预测当前样本值,并且用来做预测的样本越多,预测值越精确。真实值和预测值之间的差值叫残差,是编码的对象。自适应差分脉冲编码调制(Adaptive Differential Pulse Code Modulation,ADPCM),在 DPCM 的基础上,根据信号的变化,适当调整量化器和预测器,使预测值更接近真实信号,残差更小,压缩效率更高。

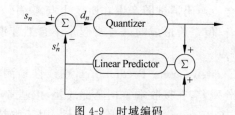

图 4-9 时域编码

频域编码是把信号分解成一系列不同频率的元素,并进行独立编码,包括子带编码和 DCT 编码。

子带编码(Sub-band Coding)是最简单的频域编码技术,是将原始信号由时间域转变为频率域,然后将其分割为若干子频带(简称子带),并对其分别进行数字编码的技术。它是利用带通滤波器(BPF)组把原始信号分割为若干(例如 m 个)子频带,然后通过等效于单边带调幅的调制特性,将各子带搬移到零频率附近,分别经过 BPF(共 m 个)之后,再以规定的速率(奈奎斯特速率)对各子带输出信号进行取样,并对取样数值进行通常的数字编码,共设置 m 路数字编码器。将各路数字编码信号送到多路复用器,最后输出子带编码数据流。对不同的子带可以根据人耳感知模型,采用不同的量化方式,以及对子带分配不同的比特数。

离散余弦变换(Discrete Cosine Transform,DCT)经常用于信号和图像数据的压缩。经过 DCT 后的数据能量非常集中,一般只有左上角的数值是非零的,也就是能量都集中在离散余弦变换后的直流和低频部分,这样非常有助于数据压缩。

声码器最早出现在美国贝尔实验室,在 1928 年,贝尔实验室提出合成话音的设想,并于 1939 年在纽约世界博览会上首次展示了声码器。此后,话音合成的原理被用来研究压缩话音频带。声码器的研究工作不断取得进展,数码率已降到 2400 或 1200b/s,甚至更低。合成后话音质量有较大提高。在售价、结构、耗电等诸方面符合商用的声码器已经出现。中国于 20 世纪 50 年代末开始研制声码器,并已用于数字通信。

声码器根据语音信号某种模型进行语音分析,是压缩通信频带和进行保密通信的有力工具。在传输中只利用模型参数,在编译码时利用模型参数估计采用语音合成技术的语音信号编译码器,是一种对话音进行分析和合成的编、译码器,称为话音分析合成系统或话音频带压缩系统。

声码器在发送端对语音信号进行分析,提取语音信号的特征参量加以编码和加密,以取得和信道的匹配,经信息通道传递到接收端,再根据收到的特征参量恢复原始语音波形。分析可在频域中进行,对语音信号进行频谱分析,鉴别清浊音,测定浊音基频,进而选取清浊判断、浊音基频和频谱包络作为特征参量加以传送。分析也可在时域中进行,利用其周期性提取一些参数进行线性预测,或对语音信号进行相关分析。根据工作原理,声码器可以分成:通道式声码器、共振峰声码器、图案声码器、线性预测声码器、相关声码器、正交函数声码器,主要用于数字电话通信,特别是保密电话通信。

波形编码器试图保留被编码信号的波形,能以中等比特率(32kb/s)提供高品质语音,但无法应用在低比特率场合。声码器试图产生在听觉上与被编码信号相似的信号,能以低比特率提供可以理解的语音,但是所形成的语音听起来不自然。混合编码器结合了二者的优点,具体包括以下几个特点。

(1) RELP(Residual Excited Linear Prediction),在线性预测的基础上,对残差进行编码。其机制为只传输小部分残差,在接收端重构全部残差,把基带的残差进行复制。

(2) MPC(Multi-pulse Coding),对残差去除相关性,用于弥补声码器将声音简单分为 voiced 和 unvoiced 而没有中间状态的缺陷。

(3) CELP(Codebook Excited Linear Prediction),用声道预测其和基音预测器的级联,以便更好地逼近原始信号。

(4) MBE(Multiband Excitation),即多带激励,其目的是避免 CELP 的大量运算,以便获得比声码器更高的质量。

4.2.4　音频编码算法

常见的音频编码算法有 OPUS、AAC、Vorbis、Speex、iLBC、AMR、G. 711 等。OPUS 的性能好、质量高,但是由于应用时间短,暂时还没有普及,并且不支持 RTMP 协议。AAC 属于有损压缩算法,其目的是取缔 MP3,压缩率很高、但还能接近原始的质量。MPEG-4 标准出现后,加入了 SBR 技术和 PS 技术,目前常用规格有 AAC LC、AAC HE V1、AAC HE V2。其中 AAC LC 具有低复杂度的特点,码率为 128kb/s。AAC HE V1 采取 AAC＋SBR 分频编码,低频部分减少采样率、高频部分增加采样率。AAC HE V2 采取 AAC＋SBR＋PS,由于声道间相同的性质很多,所以对于其他声道只需存储一些差异性的特征。AAC 格式分为 ADIF 和 ADTS。常见的 AAC 编码库有 Libfdk_AAC、FFmpeg AAC、libfaac、libvo_aacenc 等。

4.3 音频深度学习

深度学习领域的学术论文很多是关于计算机视觉和自然语言处理的,而音频分析(包括自动语音识别、数字信号处理、音乐分类、标签、生成)领域的运用也逐渐受到了学者们的关注。目前最流行的机器学习系统,如虚拟助手 Alexa、Siri 和 Google Home,都是构建于音频信号提取模型之上的。很多研究人员也在音频分类、语音识别、语音合成等任务上不断努力,构建了许多工具来分析、探索、理解音频数据。

4.3.1 音频深度学习的简介

音频深度学习主要从语音、音乐和环境声(Environmental Sounds)3 个领域出发,分析它们之间的相似点和不同点,以及一些跨领域的通用方法描述。具体而言,在音频特征表示(例如 Log-mel Spectra、Raw Waveforms)和网络模型(例如 CNN、RNN、CRNN)方面进行了详细的分析,对每个领域的技术演进及深度学习应用场景进行了大概的描述。目前为止,深度学习一共经历了 3 次浪潮,第一次是 1957 年的感知算法的提出;第二次是 1986 年反向传播算法的提出;第三次是 2012 年深度学习在图像识别领域上的成功突破,使深度学习的发展呈现了蓬勃发展的景象,并广泛应用在其他领域,例如基因组学、量子化学、自然语言处理、推荐系统等。

相比于图像处理领域,声音信号处理领域是深度学习成功应用的又一个大方向,尤其是语音识别,很多大公司在研究这个方向。和图像不同,声音信号是一维的序列数据,尽管可以通过像 FFT 这样的频域转换算法转换为二维频谱,但是它的两个维度也有特定的含义(纵轴表示频率,横轴表示时间帧),不能直接采用图像的形式进行处理,需要有领域内特定的处理方法。

通常情况下,可以根据任务目标的类型划分为不同的任务类型。目标可以是一个全局的单标签,可以是每个时间帧都有一个标签,也可以是一个自有长度的序列。每个标签可以为一个单一的类别,可以为多个类别,也可以是一个数值。声音信号分析任务可以划分为两个属性,包括预测的标签数量(左)和标签的类型(右)。预测一个全局的单标签的任务称为序列分类(Sequence Classification),这个标签可以为一个语言、说话人、音乐键或者声音场景等。当目标为多个类别的集合时,称为多标签序列分类(Multi-label Sequence Classification)。当目标是一个连续的数值时,称为序列回归(Sequence Regression)。实际上,回归任务通常是可以离散化并且可以转化为分类任务的,例如,连续坐标的定位任务是一个回归任务,但是当把定位区间划分为几个范围时,就可以当作分类任务来处理了。

在音频信号处理领域,构建适当的特征表示和分类模型通常被作为两个分离的问题。这种做法的一个缺点是人工构建的特征可能对于目标任务不是最优的。深度神经网络具有自动提取特征的能力,因此可以将上述两个问题进行联合优化。例如,在语音识别中,Mohamed 等认为深度神经网络可在低层提取一些适应说话人的特征,而在高层提取类别间的判别信息。深度学习的表征能力需要庞大的数据来支撑。对于声音处理领域,与语音相关的开源数据集有很多,尤其是英文的;与音乐相关的开源数据集也有很多,例如 Million Song Dataset 和 MusicNet;与环境声相关的数据集最大的就是 AudioSet 了,超过 200 万个音频片段,但是基本都是 Weakly-label 的,因此,在实际使用中,有价值的数据还是很有限的,尤其是对于环境声来讲。

语音识别指的是将语音信号转化为文字序列,它是所有基于语音交互的基础。对于语音识别而言,高斯混合模型(GMM)和隐马尔可夫模型(HMM)曾占据了几十年的发展历史。这些模型有很多优点,最重要的就是它们可以进行数学描述,研究人员可以有理有据地推导出适用某个方向的可行性办法。

声源识别可以利用多通道信号对声源位置进行跟踪和定位。跟踪和定位的主要设备条件是话筒阵列,通常包含线性阵列、环形阵列和球形阵列等。声源分离指的是在多声源混合的信号中提取单一的目标声源,主要应用在一些稳健声音识别的预处理及音乐编辑和重谱。声音增强通常为语音增强,指的是通过减小噪声来提高语音质量,主要技术是去噪自编码器、CNN、RNN、GAN 等。

4.3.2 十大音频处理任务

声音深度学习非常复杂,本节列举了 10 个常见的处理任务。

(1) 音频分类是语音处理领域的一个基本问题,从本质上讲,也就是从音频中提取特征,然后判断具体属于哪类。现在已有许多优秀的音频分类应用,如 Genre Classification、Instrument Recognition 和 Artist Identification 等。解决音频分类问题的常用方法是预处理音频输入以提取有用的特征,然后在其上应用分类算法。

(2) 音频指纹识别的目的是从音频中提取一段特定的数字摘要,用于快速识别该段音频是否来自音频样本,或从音频库中搜索出带有相同数字摘要的音频。

(3) 自动音乐标注是音频分类的升级版。它包含多个类别,一个音频可以同时属于不同类,也就是有多个标签。自动音乐标注的潜在应用是为音频创建元数据,以便日后进行搜索,在这上面,深度学习在一定程度上有用武之地。

(4) 音频分割,即根据定义的一组特征将音频样本分割成段。音频分割是一个重要的预处理步骤,通过它,可以将一个嘈杂而冗长的音频信号分割成短小、均匀的段落,再进行序列建模。目前它的一个应用是心音分割,即识别心脏的特定信号,帮助诊断心血管疾病。

(5) 音源分离就是从一堆混合的音频信号中分离出来自不同音源的信号,它最常见的应用之一就是识别并翻译音频中的歌词。

(6) 节拍跟踪的目标就是跟踪音频文件中每个节拍的位置,事实上,它为这项耗时耗力又必须完成的任务提供了一种自动化解决方案,因此深受视频编辑、音乐编辑等群体的欢迎。

(7) 音乐推荐已经不是新鲜的技术了,例如音乐 App 中收录了数以百万计的歌曲,能供人们随时收听。对于音乐,每个人的品位和偏好都各不相同,但由于数量庞大,往往难以挑出契合听众风格的歌曲。过去人们关注歌手,但现在,更多人有了音乐推荐。音乐推荐是一种根据用户收听历史定制个性化歌单的技术,它本质上还是一种信息处理技术。

(8)音乐信息检索是音频处理中最困难的任务之一,它实质上是建立一个基于音频数据的搜索引擎。

(9)音乐转录(Music Transcription)是另一个非常有挑战性的音频处理任务,它包括注释音频和创建一个"表",以便于之后用它生成音乐。

(10)音符起始点检测是分析音频/建立音乐序列的第一步,对于以上提到的大多数任务而言,执行音符起始点检测是必要的。

第5章

视频基础

相信读者对视频一定不陌生,平时也经常浏览各大视频网站,甚至偶尔还会把视频缓存到本地,保存成.mkv、.avi 等格式的文件。这就涉及常说的网络流媒体和本地视频文件。本地视频文件常见格式有 MP4、MKV、AVI 等。在流媒体网站上看视频常用的协议有 HTTP、RTSP、RTMP、HLS 等。视频技术比较复杂,包括视频封装、视频编解码、视频播放、视频转码等。

5.1 视频基础概念

人们目前所处的时代是移动互联网时代,也可以说是视频时代。日常生活中正在被越来越多的视频元素所影响,例如从爱奇艺到快手,从"三生三世"到"三十而已",到处都充斥着各种各样的视频。几个比较流行的视频 App,如图 5-1 所示。

图 5-1　视频相关的 App

而这一切离不开视频拍摄技术的不断升级,还有视频制作产业的日益强大,也离不开通信技术的飞速进步。试想一下,如果还是采用多年前的 56k Modem 拨号上网,或者使用 2G 手机上网,读者还能享受到现在动辄 1080P 甚至 4K 的视频体验吗?

注意:1080P 是指视频分辨率为 1920×1080 逐行扫描。

大众能享受到视频带来的便利和乐趣,除了视频拍摄工具和网络通信技术升级之外,还有一个重要因素就是视频编码技术的突飞猛进。视频编码技术涉及的内容太过专业和庞杂,市面上的书籍或博客多数只是枯燥地罗列技术概念,对于新手来讲读完后依然糊里糊涂,笔者打算借此机会专门整理成关于音视频、编解码及流媒体直播的零基础科普系列图书。

5.1.1　图像与像素

图像是人类视觉的基础,是自然景物的客观反映,是人类认识世界和人类本身发展的重要源泉。"图"是物体反射或透射光的分布,"像"是人的视觉系统所接收的图在人脑中所形成的印象或认识。图像是客观对象的一种相似性的、生动性的描述或写真,是人类社会活动中最常用的信息载体,或者说图像是客观对象的一种表示,它包含了被描述对象的有关信息。广义上,图像就是所有具有视觉效果的画面,包括纸介质的、底片或照片上的、电视上的、投影仪或计算机屏幕上的画面。在计算机领域,与图像相关的概念非常多,包括像素、PPI、图像位深度等。

1. 像素

在讲解图像之前,需要先了解一下像素。图像本质上是由很多"带有颜色的点"组成的,而这些点,就是"像素"。像素的英文叫 Pixel,缩写为 PX。这个单词是由图像(Picture)和元素(Element)这两个单词所组成的。图像与像素的关系,如图 5-2 所示。

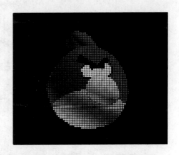

像素是图像显示的基本单位,分辨率是指一张图片的宽度和高度的乘积,单位是像素。通常说一张图片的大小,例如 1920×1080 像素,是指宽度为 1920 像素,高度为 1080 像素。它们的乘积是 1920×1080＝2 073 600,也就是说这张图片是两百万像素的。1920×1080,也被称为这幅图片的分辨率,例如计算机显示器的分辨率如图 5-3 所示。

图 5-2　图像与像素的关系

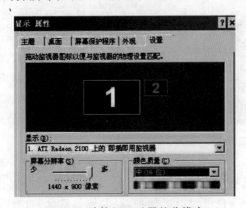

图 5-3　计算机显示器的分辨率

注意：分辨率是显示器的重要指标。

2. PPI

每英寸的像素数(Pixels Per Inch,PPI)是手机屏幕(或计算机显示器)上每英寸面积到底能放下多少"像素"。这个值越高,图像就越清晰细腻。像素与PPI的关系,如图5-4所示。

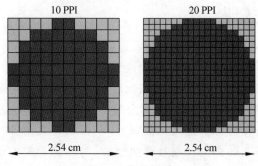

图 5-4　像素与 PPI

以前的功能机,屏幕PPI都很低,有很强烈的颗粒感,如图5-5所示。

图 5-5　低 PPI 与功能机

后来苹果公司开创了史无前例的"视网膜"(Retina)屏幕,PPI值高达326,画质清晰,视觉上也没有了颗粒感,如图5-6所示。

图 5-6　高 PPI 与智能机

综上所述,PPI是像素的密度单位,PPI值越高,画面的细节就越丰富,所以数码相机拍出来的图片因品牌或生产时间不同可能有所不同,常见的有 72PPI、180PPI 和 300PPI。DPI(Dots Per Inch)是指输出分辨率,是针对输出设备而言的,一般的激光打印机的输出分辨率为[300DPI,600DPI],印刷的照排机可达到[1200DPI,2400DPI],常见的冲印一般为[150DPI,300DPI]。

3. 颜色

像素必须有颜色才能组成缤纷绚丽的图像。如果像素只有黑色和白色,那么图像就是黑白色的。在日常生活中颜色可以有无数种类别,例如常见的口红就有很多种不同的颜色。这种颜色又该如何表示呢? 在计算机系统中,不是用文字来表述颜色的,而是用数字来表述颜色的,这就涉及"彩色分量数字化"的概念。以前在美术课学过,任何颜色都可以通过红色(Red)、绿色(Green)、蓝色(Blue)按照一定比例调制出来。这 3 种颜色被称为"三原色(RGB)",如图 5-7 所示。

　　在计算机里,R、G、B 也被称为"基色分量"。它们的取值,分别为 0～255,一共 256 个等级(256 是 2 的 8 次方)。任何颜色都可以用 R、G、B 这 3 个值的组合表示。例如 RGB＝(183,67,21)所表示的就是一个自定义的颜色值,如图 5-8 所示。

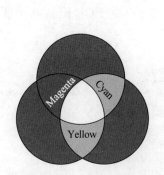
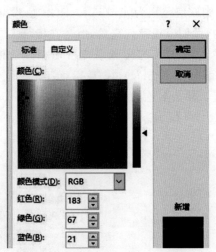

图 5-7　三原色:RGB　　　　　　　　　　图 5-8　自定义 RGB

　　通过这种方式,一共能表达多少种颜色呢? RGB 为 3 个分量,假如每个分量占 8b,取值分别为 0～255。那么这 3 个分量的组合取值为 $256 \times 256 \times 256 = 16\,777\,216$ 种,因此也简称为 1600 万色。这种颜色范围已经超过了人眼可见的全部色彩,所以又叫真彩色。更高的精度,对于人眼来讲,已经没有意义了,完全识别不出来。RGB 这 3 色,每色有 8b,这种方式表达出来的颜色,也被称为 24 位真彩色。

　　4. 像素位深度

　　像素位深度是指每像素所用的位数,它决定了彩色图像的每像素可能有的颜色数,或者确定灰度图像的每像素可能有的灰度级数。例如一幅彩色图像的每像素用 R、G、B 这 3 个分量来表示,若每个分量用 8b 表示,则每像素共用 24b 表示,即像素的深度为 24b,每像素可以是 $16\,777\,216$(千万级)种颜色中的一种。

　　通常把像素位深度说成图像深度。表示每像素的位数越多,它所能表达的颜色数目就越多,而它的深度也就越深。虽然像素位深度或图像深度可以很深,但由于设备本身的限制,加上人眼自身分辨率的局限,一般情况下,一味追求特别深的像素深度没有实际意义。因为像素深度越深,数据量就越大,所需要的传输带宽及存储空间也就越大。相反,如果像素深度太浅,则会影响图像的质量,图像看起来让人觉得很粗糙而不自然。

5.1.2 色彩空间

RGB是三原色,可以混合出所有的颜色。常见的色彩空间有 RGB、YUV、HSV。

1. RGB

RGB 色彩空间(又称为颜色模型、颜色空间),由红、绿、蓝三原色组成,广泛用于 BMP、TIFF、PPM 等。任何颜色都可以通过按一定比例混合三原色产生。如果每个色度成分用8b 表示,则取值范围为[0,255]。RGB 色彩空间的主要目的是在电子系统中检测、表示和显示图像,例如电视和计算机,但是在传统摄影中也有应用。它是最常见的面向硬件设备的彩色模型,它是与人的视觉系统密切相连的模型,根据人眼结构,所有的颜色都可以看作3 种基本颜色——红(R)、绿(G)、蓝(B)的不同比例的组合。国际照度委员会(CIE)规定的红、绿、蓝 3 种基本色的波长分别为 700nm、546.1nm、435.8nm。RGB 模型空间是一个正方体,如图 5-9 所示。

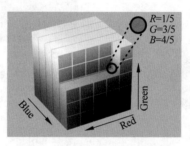

图 5-9 RGB 正方体模型空间

2. YUV

YUV 色彩空间是一种亮度与色度分离的色彩格式。早期的电视都是黑白的,只有亮度值,即 Y。有了彩色电视以后,加入了 U 和 V 两种色度,形成现在的 YUV。YUV 能更好地反映 HVS 的特点。YUV 是被欧洲电视系统所采用的一种颜色编码方法。在现代彩色电视系统中,通常采用三管彩色摄像机或彩色 CCD 摄影机进行取像,然后把取得的彩色图像信号经分色、分别放大校正后得到 RGB,再经过矩阵变换电路得到亮度信号 Y 和两个色差信号 R-Y(即 U)、B-Y(即 V),最后发送端将亮度和两个色差总共 3 个信号分别进行编码,用同一信道发送出去。这种色彩的表示方法就是所谓的 YUV 色彩空间表示。采用 YUV色彩空间的重要性是它的亮度信号 Y 和色度信号 U、V 是分离的。

YUV 主要用于优化彩色视频信号的传输,使其向后兼容老式黑白电视。与 RGB 视频信号传输相比,它最大的优点在于只需占用极小的频宽(RGB 要求 3 个独立的视频信号同时传输),其中 Y 表示亮度(Luminance 或 Luma),也就是灰阶值,而 U 和 V 所表示的则是色度(Chrominance 或 Chroma),其作用是描述影像色彩及饱和度,用于指定像素的颜色。亮度是透过 RGB 输入信号来建立的,其方法是将 RGB 信号的特定部分叠加到一起。色度则定义了颜色的两个方面(色调与饱和度),分别用 Cr 和 Cb 表示。其中,Cr 反映了 RGB 输入信号红色部分与 RGB 信号亮度值之间的差异,而 Cb 反映的是 RGB 输入信号蓝色部分与 RGB 信号亮度值之同的差异。

YUV 的发明是由于彩色电视与黑白电视的过渡时期,黑白视频只有 Y 视频,也就是灰阶值。到了彩色电视显示标准的制定,则是以 YUV 的格式来处理彩色电视图像,把 U 和 V 视作表示彩度的 C,如果忽略 C 信号,则剩下的 Y 信号就跟之前的黑白电视信号相同,这样一来便解决了彩色电视机与黑白电视机的兼容问题。YUV 最大的优点在于只需占用极小的带宽,因为人眼对亮度敏感,而对色度不敏感,因此减少部分 U 和 V 的数据量,对人眼来说感知不到。YUV 的每个分量如下。

(1) Y:亮度,也就是灰度值。除了表示亮度信号外,还含有较多的绿色通道量。

(2) U:蓝色通道与亮度的差值。

(3) V:红色通道与亮度的差值。

3. HSV

RGB 和 YUV 颜色模型都是面向硬件的,而 HSV(Hue Saturation Value)颜色模型则是面向用户的。HSV 颜色模型的三维表示从 RGB 立方体演化而来。设想从 RGB 沿立方体对角线的白色顶点向黑色顶点观察,就可以看到立方体的六边形外形。六边形边界表示色调,水平轴表示饱和度,明度沿垂直轴测量。HSV 的每个分量如下。

(1) 色调 H:色调用角度度量,取值范围为 0°~360°,从红色开始按逆时针方向计算,红色为 0°、绿色为 120°、蓝色为 240°,如图 5-10 所示。它们的补色分别是青色(为 180°)、品红(为 300°)和是黄色(为 60°)。

(2) 饱和度 S:饱和度表示颜色接近光谱色的程度。一种颜色可以看成某种光谱色与白色混合的结果,其中光谱色所占的比例愈大,颜色接近光谱色的程度就愈高,颜色的饱和度也就愈高。饱和度高,颜色则深而艳。光谱色的白光成分为 0,饱和度达到最高。通常取值范围为 0%~100%,值越大,颜色越饱和。

(3) 明度 V:明度表示颜色明亮的程度,对于光源色,明度值与发光体的光亮度有关。对于物体色,此值和物体的透射比或反射比有关。通常取值范围为 0%(黑)~100%(白)。HSV 的模型结构如图 5-11 所示。

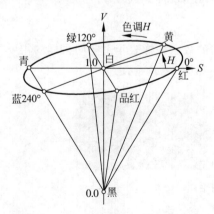

图 5-10 HSV 的色调 H 用角度度量

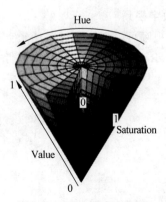

图 5-11 HSV 的模型结构

5.1.3 数字视频

数字视频就是以数字形式记录的视频,是和模拟视频相对的。数字视频有不同的产生方式、存储方式和播出方式。例如通过数字摄像机直接产生数字视频信号,存储在数字带、P2卡、蓝光盘或者磁盘上,从而得到不同格式的数字视频,然后通过特定的播放器将视频播放出来。

1. 图像与视频

图像是人对视觉感知的物质的再现。三维自然场景的对象包括深度、纹理和亮度信息。二维图像主要包括纹理和亮度信息。二维图像示意如图 5-12 所示。

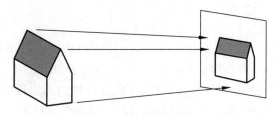

图 5-12　二维图像示意图

视频本质上是连续的图像。视频由多幅图像构成,包含对象的运动信息,又称为运动图像。总之,视频是由多幅连续图像组成的,如图 5-13 所示。

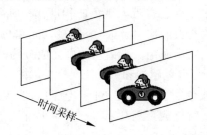

图 5-13　视频是由多幅连续图像组成的

2. 数字视频

数字视频可以理解为自然场景空间和时间的数字采样表示。空间采样的主要技术指标为解析度(Resolution),空间采样与像素的关系如图 5-14 所示。

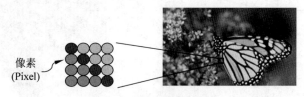

图 5-14　空间采样与像素

时间采样的主要技术指标为帧率,时间采样与帧率的关系如图 5-15 所示。

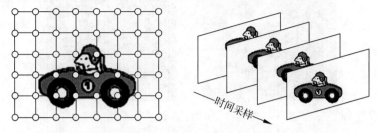

图 5-15　时间采样与帧率

数字视频的系统流程包括采集、处理、显示这 3 个步骤,如图 5-16 所示。

(1) 采集:通常使用照相机或摄像机。

(2) 处理:包括编解码器和传输设备。

(3) 显示:通常用显示器进行数字视频的渲染。

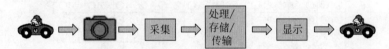

图 5-16　数字视频系统的原理流程示意图

3. HVS

人类视觉系统(Human Visual System,HVS)是由眼睛、神经、大脑构成的。人眼类似于一个光学信息处理系统,但它不是一个普通的光学信息处理系统,从物理结构看,人类视觉系统由光学系统、视网膜和视觉通路等组成。

注意:这里的 HVS 与上文的 HSV 色彩空间是完全不同的两个概念。

人类通过 HVS 获取外界图像信息,当光辐射刺激人眼时,将会引起复杂的生理和心理变化,这种感觉就是视觉。HVS 作为一种图像处理系统,它对图像的认知是非均匀和非线性的。人眼对于图像的视觉特性的特点,主要包括对亮度信号比对色度信号敏感、对低频信号比对高频信号敏感、对静止图像比对运动图像敏感、对图像水平线条和垂直线条比对斜线条敏感等。HVS 的研究包括光学、色度学、视觉生理学、视觉心理学、解剖学、神经科学和认知科学等许多科学领域。

针对 HVS 的特点,数字视频系统的设计应该考虑的因素包括以下几项:

(1) 丢弃高频信息,只编码低频信息。

(2) 提高边缘信息的主观质量。

(3) 降低色度的解析度。

(4) 对感兴趣区域(ROI)进行特殊处理。

在机器视觉、图像处理中,从被处理的图像中以方框、圆、椭圆、不规则多边形等方式勾勒出需要处理的区域,称为感兴趣区域,如图 5-17 所示。

图 5-17　ROI：感兴趣区域

4．YUV 采样格式

YUV 图像可以根据 HVS 的特点，对色度进行分量采样，这样可以降低视频数据量。根据亮度和色度分量的采样比率，YUV 图像的采样格式通常包括 4∶4∶4、4∶2∶2、4∶2∶0，如图 5-18 所示。

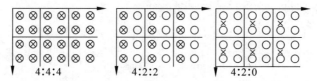

图 5-18　YUV 采样格式

5．YUV 亮度分辨率

根据 YUV 图像的亮度，定义了几种常用的分辨率，如表 5-1 所示。

表 5-1　亮度分辨率

格 式 名 称	亮度分辨率
SQCIF	128×96
QCIF	176×144
CIF	352×288
4CIF	704×576
SD	720×576
HD	1280×720

5.1.4　视频的基础概念

根据人眼视觉暂留原理，每秒超过 24 帧的图像变化看上去是平滑连续的，这样的连续画面叫视频。所谓视频其实就是由很多的静态图片组成的。由于人类眼睛的特殊结构，在画面快速切换时，画面会有残留，所以静态图片快速切换的时候感觉起来就是连贯的动作，这就是视频的基本原理。

1．帧

帧（Frame）就是视频或者动画中的每张画面，而视频和动画特效就是由无数张画面组合而成的,每张画面都是一帧。视频帧又分为 I 帧、P 帧和 B 帧。I 帧,即帧内编码帧,大多数情况下 I 帧就是关键帧,也就是一个完整帧,无须任何辅助就能独立完整显示的画面。P帧,即前向预测编码帧,是一个非完整帧,通过参考前面的 I 帧或 P 帧生成画面。B 帧,即双向预测编码帧,参考前后图像帧编码生成,通过参考前面的 I/P 帧或者后面的 P 帧来协助形成一个画面。只有 I 帧和 P 帧的视频序列,如 I1P1P2P3P4I2P5P6P7P8。包括 I 帧、P 帧和B 帧的序列,如 I1P1P2B1 P3P4B2 P5I2B3 P6P7。

注意:解码器是有缓存的,通常以 GOP 为单位,所以 B 帧可以参考其后续的 P 帧。

2. 帧和场

平常人们看的电视采用的是每秒播放 25 帧,即每秒更换 25 张图像,由于视觉暂留效应,所以人眼不会感到闪烁。每帧图像又是分为两场进行扫描的,这里的扫描是指电子束在显像管内沿水平方向一行一行地从上到下扫描,第一场先扫奇数行,第二场扫偶数行,即常说的隔行扫描,扫完两场即完成一帧图像。当场频为 50Hz、帧频为 25Hz 时,奇数场和偶数场扫描的是同一帧图像,除非图像静止不动,否则相邻两帧图像不同。计算机显示器与电视机显像管的扫描方式是一样的,所以一帧图像包括两场,即顶场和底场,如图 5-19 所示。

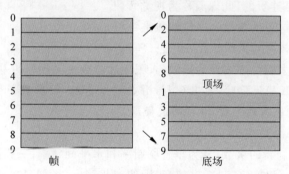

图 5-19　帧与顶场、底场

3. 逐行与隔行扫描

每帧图像由电子束顺序地一行接着一行连续扫描而成,这种扫描方式称为逐行扫描。把每帧图像通过两场扫描完成则是隔行扫描,在两场扫描中,第一场(奇数场)只扫描奇数行,依次扫描 1、3、5 行等,而第二场(偶数场)只扫描偶数行,依次扫描 2、4、6 行等。隔行扫描技术在传送信号带宽不够的情况下起了很大作用。逐行扫描和隔行扫描的显示效果主要区别在稳定性上面,隔行扫描的行间闪烁比较明显,逐行扫描克服了隔行扫描的缺点,画面平滑自然无闪烁。在电视的标准显示模式中,i 表示隔行扫描,p 表示逐行扫描。

逐行扫描图像是指一帧图像的两场在同一时间得到,ttop=tbot。隔行扫描图像是指一帧图像的两场在不同时间得到,ttop≠tbot。逐行与隔行扫描图像如图 5-20 所示。

4. 帧数

帧(Frames)即帧的数量,可以解释为静止画面的数量。

图 5-20　逐行扫描与隔行扫描

5.帧率

帧率(Frame Rate)是用于测量显示帧数的量度,单位为 f/s(Frames Per Second)或赫兹(Hz),即每秒显示的帧数。帧率越高,画面越流畅、逼真,对显卡的处理能力要求也越高,数据量也越大。前面提到每秒超过 24 帧的图像变化看上去是平滑连续的,这是针对电影等视频而言的,但是对游戏来讲 24f/s 是不流畅的。常见的帧率包括以下几种。

(1) 10～12f/s:由于人类眼睛的特殊生理结构,如果所看画面的帧率高于每秒 10～12帧的时候,就会认为是连贯的,此现象称为视觉暂留。

(2) 24f/s:一般电影的拍摄及播放帧数是每秒 24 帧。

(3) 60f/s:这个帧率对人眼识别来讲已经具备较高的平滑度。

(4) 85f/s:人类大脑处理视频的极限,人眼无法分辨更高频率的差异。

注意:在做页面性能优化时,常用 60f/s 作为一个基准,所以需要尽量让每帧的渲染控制在 16ms 内,这样才能达到一秒 60 帧的流畅度。

6.刷新率

屏幕每秒画面被刷新的次数,分为垂直刷新率和水平刷新率,一般提到的刷新率是指垂直刷新率,以赫兹(Hz)为单位,刷新率越高,图像就越稳定,图像显示也就越自然清晰。目前,大多数显示器根据其设定按 30Hz、60Hz、120Hz 或者 144Hz 的频率进行刷新。其中最常见的刷新频率是 60Hz,这样做是为了继承以前电视机刷新频率为 60Hz 的设定。

7.分辨率

分辨率即视频、图片的画面大小或尺寸。分辨率是以横向和纵向的像素数量来衡量的,表示平面图像的精细程度。视频精细程度并不只取决于视频分辨率,还取决于屏幕分辨率。例如 1080P 的 P 指逐行扫描(Progressive Scan),即垂直方向像素,也就是"高",所以 1920×1080 叫 1080P,而不叫 1920P。当 720P(1280×720P)的视频在 1080P 屏幕上播放时,需要将图像放大,放大操作也叫上采样。

8.码率

码率即比特率,是指单位时间内播放连续媒体(如压缩后的音频或视频)的比特数量。在不同领域有不同的含义,在多媒体领域,指单位时间播放音频或视频的比特数,可以理解成吞吐量或带宽。码率的单位为 b/s,即每秒传输的数据量,常用单位有 b/s、kb/s 等。比特率越高,带宽消耗得就越多。通俗一点理解码率就是取样率,取样率越大,精度就越高,图像质量就越好,但数据量也越大,所以要找到一个平衡点,用最低的比特率达到最小的失真。

在一个视频中,不同时段画面的复杂程度是不同的,例如高速变化的场景和几乎静止的场景所需的数据量也是不同的,若都使用同一种比特率是不太合理的,所以引入了动态比特率。动态比特率(Variable Bit Rate,VBR),是指比特率可以随着图像复杂程度的不同而随之变化。图像内容中简单的片段采用较小的码率,图像内容中复杂的片段采用较大的码率,这样既保证了播放质量,又兼顾了数据量的限制。例如 RMVB 视频文件,其中的 VB 就是指 VBR,表示采用动态比特率编码方式,达到播放质量与数据量兼得的效果。同理,静态比特率(Constant Bit Rate,CBR)是指比特率恒定,此时图像内容复杂的片段质量不稳定,图像内容简单的片段质量较好。除 VBR 和 CBR 外,还有 CVBR(Constrained Variable Bit Rate)、ABR(Average Bit Rate)等。

9. CPU & GPU

中央处理器(Central Processing Unit,CPU),包括算术逻辑部件(Arithmetic Logic Unit,ALU)和高速缓冲存储器(Cache)及实现它们之间联系的数据(Data)、控制及状态的总线(Bus)。

GPU 即图形处理器(Graphics Processing Unit),专为执行复杂的数学和几何计算而设计的,拥有二维或三维图形加速功能。GPU 相比于 CPU 具有更强大的二维、三维图形计算能力,可以让 CPU 从图形处理的任务中解放出来,执行其他更多的系统任务,这样可以大大提高计算机的整体性能。

硬件加速(Hardware Acceleration)就是利用硬件模块来替代软件算法以充分利用硬件所固有的快速特性,硬件加速通常比软件算法的效率要高。例如将与二维、三维图形计算相关的工作交给 GPU 处理,从而释放 CPU 的压力,是属于硬件加速的一种。

5.1.5 视频格式

视频格式非常多,包括视频文件格式、视频封装格式、视频编码格式等。例如常见的视频文件格式有 MP4、RMVB、MKV、AVI 等,常见的视频编码格式有 MPEG-4、H. 264、H. 265 等。下面详细介绍这 3 个概念。

1. 视频文件格式

Windows 系统中的文件名都有后缀,例如 1. doc、2. wps、3. psd 等。Windows 设置后缀名的目的是为了让系统中的应用程序来识别并关联这些文件,让相应的文件由相应的应用程序打开。例如双击 1. doc 文件,它会知道让 Microsoft Office 去打开,而不会用 Photoshop 去打开这个文件。常见的视频文件格式如 1. avi、2. mpg,这些都叫作视频的文件格式,它与计算机上安装的视频播放器关联,通过后缀名来判断格式。

2. 视频封装格式

视频封装格式(也叫容器)就是将已经编码并压缩好的视频轨和音频轨按照一定的格式放到一个文件中,也就是说仅是一个外壳,或者把它当成一个放视频轨和音频轨的文件夹也可以。说得通俗点,视频轨相当于饭,而音频轨相当于菜,封装格式相当于一个碗,或者一个锅,是一个用来盛放饭菜的容器。例如 AVI、MPEG、VOB 是视频封装格式,相当于存储视频信息的容器。视频封装格式一般是由相应的公司开发出来的,可以在计算机上看到的 1.avi、2.mpg、3.vob 等这些视频文件格式的后缀名,即采用相应的视频封装格式的名称。常用的视频封装格式与对应的视频文件格式如表 5-2 所示。

表 5-2　常用的视频封装格式与对应的视频文件格式

视频封装格式名称	视频文件格式
AVI(Audio Video Interleave)	.avi
WMV(Windows Media Video)	.wmv
MPEG(Moving Picture Experts Group)	.mpg/.vob/.dat/.mp4
Matroska	.mkv
Real Video	.rm
QuickTime	.mov
Flash Video	.flv

下面介绍几种常用的视频封装格式。

(1) 音频视频交错(Audio Video Interleaved,AVI)格式,后缀为.avi,于 1992 年被微软公司推出。这种视频格式的优点是图像质量好。由于无损 AVI 可以保存 alpha 通道,所以经常被使用。但缺点太多,例如体积过于庞大,而且压缩标准不统一。

(2) DV 格式(Digital Video Format),是由索尼、松下、JVC 等多家厂商联合提出的一种家用数字视频格式。数字摄像机就是使用这种格式记录视频数据的。它可以通过计算机的 IEEE 1394 端口将视频数据传输到计算机,也可以将计算机中编辑好的视频数据回录到数码摄像机中。这种视频格式的文件扩展名也是.avi。电视台采用录像带记录模拟信号,通过 EDIUS 由 IEEE 1394 端口采集卡从录像带中采集出来的视频就是这种格式。

(3) MOV 格式是美国苹果公司开发的一种视频格式,默认的播放器是苹果的 QuickTime,具有较高的压缩比率和较完美的视频清晰度等特点,并可以保存 alpha 通道。

(4) MPEG 格式,文件后缀可以是.mpg、.dat、.vob、.mp4 等。制定该标准的专家组于 1988 年成立,专门负责为 CD 建立视频和音频标准,而成员都是视频、音频及系统领域的技术专家。MPEG 文件格式是运动图像压缩算法的国际标准。MPEG 格式目前有 3 个压缩标准,分别是 MPEG-1、MPEG-2 和 MPEG-4。MPEG-1、MPEG-2 目前已经使用较少,下面着重介绍 MPEG-4,其制定于 1998 年,MPEG-4 是为了播放流式媒体的高质量视频而专门设计的,以求使用最少的数据获得最佳的图像质量。目前 MPEG-4 最有吸引力的地方在于它能够保存接近于 DVD 画质的小型视频文件。读者可能注意到了,怎么没有 MPEG-3 编码呢? 因为这个项目原本目标是为高分辨率电视(HDTV)而设计的,随后发现 MPEG-2 已足够满足 HDTV 应用,故 MPEG-3 的研发便终止了。

(5) WMV(Windows Media Video)格式,后缀为.wmv 或.asf,也是微软公司推出的一种采用独立编码方式并且可以直接在网上实时观看视频节目的文件压缩格式。WMV 格式的主要优点包括本地或网络回放、丰富的流间关系及扩展性等。WMV 格式在网站上播放时,需要安装 Windows Media Player(简称 WMP),很不方便,现在已经几乎没有网站采用这种格式了。

(6) Flash Video 格式,是由 Adobe Flash 延伸出来的一种流行网络视频封装格式,后缀为.flv。随着 H5 视频标准的普及,Flash 正在逐步被淘汰。

(7) Matroska 格式,是一种新的多媒体封装格式,后缀为.mkv。这种封装格式可把多种不同编码的视频及 16 条或以上不同格式的音频和不同语言的字幕封装到一个 Matroska Media 文档内。它也是其中一种开放源代码的多媒体封装格式,还可以提供非常好的交互功能,比 MPEG 更方便、更强大。

3. 视频编码格式

视频编码格式是指能够对数字视频进行压缩或者解压缩的程序或者设备,也可以指通过特定的压缩技术,将某种视频格式转换成另一种视频格式。通常这种压缩属于有损数据压缩。即使是同一种视频文件格式,如 *.MPG,又分为 MPEG-1、MPEG-2、MPEG-4 几种不同的视频封装格式;就算是同一种视频封装格式,如 MPEG-4,又可以使用多种视频编码方式。视频的编码格式才是一个视频文件的本质所在,不要简单地通过文件格式和封装形式来区分视频。常见的视频编码格式有几大系列,包括 H.26X 系列、MPEG 系列及其他系列。

(1) H.26x 系列是由 ITU 主导的,主要包括 H.261、H.262、H.263、H.264、H.265 等。H.261 主要在较早的视频会议和视频电话产品中使用。H.263 主要用在视频会议、视频电话和网络视频上。H.264 即 H.264/MPEG-4 第十部分,或称 AVC,是一种视频压缩标准,也是一种被广泛使用的高精度视频的录制、压缩和发布格式。H.265 及高效率视频编码是一种视频压缩标准,是 H.264/MPEG-4 AVC 的继任者。HEVC 被认为不仅提升了图像质量,同时也能达到 H.264/MPEG-4 AVC 的 2 倍之压缩率,等同于同样画面质量下比特率减少了 50%,可支持 4K 分辨率甚至超高画质电视,最高分辨率可达到 8192×4320(8K 分辨率),这是目前发展的趋势。

(2) MPEG 系列是由 ISO 下属的 MPEG 开发的,视频编码方面主要包括几部分。MPEG-1 第二部分主要使用在 VCD 上,有些在线视频也使用这种格式,该编解码器的质量大致上和原有的 VHS 录像带相当。MPEG-2 第二部分(等同于 H.262),使用在 DVD、SVCD 和大多数数字视频广播系统和有线分布系统中。MPEG-4 第二部分可以使用在网络传输、广播和媒体存储上,比起 MPEG-2 和第一版的 H.263,它的压缩性能有所提高。MPEG-4 第十部分和 ITU-T 的 H.264 采用的是相同的标准。这两个编码组织合作,诞生了 H.264/AVC 标准。ITU-T 给这个标准命名为 H.264,而 ISO/IEC 称它为 MPEG-4 高级视频编码。

(3) 其他系列的视频编码格式包括 AMV、AVS、Bink、CineForm、Cinepak、Dirac、DV、RealVideo、RTVideo、SheerVideo、Smacker、Sorenson Video、VC-1、VP3、VP6、VP7、VP8、VP9、WMV 等,因为这些编码方式不常用,此处不详细介绍。

5.2 音视频封装

常见的 AVI、RMVB、MKV、ASF、WMV、MP4、3GP、FLV 等其实只能算是一种封装标准。一个完整的视频文件是由音频和视频两部分组成的,例如 H.264、Xvid 等就是视频编码格式,MP3、AAC 等就是音频编码格式。例如将一个 Xvid 视频编码文件和一个 MP3 音频编码文件按 MP4 封装标准进行封装以后,就可以得到一个 MP4 为后缀的视频文件,这个就是常见的 MP4 视频文件。

5.2.1 数据封装和解封装

数据封装(Data Encapsulation)就是把业务数据映射到某个封装协议的净荷中,然后填充对应协议的包头,就可以形成封装协议的数据包,并完成速率适配。数据解封装就是封装的逆过程,拆解协议包,处理包头中的信息,取出净荷中的业务信息数据封装,这与封装是一对逆过程。数据的封装与解封装如图 5-21 所示。

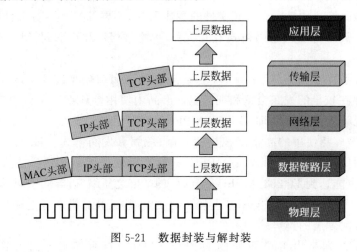

图 5-21　数据封装与解封装

5.2.2 音视频的封装

对于任何一部视频来讲,如果只有图像,而没有声音,肯定是不行的,所以视频编码后,需要加上音频编码,然后一起进行封装。封装是指封装格式,简单来讲就是将已经编码压缩好的视频轨和音频轨按照一定的格式放到一个文件中。再通俗点讲,视频轨相当于饭,而音频轨相当于菜,封装格式相当于一个饭盒,是用来盛放饭菜的容器,如图 5-22 所示。目前市面上主要的视频容器分为 MPG、VOB、MP4、3GP、ASF、RMVB、WMV、MOV、Divx、MKV、FLV、TS/PS 等。封装之后的视频,就可以传输了,也可以通过视频播放器进行解码观看。

封装格式也称多媒体容器,它只是为多媒体编码提供了一个"外壳",也就是将所有的处理好的视频、音频或字幕都包装到一个文件容器内以便呈现给观众,这个包装的过程就叫封装,如图 5-23 所示。其实封装就是按照一定规则把音视频、字幕等数据组织起来,包含编码类型等公共信息,播放器可以按照这些信息来匹配解码器、同步音视频。

编码方式:

H.264
MPEG-4
H.265

封装格式:

AVI
MP4
MKV
TS

图 5-22　音视频的容器封装格式与编码方式

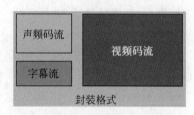

图 5-23　音视频的封装

5.2.3　封装格式

封装格式即音视频容器,例如经常看到的视频后缀名.mp4、.rmvb、.avi、.mkv、.mov等,这些就是音视频的容器,它们将音频和视频甚至字幕一起打包进去,封装成一个文件,用来存储或传输编码数据,可以理解成一个容器。

所谓封装格式,就是以怎样的方式将视频轨、音频轨、字幕轨等信息组合在一起。不同的封装格式所支持的视频、音频编码格式是不一样的,例如 MKV 格式支持得比较多,RMVB 则主要支持 Real 公司的视频、音频编码格式。常见的封装格式包括 AVI、VOB、WMV、RM、RMVB、MOV、MKV、FLV、MP4、MP3、WebM、DAT、3GP、ASF、MPEG、OGG等。视频文件的封装格式并不影响视频的画质,影响视频画面质量的是视频的编码格式。一个完整的视频文件是由音频和视频两部分(有的也包括字幕)组成的。

MPG 是 MPEG 编码所采用的容器,具有流的特性,里面又分为 PS 和 TS,PS 主要用于DVD 存储,TS 主要用于 HDTV。VOB 是 DVD 采用的容器格式,支持多视频多音轨多字幕等。MP4 是 MPEG-4 编码所采用的容器,基于 QuickTime MOV 开发,具有许多先进特性。AVI 是音视频交互存储,是最常见的视频音频容器,支持的视频音频编码也是最多的。ASF 是 Windows Media 所采用的容器,能够用于流传送,还能包容脚本等。3GP 是 3GPP视频所采用的格式,主要用于流媒体传送。RM 是 RealMedia 所采用的容器,用于流传送。

MOV 是 QuickTime 所采用的容器,几乎是现今最强大的容器,甚至支持虚拟现实技术、Java 等,它的变种 MP4、3GP 的功能都没这么强大。MKV 能把 Windows Media Video、RealVideo、MPEG-4 等视频音频融为一个文件,而且支持多音轨,支持章节、字幕等。OGG 是 Ogg 项目所采用的容器,具有流的特性,支持多音轨、章节、字幕等。OGM 是 OGG 容器的变种,能够支持基于 DirectShow 的视频音频编码,支持章节等特性。WAV 是一种音频容器,常说的 WAV 就是没有压缩的 PCM 编码,其实 WAV 中还可以包括 MP3 等其他 ACM 压缩编码。下面重点介绍几种常见的音视频封装格式。

1. MP4

MP4(MPEG-4 Part 14)是一种常见的多媒体容器格式,它是在 ISO/IEC 14496-14 标准文件中定义的,属于 MPEG-4 的一部分。MP4 是一种较为全面的容器格式,被认为可以在其中嵌入任何形式的数据,不过常见的大部分的 MP4 文件存放的是 AVC(H. 264)或 MPEG-4 Part 2 编码的视频和 AAC 编码的音频。MP4 格式的官方文件后缀名是.mp4,还有其他的以 MP4 为基础进行的扩展格式,如 M4V、3GP、F4V 等。

1) box 结构树

MP4 文件中所有数据都装在 box 中,也就是说 MP4 由若干 box 组成,每个 box 有类型和长度,包含不同的信息,可以将 box 理解为一个数据对象块。box 中可以嵌套另一个 box,这种 box 称为 container box。MP4 文件 box 以树状结构的方式组织,一个简单的 MP4 文件由以下 box 组成(可以使用 mp4info 工具查看 MP4 文件结构),MP4 文件的 box 树状结构,如图 5-24 所示。根节点(ROOT)之下,主要包含以下 3 个 box 节点,即 ftyp(File Type Box)文件类型、moov(Movie Box)文件媒体信息和 mdat(Media Data Box)媒体数据。

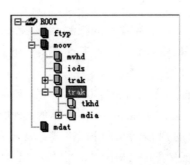

图 5-24   MP4 的 box 树状结构图

2) ftyp

一个 MP4 文件有且仅有一个 ftyp 类型的 box,作为 MP4 格式的标识并包含一些关于文件的信息。ftyp 是 MP4 文件的第 1 个 box,包含了视频文件使用的编码格式、标准等。ftyp box 通常放在文档的开始,通过对该 box 解析可以让软件(播放器、demux、解析器)知道应该使用哪种协议对该文档解析,这是后续解读的基础。下面是一段定义 MP4 文件头的结构体。

```
typedef struct{
    unsigned int length;                     //box 长度为 28,包括这 4 字节本身
    unsigned char name[4];                   //4 个字符:ftyp
    unsigned char majorBrand[4];
    unsigned int minorVersion;
    unsigned char compatibleBrands[12];
}FtypBox;
```

下面是一段十六进制的 MP4 文件数据。

```
00 00 00 1C 66 74 79 70 6D 70 34 32 00 00 00 01        ; …ftypmp42…
6D 70 34 31 6D 70 34 32 69 73 6F 6D                    ; mp41mp42isom
```

具体解析如下。

(1) 00 00 00 1C,即 box 长度为 28,包括这 4 字节本身和后面的 24b 的 box body。

(2) 66 74 79 70,即 ftyp,代表 box type。

(3) 6D 70 34 32,即 mp42,代表 major brand。

(4) 00 00 00 01,即 1,代表 minor version。

(5) 6D 70 34 31 6D 70 34 32 69 73 6F 6D,以及 Compatible brands、mp41(0X6D703431)、mp42(0X6D703432)、isom(0X69736F6D),说明本文档遵从(或称兼容)MP41、MP42、ISON 这 3 种协议。

3) moov

ftyp box 之后会有一个 moov 类型的 box,是一种 container box,子 box 中包含了媒体的 mctadata 信息。该 box 包含了文档媒体的 metadata 信息,moov 是一个 container box,具体内容信息由子 box 诠释。同 File Type Box 一样,该 box 有且只有一个,并且只被包含在文档层。一般情况下,moov 会紧随 ftyp 出现,moov 中会包含一个 mvhd 和两个 trak(一个音频和一个视频)。其中 mvhd 为 header box,一般作为 moov 的第一个子 box 出现(对于其他 container box 来讲,header box 都应作为首个子 box 出现)。trak 包含了一个 track 的相关信息,是一个 container box。

4) mdat

MP4 文件的媒体数据包含在 mdat 类型的 box(Media Data Box)中,该类型的 box 也是 container box,可以有多个,也可以没有(当媒体数据全部引用其他文件时),媒体数据的结构由 metadata 进行描述。

2. AVI

音频视频交错(Audio Video Interleaved,AVI)格式,是一门成熟的老技术,尽管国际学术界公认 AVI 已经属于被淘汰的技术,但是简单易懂的开发 API,还在被广泛使用。AVI 符合 RIFF(Resource Interchange File Format)文件规范,使用四字符码(Four-Character Code,FOURCC)表征数据类型。AVI 的文件结构分为头部、主体和索引 3 部分。主体中图

像数据和声音数据是交互存放的,从尾部的索引可以索引到想放的位置。AVI本身只提供了这么一个框架,内部的图像数据和声音数据格式可以是任意的编码形式。因为索引放在了文件尾部,所以在播放网络流媒体时已力不从心。例如从网络上下载AVI文件,如果没有下载完成,则很难正常播放出来。

1)基本数据单元

AVI中有两种最基本的数据单元,一个是Chunks,另一个是Lists,结构体如下:

```
//Chunks
typedef struct{
    DWORD dwFourcc;
    DWORD dwSize;                    //data
    BYTE data[dwSize];               //contains headers or audio/video data
} CHUNK;

//Lists
typedef struct {
    DWORD dwList;
    DWORD dwSize;                    //dwFourCC + data
    DWORD dwFourCC;
    BYTE data[dwSize - 4];           //contains Lists and Chunks
} LIST;
```

由如上代码可知,Chunks数据块由一个四字符码、4B的data size(指下面的数据大小)及数据组成。Lists由4部分组成,包括4B的四字符码、4B的数据大小(指后面列的两部分数据大小)、4B的list类型及数据组成。与Chunks数据块不同的是,Lists数据内容可以包含字块(Chunks或Lists)。

2)RIFF简介

RIFF是一种复杂的格式,其目的在于适用于多媒体应用的各种类型的数据。RIFF是微软公司为了Windows GUI而创建的一种多媒体文件格式。RIFF本身并没有定义任何存储数据的新方法,但是RIFF定义了一个结构化的框架,它包含了现有的数据格式。由此可知,用户可以创建由两种或更多现有文件格式组成的新的复合格式。

多媒体应用需要存储和管理各种数据,包括位图、音频数据、视频数据和外围设备控制信息。RIFF提供了一种很好的方式来存储所有这些不同类型的数据。RIFF文件中包含的数据类型可以通过文件的后缀名来确认,例如常见的文件后缀名包括.avi、.wav、.rdi、.rmi和.bnd等。

注意:AVI是现在RIFF规范中使用最全面的一种类型,WAV虽然也常被使用,但是非常简单,WAV开发者通常使用旧的规范来构建它们。

因为RIFF涉及各种多媒体文件的名字,所以RIFF经常被它所包含的媒体文件所描述,例如AVI格式,而不是作为一种格式名字,因此对于刚开始接触RIFF文件的用户来讲特别容易混淆这些概念。例如包含音频和视频数据的文件一般称为AVI文件,而不是

RIFF 文件。只有编程开发人员才会知道或留意其实 AVI 文件和 RIFF 文件是同一种文件格式。另外一个问题就是,很容易将 RIFF 和 TIFF(Tag Image File Format)文件弄混淆。这两种格式都可以添加或删除文件的数据结构,但是它们内部的数据结构却相差非常大。与 TIFF 不同的是 RIFF 文件格式是基于 Electronic Arts 交换文件格式(IFF)的结构。虽然这两种格式都使用相同的数据存储概念,但它们在设计上却是不兼容的。

RIFF 是一种包含多个嵌套数据结构的二进制文件格式,RIFF 文件中的每个数据结构都称为块。块在 RIFF 文件中没有固定位置,因此标准偏移值不能用于定位它们的字段,换句话说,块是由用户来定义的,所以每个块没有统一的位置。块包含数据,如数据结构、数据流或称为子块的其他块。每个 RIFF 块都具有以下基本结构:

```
typedef struct _Chunk
{
    DWORD ChunkId;                    /* Chunk ID marker */
    DWORD ChunkSize;                  /* Size of the chunk data in Bytes */
    BYTE ChunkData[ChunkSize];        /* The chunk data */
} CHUNK;
```

注意:RIFF 是以小端字节顺序写入的。字节顺序指占内存多于一个字节类型的数据在内存中的存放顺序,通常有小端、大端两种字节顺序。小端字节顺序指低字节数据存放在内存低地址处,高字节数据存放在内存高地址处;大端字节顺序指高字节数据存放在低地址处,低字节数据存放在高地址处。基于 x86 平台的 PC 是小端字节顺序的。

其中 ChunkId 包含 4 个 ASCII 字符,用于标识块包含的数据。例如字符 RIFF 用于识别包含 RIFF 数据的块。如果 ID 小于 4 个字符,则使用空格(ASCII 32)在右侧填允。ChunkSize 表示存储在 ChunkData 字段中的数据的长度,不包括添加到数据中的任何填充数据(为了数据对齐会在结尾添加 0,但是添加的 0 不算长度)。

注意:结构体中 ChunkId 的 4B 和 ChunkSize 本身的 4B 的长度均不在 ChunkSize 的数据长度中。

ChunkData 中的数据是以 4B 对齐的,如果实际数据是奇数,就在数据末尾添加 0,ChunkSize 的值是不包含末尾为了对齐所添加的 0 的。子块(Subchunk)也具有与块(Chunk)相同的结构,一个子块就是包含在另一个块中的任何块。只有 RIFF 块和列表块(LIST Chunk)包含子块,其他的块都只包含数据。一个 RIFF 文件本身就是一个完整的 RIFF 块,文件中的所有其他块和子块都包含在该块中。如果要读取 RIFF 文件,则应该忽略不能识别的或不使用的块。如果是在写一个 RIFF 文件,则应该将所有未知的或不使用的块全部写入文件中,不要丢掉它们,一般根据不同需求写入。

用于存储音频和视频信息的 RIFF 文件称为 AVI 文件。RIFF AVI 文件格式通常只包含一个 AVI 块,但是其他类型的块也可能出现。解析一个 AVI 文件可以忽略不需要的块,同时要确保文件中存储了一个 AVI 块。虽然微软使用标准的表示法来描述 RIFF 文件内部数据结构,但是使用 C 语法来说明 RIFF AVI 文件中块和子块的位置是更清晰的,示例码如下：

```
struct _RIFF                                            /* RIFF */
{
    struct _AVICHUNK                                    /* AVI */
    {
        struct _LISTHEADERCHUNK                         /* hdrl */
        {
            AVIHEADER AviHeader;                        /* avih */
            struct _LISTHEADERCHUNK                     /* strl */
            {
                AVISTREAMHEADER  StreamHeader;          /* strh */
                AVISTREAMFORMAT  StreamFormat;          /* strf */
                AVISTREAMDATA    StreamData;            /* strd */
            }
        }
        struct _LISTMOVIECHUNK                          /* movi */
        {
            struct _LISTRECORDCHUNK                     /* rec */
            {
                /* Subchunk 1 */
                /* Subchunk 2 */
                /* Subchunk N */
            }
        }
        struct _AVIINDEXCHUNK                           /* idx1 */
        {
            /* Index data */
        }
    }
}
```

以上代码结构表示仅包含一个 AVI 块的 RIFF 文件的内部数据布局，该块遵循先前描述的块数据结构的格式，每个块的 ChunkId 已经在注释中列出。AVI 块由 4 个字符的块标识符 AV 标识（注意最后的空白字符）。AVI 块包含两个强制 LIST 子块（hdrl 和 movi 这两个 LIST 是必须有的），它们指示存储在文件中的数据流的格式和数据。

3) AVI 文件结构

AVI 文件采用 RIFF 文件结构方式，使用四字符码（FOURCC）表征数据类型，例如 RIFF、AVI、LIST 等，通常将四字符码称为数据块 ID。RIFF 文件的基本单元叫作数据块（Chunk），由数据块四字符码（数据块 ID）、数据长度、数据组成。整个 RIFF 文件可以看成一个数据块，其数据块 ID 为 RIFF，称为 RIFF 块，一个 RIFF 文件中只允许存在一个 RIFF 块。RIFF 块中包含一系列其他子块，其中 ID 为 LIST，称为 LIST 块，LIST 块中可以再包含一系列其他子块，但除了 LIST 块外的其他所有的子块都不能再包含子块。

下面介绍一下标准 RIFF 文件结构,如图 5-25 所示,一个 AVI 通常包含几个子块。ID 为 hdrl 的 LIST 块,包含了音视频信息,以及描述媒体流信息。ID 为 info 的 LIST 块,包含编码该 AVI 的程序信息。ID 为 junk 的 chunk 数据块,是无用数据,用于填充 ID 为 movi 的 LIST 块,包含了交错排列的音视频数据。ID 为 idxl 的 Chunk 块,包含音视频排列的索引数据。

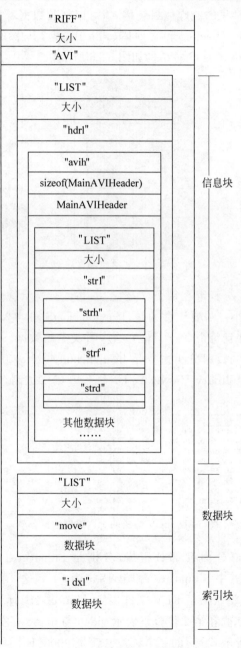

图 5-25 AVI 文件的 RIFF 结构

3. FLV

FLV(Flash Video)是现在非常流行的流媒体格式,由于其视频文件占用空间较小、封装及播放简单等特点,使其很适合在网络上进行应用,目前主流的视频网站无一例外地使用了 FLV 格式,但是当前浏览器已经不提倡使用 Flash 插件了,通过 video. js 和 flv. js 可以扩展 Flash 功能。FLV 是常见的流媒体封装格式,可以将其数据看为二进制字节流。总体上看,FLV 包括文件头(File Header)和文件体(File Body),其中文件体由一系列的 Tag 及 Tag Size 对组成。FLV 格式的 Tag 结构如图 5-26 所示。

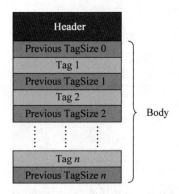

图 5-26　FLV 格式的 Tag 结构

其中,PreviousTagSize 紧跟在每个 Tag 之后,占 4B,表示这是一个 UI32 类型的数值,代表前面一个 Tag 的大小。需要注意的是,PreviousTagSize ♯0 的值总为 0。Tag 类型包括视频、音频和 Script,并且每个 Tag 只能包含一种类型的数据。

FLV 格式的十六进制数据分析主要是 header、body 及 tag。例如下面是一段 FLV 格式的 MV 视频,推荐使用 Binary Viewer 或 Ultra Edit 的二进制查看工具,如图 5-27 所示。

地址(十…	十六进制 (1字节)								文本(ASCII)			
00000000	46 4C 56	01 05	00 00 00 09	00 00 00 00	12	00 01	F L V · · · · · · · · · · · · ·
00000010	25 00 00 00 00 00 00 00 02 00 0A 6F 6E 4D 65 74	% · · · · · · · · · · o n M e t
00000020	61 44 61 74 61 08 00 00 00 0D 00 08 64 75 72 61	a D a t a · · · · · · d u r a
00000030	74 69 6F 6E 00 40 73 A7 85 1E B8 51 EC 00 05 77	t i o n · @ s · · · · Q · · · w
00000040	69 64 74 68 00 40 76 00 00 00 00 00 00 06 68	i d t h · @ v · · · · · · h
00000050	65 69 67 68 74 00 40 6E 00 00 00 00 00 00 0D	e i g h t · @ n · · · · · ·
00000060	76 69 64 65 6F 64 61 74 61 72 61 74 65 00 40 71	v i d e o d a t a r a t e · @ q
00000070	45 E0 00 00 00 00 00 09 66 72 61 6D 65 72 61 74	E · · · · · · · f r a m e r a t
00000080	65 00 40 3D F8 51 EB 85 1E B8 00 0C 76 69 64 65	e · @ = · Q · · · · · · v i d e

图 5-27　FLV 格式的十六进制数据分析

FLV 的 Header 头部分由几部分组成,分别是 Signature(3B)、Version(1B)、Flags(1B)、DataOffset(4B)。其中 Signature 占 3B,固定为 FLV 这 3 个字符作为标识。一般发现前 3 个字符为 FLV 时就认为是 FLV 文件。Version 占 1B,标识 FLV 的版本号,此处为 1。Flags 占 1B,其中第 0 位和第 2 位分别表示 video 与 audio 存在的情况(1 表示存在,0 表示不存在)。如图 5-27 所示,看到的是 0x05,也就是 00000101,代表既有视频,也有音频。DataOffset 占 4B,表示 FLV 的 header 长度,固定为 9B。

　　FLV 的 body 部分是由一系列的 back-pointers+tag 构成,back-pointers 固定为 4B,表示前一个 tag 的 size。tag 分为 3 种类型,包括 video、audio 和 scripts。

　　FLV 的 tag 部分是由 tag type、tag data size、Timestamp、TimestampExtended、stream ID、tag data 组成的。其中 type 占 1B,8 代表 Audio、9 代表 Video、18 代表 scripts。tag data size 占 3B,表示 tag data 的长度,从 stream ID 后算起。Timestreamp 占 3B,即时间戳。TimestampExtended 占 1B,即时间戳扩展字段。stream ID 占 3B,总是 0。tag data 是数据部分。

4. TS

　　MPEG-2-TS 是一种标准容器格式,用于传输与存储音视频、节目与系统信息协议数据,广泛应用于数字广播系统,日常数字机顶盒接收的就是 TS 流。在 MPEG-2 标准中,有两种不同的码流输出到信道,一种是 PS 流,适用于没有传输误差的场景。另一种是 TS 流,适用于有信道噪声的传输场景。节目流设计用于合理可靠的媒体,如光盘(如 DVD),而传输流设计用于不太可靠的传输,即地面或卫星广播。此外,传输流可以携带多个节目。MPEG-2 System(编号 13818-1)是 MPEG-2 标准的一部分,该部分描述了多个视频、音频和数据多种基本流(ES)合成传输流(TS)和节目流(PS)的方式。

　　1) 基本概念

　　首先需要分辨与 TS 传输流相关的几个基本概念。

　　(1) ES 即基本流(Elementary Stream),直接从编码器出来的数据流,可以是编码过的音频、视频或其他连续码流。

　　(2) PES 即打包的基本流(Packetized Elementary Streams),是 ES 流经过 PES 打包器处理后形成的数据流,在这个过程中完成了将 ES 流分组、加入包头信息(如 PTS、DTS)等操作。PES 流的基本单位是 PES 包,PES 包由包头和负载(Payload)组成。

　　(3) 节目流(Program Stream,PS),由 PS 包组成,而一个 PS 包又由若干 PES 包组成。一个 PS 包由具有同一时间基准的一个或多个 PES 包复合而成。

　　(4) 传输流(Transport Stream,TS),由固定长度(188B)的 TS 包组成,TS 包是对 PES 包的另一种封装方式,同样由具有同一时间基准的一个或多个 PES 包复合而成。PS 包是不固定长度的,而 TS 包为固定长度的。

　　(5) 节目特定信息(Program Specific Information,PSI),用来描述传输流的组成结构。PSI 信息由 4 种类型的表组成,包括节目关联表(PAT)、节目映射表(PMT)、条件接收表(CAT)、网络信息表(NIT)。PAT 与 PMT 两张表帮助找到该传输流中的所有节目与流,PAT 用于指示该 TS 流由哪些节目组成,每个节目的节目映射表 PMT 的 PID 是什么,而PMT 用于指示该节目由哪些流组成,每一路流的类型与 PID 是什么。

　　(6) 节目关联表(Program Association Table,PAT),该表的 PID 是固定的 0x0000,它的主要作用是指出该传输流的 ID,以及该路传输流中所对应的几路节目流的 MAP 表和网络信息表的 PID。

　　(7) 节目映射表(Program Map Table,PMT),该表的 PID 是由 PAT 提供给出的。通

过该表可以得到一路节目中包含的信息。例如,该路节目由哪些流构成和这些流的类型(视频、音频、数据),指定节目中各流对应的 PID,以及该节目的 PCR 所对应的 PID。

(8) NIT 即网络信息表(Network Information Table),该表的 PID 是由 PAT 提供给出的。NIT 的作用主要是对多路传输流的识别,NIT 提供多路传输流、物理网络及网络传输相关的一些信息,如用于调谐的频率信息及编码方式,以及调制方式等参数方面的信息。

(9) 条件访问表(Conditional Access Table,CAT),该表的 PID 为 0x0001。

PAT 用于描述有多少路节目,每路节目的 PMT 表的 PID 是多少,PMT 则描述了本节目有多少流,每路流的类型与 PID 是多少。举个例子,找到一个 TS 包,它的 PID 是 0,说明它的负载内容是 PAT 信息,解析 PAT 信息,发现节目 1 的 PMT 表的 PID 是 0x10,接着,在比特流中寻找一个 PID 为 0x10 的 TS 包,它的负载内容是节目 1 的 PMT 表信息,解析该 PMT 信息可以发现第一路流是 MPEG-2 音频流,PID 号为 0x21,第二路流是 MPEG-2 视频流,PID 号是 0x22,第三路流是 DVB 字幕流,PID 号是 0x23,解析完毕,凡是比特流中 PID 号为 0x22 的 TS 包,所负载的内容为 MPEG-2 视频流,把这些包一个一个找出来,把其中的有效码流一部分一部分拼接起来,然后送给解码器去解码。注意,就一般的视频流而言,只要拼接成一个完整的 PES 包,就可以送出去给解码器,然后继续拼接下一个 PES 包。

除了上述的几种表外,MPEG-2 还提供了私有字段,用于实现对 MPEG-2 的扩充。为便于传输,实现时分复用,基本流 ES 必须打包,也就是将顺序连续、传输连续的数据流按一定的时间长度进行分割,分割的小段叫作包,因此打包也被称为分组。在 MPEG-2 标准中,有两种不同的码流可以输出到信号,包括 PS 和 TS。PS 流包结构的长度可变,一旦某个 PS 包的同步信息丢失,接收机就无法确认下一个包的同步位置,从而导致信息丢失,因此 PS 流适用于合理可靠的媒体,如光盘,PS 流的后缀名一般为 vob 或 evo,而 TS 传输流不同,TS 流的包结构为固定长度(188B),当传输误码破坏了某个 TS 包的同步信息时,接收机可在固定的位置检测它后面包中的同步信息,从而恢复同步,避免信息丢失,因此 TS 可适用于不太可靠的传输,即地面或卫星传播,TS 流的后缀一般为 ts、mpg、mpeg。由于 TS 码流具有较强的抵抗传输误码的能力,因此目前在传输媒体中进行传输的 MPEG-2 码流基本上采用 TS。

2) TS 流形成过程

TS 流的形成过程大体上分为 3 个步骤,如图 5-28 所示。

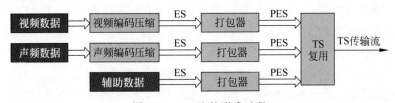

图 5-28　TS 流的形成过程

下面以电视数字信号为例来说明 TS 流的形成过程。第一步通过原始音视频数据经过压缩编码得到 ES 流,生成的 ES 基本流比较大,并且只是 I、P、B 这些视频帧或音频取样信息。第二步对 ES 基本流进行打包生成 PES 流,通过 PES 打包器,首先对 ES 基本流进行分组打包,在每个包前加上包头就构成了 PES 流的基本单位,即 PES 包,对视频 PES 来讲,一般是一帧一个包,音频 PES 一般一个包不超过 64kB。PES 包头信息中加入了 PTS、DTS 信息,用于音视频的同步。第三步使同一时间基准的 PES 包经过 TS 复用器生成 TS 传输包。

PES 包的长度通常远大于 TS 包的长度,一个 PES 包必须由整数个 TS 包来传送,没装满的 TS 包由填充字节填充。PES 包进行 TS 复用时,往往一个 PES 包会分存到多个 TS 包中。将 PES 包内容分配到一系列固定长度的 TS 传输包(TS Packet)中,TS 流中 TS 传输包头加入了 PCR(节目参考时钟)与 PSI(节目专用信息),其中 PCR 用于解码器的系统时钟恢复。TS 包的基本结构,如图 5-29 所示。每个包的固定长度为 188B,其中包头为 4B。PCR 时钟的作用非常重要,编码器中有一个系统时钟用于产生指示音视频正确显示和解码的时间标签(如 DTS、PTS)。解码器在解码时首先利用 PCR 时钟重建与编码器同步的系统时钟,再利用 PES 流中的 DTS、PTS 进行音视频的同步,这也是音视频同步的基本原理。

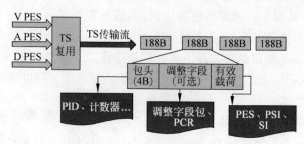

图 5-29　TS 包的基本结构

TS 流的形成过程如下。

(1) 将原始音视频数据压缩之后,由压缩结果组成一个基本码流 ES。

(2) 对 ES 进行打包形成 PES。

(3) 在 PES 包中加入时间戳信息 PTS/DTS。

(4) 将 PES 包内容分配到一系列固定长度的 TS 包中。

(5) 在传输包中加入定时信息 PCR。

(6) 在传输包中加入节目专用信息 PSI。

(7) 连续输出传输包形成具有恒定比特率的 MPEG-TS 流。

TS 流的解析过程,可以说是生成的逆过程如下。

(1) 从复用的 MPEG-TS 流中解析出 TS 包。

(2) 从 TS 包中获取 PAT 及对应的 PMT(PSI 中的表格)。

(3) 从而获取特定节目的音视频 PID。

(4) 通过 PID 筛选出特定音视频相关的 TS 包,并解析出 PES。

(5) 从 PES 中读取 PTS/DTS,并从 PES 中解析出基本码流 ES。

(6) 将 ES 交给解码器,获得压缩前的原始音视频数据。

5．M3U8

M3U8 是 Unicode 版本的 M3U，采用 UTF-8 编码。M3U 和 M3U8 文件都是苹果公司使用的 HTTP Live Streaming（HLS）协议格式的基础，这种协议格式可以在 iPhone 和 Macbook 等设备播放。M3U8 文件其实是 HLS 协议的部分内容，而 HLS 是一个由苹果公司提出的基于 HTTP 的流媒体网络传输协议。

1）HLS 简介

HTTP 直播流协议（HTTP Live Streaming，HLS），其工作原理是把整个流分成一个一个小的基于 HTTP 的文件来下载，每次只下载一部分。当媒体流正在播放时，客户端可以选择从许多不同的备用源中以不同的速率下载同样的资源，允许流媒体会话适应不同的数据速率。在开始一个流媒体会话时，客户端会下载一个包含元数据的 Extended M3U（M3U8）Playlist 文件，用于寻找可用的媒体流。HLS 只请求基本的 HTTP 报文，与实时传输协议（RTP）不同，HLS 可以穿过任何允许 HTTP 数据通过的防火墙或者代理服务器，也可以很容易地使用内容分发网络来传输媒体流。

简而言之，HLS 是新一代流媒体传输协议，其基本实现原理为将一个大的媒体文件进行分片，将该分片文件资源路径记录于 M3U8 文件内，其中附带一些额外描述，例如该资源的多带宽信息，主要用于提供给客户端。客户端依据该 M3U8 文件即可获取对应的媒体资源，进行播放，因此客户端获取 HLS 文件，主要就是对 M3U8 文件进行解析操作。

2）M3U8 文件格式

M3U8 文件实质是一个播放列表（Playlist），其可能是一个媒体播放列表（Media Playlist），也可能是一个主播放列表（Master Playlist）。但无论是哪种播放列表，其内部文字使用的都是 UTF-8 编码。当 M3U8 文件作为媒体播放列表（Media Playlist）时其内部信息记录的是一系列媒体片段资源，顺序播放该片段资源即可完整展示多媒体资源。M3U8 的播放列表内容片段如下。

```
#EXTM3U
#EXT-X-TARGETDURATION:10
#EXTINF:9.009,
http://media.example.com/first.ts
#EXTINF:9.009,
http://media.example.com/second.ts
#EXTINF:3.003,
http://media.example.com/third.ts
```

对于点播来讲，客户端只需按顺序下载上述片段资源，依次进行播放，而对于直播来讲，客户端需要定时重新请求该 M3U8 文件，看一看是否有新的片段数据需要进行下载并播放。

当 M3U8 作为主播放列表（Master Playlist）时，其内部提供的是同一份媒体资源的多份流列表资源，其格式如下：

```
#EXTM3U
#EXT-X-STREAM-INF:BANDWIDTH = 150000,RESOLUTION = 416x234,CODECS = "avc1.42e00a,mp4a.40.2"
http://example.com/low/index.m3u8
#EXT-X-STREAM-INF:BANDWIDTH = 240000,RESOLUTION = 416x234,CODECS = "avc1.42e00a,mp4a.40.2"
http://example.com/lo_mid/index.m3u8
#EXT-X-STREAM-INF:BANDWIDTH = 440000,RESOLUTION = 416x234,CODECS = "avc1.42e00a,mp4a.40.2"
http://example.com/hi_mid/index.m3u8
#EXT-X-STREAM-INF:BANDWIDTH = 640000,RESOLUTION = 640x360,CODECS = "avc1.42e00a,mp4a.40.2"
http://example.com/high/index.m3u8
#EXT-X-STREAM-INF:BANDWIDTH = 64000,CODECS = "mp4a.40.5"
http://example.com/audio/index.m3u8
```

该备用流资源指定了多种不同码率,以及不同格式的媒体播放列表,并且该备用流资源也可同时提供不同版本的资源内容,例如不同语言的音频文件、不同角度拍摄的视频文件等。客户可以根据不同的网络状态选取合适码流的资源,并且最好根据用户喜好选择合适的资源内容。

5.3 视频压缩编码

编码这一概念在通信与信息处理领域中被广泛使用,其基本原理是将信息按照一定规则使用某种形式的码流表示与传输。常用的需要编码的信息主要有义字、语音、视频和控制信息等。

5.3.1 视频编码基础知识

视频编码涉及的基础知识非常复杂,包括图像、视频、压缩原理等。

1. 视频和图像的关系

之前已经介绍了像素、图像、视频,本节重点讲解图像和视频的关系。例如把一本动画书放到手里,然后快速翻动,这样就形成了一种动画效果,也就是视频。视频本质上是由大量的连续图片组成的。在视频中,一帧就是指一幅静止的画面。衡量视频很重要的一个指标是帧率,帧率越高,视频就越逼真、越流畅。不同帧率与视频的流畅度如图 5-30 所示。

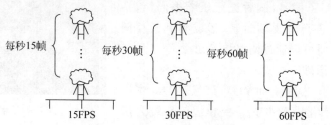

图 5-30　帧率与视频的流畅度

2. 视频编码的理由

视频为什么需要编码？关键就在于一个原始视频，如果未经编码，体积是非常庞大的。以一个分辨率为 1920×1080，并且帧率为 30 的视频为例，共有 $1920\times1080=2\,073\,600$ 像素，每像素占用24b（假设采取RGB24）。也就是每幅图片占用 $2\,073\,600\times24=49\,766\,400$b。8b（位）＝1B（字节），所以，$49\,766\,400$b＝$6\,220\,800B\approx6.22$MB。这才是一幅 1920×1080 图片的原始大小（6.22MB），再乘以帧率30。也就是说，1s视频的大小是186.6MB，1分钟大约是11GB，一部90分钟的电影，约为1000GB（约1TB）。

视频产生之后涉及两个问题，包括存储和传输。如果按照 100Mb/s 的网速（12.5MB/s），下载刚才的那部电影，大约需要 22 小时。为了看一部电影，需要等待 22 小时，这是绝大部分用户所不能接受的。正因为如此，专业的视频工程师就提出，必须对视频进行压缩编码。

3. 视频编码

数据编码是指按指定的方法将信息从一种格式转换成另一种格式。视频编码就是将一种视频格式转换成另一种视频格式。视频编码和解码是互逆的过程，如图 5-31 所示。

图 5-31　视频编解码

编码的终极目的就是为了压缩，市面上各种各样的视频编码方式都是为了让视频变得更小，有利于存储和传输。视频从录制到播放的整个过程，如图 5-32 所示。

图 5-32　视频从录制到播放的整个过程

首先是视频采集，通常会使用摄像机、摄像头进行视频采集，如图 5-33 所示。采集了视频数据之后就要进行模数转换，将模拟信号转变成数字信号。当然现在很多摄像机或摄像头可以直接输出数字信号。信号输出之后，还要进行预处理，将RGB信号变成YUV信号，然后进行压缩编码，包括音频和视频，然后进行音视频封装，形成有利于存储或传输的格式，以便可以通过网络传输出去。

4. YUV 成像原理

前面介绍过 RGB 信号和 YUV 信号，YUV 本质上是一种颜色数字化表示方式。视频通信系统之所

图 5-33　视频采集

以要采用 YUV,而不是 RGB,主要是因为 RGB 信号不利于压缩。在 YUV 这种格式中,加入了亮度这一概念。视频工程师发现,眼睛对于亮和暗的分辨要比对颜色的分辨更精细一些,也就是说,人眼对色度的敏感程度要低于对亮度的敏感程度,所以在视频存储中,没有必要存储全部颜色信号,可以把更多带宽留给黑白信号(亮度),将稍少的带宽留给彩色信号(色度),这就是 YUV 的基本原理,Y 是亮度,U 和 V 则是色度。Y′CbCr 是 YUV 的压缩版本,不同之处在于 Y′CbCr 用于数字图像领域,而 YUV 用于模拟信号领域,MPEG、DVD、摄像机中常说的 YUV 其实就是 Y′CbCr。YUV 的成像过程如图 5-34 所示。

图 5-34　YUV 是如何形成图像的

另外 YUV 格式还可以很方便地实现视频压缩,YUV 的存储格式与其采样方式密切相关。采样的原理非常复杂,通常采用的是 YUV 4∶2∶0 采样方式,能获得 1/2 的压缩率。这些预处理做完后,就可以正式进行编码了。

5. IPB 帧

I 帧是指帧内编码帧(Intra Picture),采用帧内压缩去掉空间冗余信息。P 帧是指前向预测编码帧(Predictive-Frame),通过将图像序列中前面已经编码的帧的时间冗余信息来压缩传输数据量的编码图像。参考前面的 I 帧或者 P 帧。B 帧是指双向预测内插编码帧(Bi-Directional Interpolated Prediction Frame),既考虑源图像序列前面的已编码帧,又顾及源图像序列后面的已编码帧之间的冗余信息,以此来压缩传输数据量的编码图像,也称为双向编码帧。参考前面的一个 I 帧或者 P 帧及其后面的一个 P 帧。

注意：B 帧有可能参考它后面的 P 帧,解码器一般有视频帧缓存队列(以 GOP 为单位)。

6. PTS 和 DTS

解码时间戳(Decoding Time Stamp,DTS)用于标识读入内存中比特流在什么时候开始送入解码器中进行解码,也就是解码顺序的时间戳。展示时间戳(Presentation Time Stamp,PTS)用于度量解码后的视频帧什么时候被显示出来。在没有 B 帧的情况下,DTS

和 PTS 的输出顺序是一样的,一旦存在 B 帧,PTS 和 DTS 则会不同,也就是显示顺序的时间戳。

7．GOP 简介

图像组(Group OF Picture,GOP),指两个 I 帧之间的距离。Reference 即参考周期,指两个 P 帧之间的距离。一个 I 帧所占用的字节数大于一个 P 帧,一个 P 帧所占用的字节数大于一个 B 帧,所以在码率不变的前提下,GOP 值越大,P、B 帧的数量就会越多,平均每个 I、P、B 帧所占用的字节数就越多,也就更容易获取较好的图像质量。Reference 越大,B 帧的数量就越多,同理也更容易获得较好的图像质量。IPB 帧的字节大小为 I>P>B。GOP 解码顺序和显示顺序如图 5-35 所示。

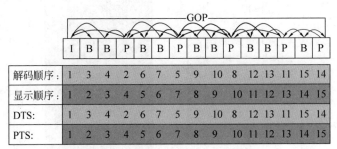

图 5-35　GOP 解码顺序和显示顺序

5.3.2　视频压缩

对原始视频进行压缩的目的是为了去除冗余信息,这些冗余信息包括以下几个方面。

(1) 空间冗余,即图像相邻像素之间有较强的相关性。

(2) 时间冗余,即视频序列的相邻图像之间内容相似。

(3) 编码冗余,即不同像素值出现的概率不同。

(4) 视觉冗余,即人的视觉系统对某些细节不敏感。

(5) 知识冗余,即规律性的结构可由先验知识和背景知识得到。

数据压缩主要分为无损压缩和有损压缩。无损压缩(Lossless)即压缩前、解压缩后图像完全一致 $X=X'$,压缩比一般比较低(2：1～3：1),典型的压缩格式有 Winzip、JPEG-LS 等。有损压缩(Lossy)即压缩前与解压缩后图像不一致 $X \neq X'$,压缩比一般都比较高(10：1～20：1),典型格式有 MPEG-2、H.264/AVC、AVS 等。数据压缩与解压缩的概要流程如图 5-36 所示。

图 5-36　数据压缩与解压缩

无损压缩也称为可逆编码,重构后的数据与原数据完全相同,适用于磁盘文件的压缩等。主要采用熵编码方式,包括香农编码、哈夫曼编码和算术编码等。香农编码采用信源符号的累计概率分布函数来分配码字,效率不高,实用性不大,但对其他编码方法有很好的理论指导意义。霍夫曼(哈夫曼)

编码完全依据出现概率来构造异字头的平均长度最短的码字,先对图像数据扫描一遍,计算出各种像素出现的概率,按概率的大小指定不同长度的唯一码字,由此得到一张该图像的哈夫曼码表。编码后的图像数据记录的是每像素的码字,而码字与实际像素值的对应关系记录在码表中。算术编码是用符号的概率和编码间隔两个基本参数来描述的,在给定符号集和符号概率的情况下,算术编码可以给出接近最优的编码结果。使用算术编码的压缩算法通常先要对输入符号的概率进行估计,然后编码,估计越准,编码结果就越接近最优的结果。

有损压缩也称为不可逆编码,重构后的数据与原数据有差异,适用于任何允许有失真的场景,例如视频会议、可视电话、视频广播、视频监控等。常用的有损编码方式包括预测编码、变换编码、量化编码、混合编码等。

5.3.3 视频编码原理

视频编码是指通过特定的压缩技术,将某个视频格式的文件转换成另一种视频格式。视频数据在时域和空域层面都有极强的相关性,这也表示有大量的时域冗余信息和空域冗余信息,压缩编码技术就是去掉数据中的冗余信息。

去除时域冗余信息的主要方法包括运动补偿、运动表示、运动估计等。运动补偿是通过先前的局部图像来预测、补偿当前的局部图像,可有效减少帧序列冗余信息。运动表示是指不同区域的图像使用不同的运动矢量来描述运动信息,运动矢量通过熵编码进行压缩(熵编码在编码过程中不会丢失信息)。运动估计是指从视频序列中抽取运动信息,通用的压缩标准使用基于块的运动估计和运动补偿。

去除空域冗余信息的主要方法包括变换编码、量化编码和熵编码。变换编码是指将空域信号变换到另一正交矢量空间,使相关性下降,数据冗余度减小。量化编码是指对变换编码产生的变换系数进行量化,控制编码器的输出位率。熵编码是指对变换、量化后得到的系数和运动信息进行进一步的无损压缩。

原始未压缩的视频数据存储空间大,一个 1080P 的 1s 视频大约需要 160MB。原始未压缩的视频数据传输占用带宽大,20Mb/s 的带宽传输上述视频大约需要 64s,这样肯定无法满足实时视频的需求,而经过 H.264 编码压缩之后,视频只有大约 2MB,20Mb/s 的带宽仅仅约需要 1s,基本可以满足实时传输的需求。如果再加一些编码优化,或者降低分辨率,还可以进一步压缩视频,从而降低传输时间,所以从视频采集传感器采集来的原始视频必须经过视频编码。

注意:笔者抛砖引玉,以上参数不一定很精确,读者可以自行枚举更多的案例。

如上所述,原始未压缩视频所需的存储空间是非常大的。那为什么巨大的原始视频可以编码成很小的视频呢?这其中的技术又是什么呢?核心思想就是去除冗余信息。视频一般有 5 种冗余信息,包括空间冗余、时间冗余、编码冗余、视觉冗余和知识冗余。

视频本质上是一系列图片进行连续快速播放,最简单的压缩方式就是对每帧图片进行压缩,例如比较古老的 MJPEG 编码所采用的就是这种编码方式,这种编码方式只有帧内编码,利用空间上的取样预测来编码。形象的比喻就是把每帧都作为一张图片,采用 JPEG 的编码格式对图片进行压缩,这种编码只考虑了一张图片内的冗余信息压缩,如图 5-37 所示,绿色的部分就是当前待编码的区域,灰色的部分就是尚未编码的区域,绿色区域可以根据已经编码的部分进行预测(绿色的左边、下边、左下)。

图 5-37　帧间预测编码

　　但是帧和帧之间存在时间上的相关性,后续逐步开发出了一些比较高级的编码器,可以采用帧间编码。简单点说就是通过搜索算法选定了帧上的某些区域,然后通过计算当前帧和前后参考帧的向量差进行编码的一种形式,如图 5-38 所示,滑雪的同学是向前位移的,但实际上是雪景在向后位移,P 帧通过参考帧(I 或其他 P 帧)就可以进行编码了,编码之后的大小会变得非常小,压缩比非常高。

图 5-38　帧间预测编码

I 帧采取帧间预测编码,主要流程包括帧间预测、变换、量化、熵编码等,如图 5-39 所示。P 帧采取帧间预测编码,主要流程包括帧间预测、变换、量化、熵编码等,如图 5-40 所示。

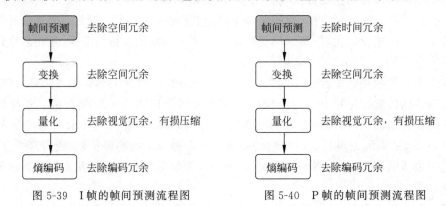

图 5-39　I 帧的帧间预测流程图　　　　　图 5-40　P 帧的帧间预测流程图

5.3.4　视频编码的关键技术

　　编解码器包括编码器和解码器。编码器(Encoder)是指压缩信号的设备或程序;解码器(Decoder)是指解压缩信号的设备或程序;编解码器(Codec)是指编解码器对。编码的主要流程包括预测、变换、量化、熵编码,解码的流程与之互逆,如图 5-41 所示。编解码器中涉及的关键技术主要包括预测、变换、量化、熵编码,下面详细讲述这几方面的知识。

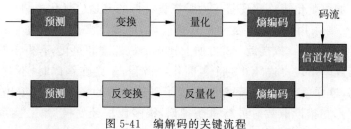

图 5-41 编解码的关键流程

第一,为什么要变换?变换可以去除图像像素之间的空间相关性。变换是一种线性运算,可以将图像从空间域转换到变换域或者频率域。空间域图像的能量往往分布相对比较均匀,经过变换后,变换域中图像的变换系数间近似是统计独立的,基本去除了相关性,并且能量集中在直流和低频率的变换系数上,高频率变换系数的能量很小,甚至大部分高拟系数能量接近于零,所以在变换域进行滤波、进行与视觉特性相匹配的量化及熵编码,可以实现图像数据的有效压缩。变换的核心点是找到一个完美的正交矩阵,那什么样的正交变换矩阵才算是完美的呢?最佳的变换矩阵应该是变换矩阵中每行或每列的基矢量和图像的统计特性相匹配,即应和图像本身的特征矢量相匹配。K-L 变换是在均方误差最小准则下,失真最小的一种变换,但 K-L 变换的变换矩阵是由图像协方差矩阵的特征矢量组成的,不同图像的变换矩阵是不同的,每次都要进行计算,并且计算烦琐,很难满足实时处理要求,而在各种正交变换中,以自然图像为编码对象时与 K-L 变换性能最接近的是离散余弦变焕 DCT。理论与实验表明:对于标准清晰度的自然图像,像素块尺寸选 8×8 或 16×16 是最适宜的。

第二,为什么要量化?通常变换离不开量化,因为图像从空间域矩阵变换到变换域的变换系数矩阵,其系数个数并未减少,数据量也不会减少,因此并不能直接压缩数据。为了压缩码率,还应当根据图像信号在变换域中的统计特性进行量化和熵编码。按照量化的维数,量化可分为标量量化和矢量量化。标量量化是一维量化,是一个幅度对应一个量化结果,而矢量量化是二维甚至多维量化,两个或两个以上的幅度决定一个量化结果。在图像和视频编码中,普遍采用标量量化。量化过程存在量化误差,这种误差称为量化噪声。量化器设计时将信号幅度划分为若干个量化级,一般为 2 的整数次幂。把落入同一级的样本值归为一类,并给定一个量化值。量化级数越多,量化误差就越小,质量就越好。量化级数取决于量化步长和信号强度。理想的标量量化器应该采用非线性量化,也就是每个量化区间间距应该不相等,每个量化区间的划分取决于信号的概率密度函数分布。在视频编码中,残差图像块的变换系数近似认为服从广义高斯分布或拉普拉斯分布,可以根据这个概率分布函数,确定非线性标量量化。残差图像的变换系数通常主要分布在零频率分量附近,而偏离零频率的分量,出现概率呈指数下降。在不影响人眼观看的条件下,量化器的作用是降低系数的精度来消除可以忽略的系数。人眼视觉系统对不同频率分量信号的失真感知能力是不一样的,人眼对高频系数相对不敏感,对色度相对也不敏感。为了得到好的编码效果,应该根据系数块中的不同位置设计量化器,对图像进行 DCT 变换后直接对 DCT 系数进行符合人眼视觉特性的非均匀量化。通常通过一个归一化加权量化矩阵实现,而目前 JPEG 和 MPEG

标准中均采用了加权量化矩阵实现基于人眼视觉特性的自适应量化控制。

第三,为什么要采用熵编码? 经 DCT 变换后,能量主要集中在直流和较低频率系数上,而大部分变换系数为 0 或接近 0。再加上视觉加权处理和量化,有更多的 0 产生,这些 0 往往连在一起而成串出现。连续 0 的个数叫作零游程,于是在编码时,不对单个的 0 编码,而对零游程编码,这样就会提高编码效率。为了制造更长的零游程,在编码之前,对变换系数矩阵采用 Z 字形扫描读取数时进行重新排列,很多像块经变换后,变换系数经过 ZigZag 排列,排在队尾的很长一串系数全是 0。游程编码通常采用一种称为 Run-Level 的编码技术,这里 Run 是两个非零系数之间连续 0 的个数,而 Level 是非 0 数的绝对值。经过 ZigZag 扫描后的系数序列可以转化为若干个 Run-Level 数据对。由于统计编码是信息保持编码,所以信息量是怎样度量的呢? 在信息论中,信息量是用不确定性的量度来定义的。一条消息出现的概率越小,则信息量越大;若出现的概率越大,则信息量越小。从信息论看,熵是对一条消息进行编码时最小平均比特率的理论值。这个结果虽然没有说明如何设计码字的方法,但却很有用。假如设计的码字平均比特率和熵一样,那么这个码字就是最佳的。由此得出结论,熵提供了一种可以测试编码性能的参考基准。利用信息熵原理的编码方法有若干种,如哈夫曼编码方法利用概率分布特性、算术编码利用概率分布的编码方法和游程编码利用相关性等。

5.3.5　视频编解码流程

视频的编解码流程分为编码和解码,是互逆的过程。编码过程包括运动估计、运动补偿、DCT、量化与熵编码等,如图 5-42 所示。

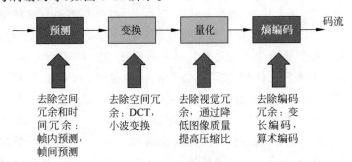

图 5-42　编码流程

(1) 运动估计(Motion Estimate)是指从前几帧中寻找匹配的宏块,有多种不同的搜索算法,编码获得的质量和速度也不相同。其中快速算法的编码质量比全搜索算法低不了太多,但是速度却高了很多倍。得到运动矢量的过程被称为运动估计。

(2) 运动补偿(Motion Compensate)是通过先前的局部图像来预测、补偿当前的局部图像,它是减少帧序列冗余信息的有效方法,包括全局运动补偿和分块运动补偿两类。运动补偿的结果分为两份,一份被当前帧做参考求出差值 Dn,另一份用于生成 Fn 的对应参考帧。

（3）离散余弦变换（Discrete Cosine Transform，DCT），主要用于对数据或图像进行压缩，能够将空域的信号转换到频域上，具有良好的去相关性的性能。图像经过 DCT 变换后，其频率系数的主要成分集中于比较小的范围，且主要位于低频部分。DCT 变换本身是无损的，但是在图像编码等领域给接下来的量化、哈弗曼编码等创造了很好的条件，同时，由于 DCT 变换是对称的，所以，可以在量化编码后利用 DCT 反变换，在接收端恢复原始的图像信息。DCT 是从 DFT（离散傅里叶变换）推导出来的另一种变换，因此许多 DFT 的属性在 DCT 中仍然被保留下来。

（4）量化（Quant）是指除指定的数值（有损压缩）。量化的结果分为两份，一份做进一步处理，另一份经过反量化（Rescale）/反 DCT（IDCT）变化，结合第 2 步的运动补偿生成 Fn 对应的参考帧，供后续参考。

（5）重排（Reorder）是指对量化后的数据进行重排序，常用算法为游程编码等。

（6）熵编码（Entropy Encode）进行最后编码，使用上一步结果及 Vectors 和 Headers 的内容。

解码是编码的逆操作，过程如图 5-43 所示。

（1）熵解码（Entropy Decode）是指对数据进行熵解码，填充 Vectors 和 headers。

（2）重排（Reorder）是指对熵编码后的数据记性重排序，常用游程解码等。

（3）反量化（Rescale）是指乘指定的比例。

（4）反离散余弦变换（IDCT）即反 DCT 变换，得到 D_n'。

（5）运动补偿对上一帧的参考帧做运动补偿处理。

（6）重构（Reconstructed）是指结合第 5 步的运动补偿结果和第 3 步的反量化结果，重构 F_n' 参考帧。

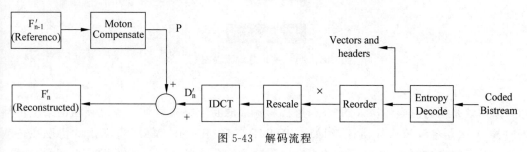

图 5-43　解码流程

5.4　视频播放原理

绝大多数的视频播放器，如 VLC、MPlayer、Xine，包括 DirectShow，在播放视频的原理和架构上是非常相似的。视频播放器播放一个互联网上的视频文件需要经过几个步骤，包括解协议、解封装、音视频解码、音视频同步、音视频输出。

5.4.1　视频播放器简介

视频播放器播放本地视频文件或互联网上的流媒体文件大概需要解协议、解封装、解码、同步、渲染等几个步骤，如图 5-44 所示。

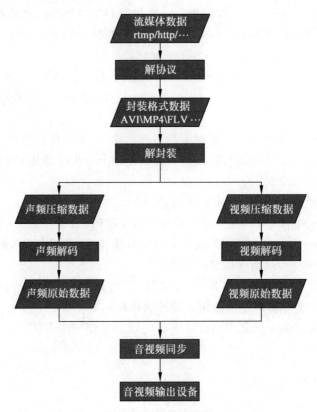

图 5-44　视频播放流程图

1. 解协议

解协议是指将流媒体协议的数据，解析为标准的封装格式数据。音视频在网络上传播的时候，常采用各种流媒体协议，例如 HTTP、RTMP、RTMP、MMS 等。这些协议在传输音视频数据的同时，也会传输一些信令数据。这些信令数据包括对播放的控制（播放、暂停、停止），或者对网络状态的描述等。在解协议的过程中会去除信令数据而只保留音视频数据。例如采用 RTMP 协议传输的数据，经过解协议操作后，输出 FLV 格式的数据。

注意："文件"本身也是一种"协议"，常见的流媒体协议有 HTTP、RTSP、RTMP 等。

2. 解封装

解封装是指将输入的封装格式的数据，分离成为音频流压缩编码数据和视频流压缩编码数据。封装格式种类有很多，例如 MP4、MKV、RMVB、TS、FLV、AVI 等，其作用就是将已经压缩编码的视频数据和音频数据按照一定的格式放到一起。例如 FLV 格式的数据，经过解封装操作后,输出 H.264 编码的视频码流和 AAC 编码的音频码流。

3. 解码

解码是指将视频/音频压缩编码数据,解码成为非压缩的视频/音频原始数据。音频的压缩编码标准包含 AAC、MP3、AC-3 等,视频的压缩编码标准则包含 H.264、MPEG-2、VC-1等。解码是整个系统中最重要也是最复杂的一个环节。通过解码,压缩编码的视频数据输出成为非压缩的颜色数据,例如 YUV420P、RGB 等。压缩编码的音频数据输出成为非压缩的音频抽样数据,例如 PCM 数据。

4. 音视频同步

根据解封装模块在处理过程中获取的参数信息,同步解码出来的视频和音频数据,被送至系统的显卡和声卡播放出来。为什么需要音视频同步呢? 媒体数据经过解复用流程后,音频/视频解码便是独立的,也是独立播放的,而在音频流和视频流中,其播放速度是由相关信息指定的,例如视频是根据帧率,音频是根据采样率。从帧率及采样率即可知道视频/音频播放速度。声卡和显卡均是以一帧数据来作为播放单位,如果单纯依赖帧率及采样率进行播放,在理想条件下,应该是同步的,不会出现偏差。

下面以一个 44.1kHz 的 AAC 音频流和 24f/s 的视频流为例来说明。如果一个 AAC音频 frame 每个声道包含 1024 个采样点,则一个 frame 的播放时长为$(1024/44\ 100)\times1000ms\approx23.27ms$,而一个视频 frame 播放时长为 $1000ms/24\approx41.67ms$。理想情况下,音视频完全同步,但实际情况下,如果用上面那种简单的方式,慢慢地就会出现音视频不同步的情况,要么是视频播放快了,要么是音频播放快了。可能的原因包括:一帧的播放时间难以精准控制;音视频解码及渲染的耗时不同,可能造成每一帧输出有一点细微差距,长久累计,不同步便越来越明显;音频输出是线性的,而视频输出可能是非线性的,从而导致有偏差;媒体流本身音视频有差距(特别是 TS 实时流,音视频能播放的第 1 个帧起点不同),所以解决音视频同步问题引入了时间戳,它包括几个特点:首先选择一个参考时钟(要求参考时钟上的时间是线性递增的),编码时依据参考时钟给每个音视频数据块都打上时间戳。播放时,根据音视频时间戳及参考时钟来调整播放,所以视频和音频的同步实际上是一个动态的过程,同步是暂时的,不同步则是常态。

5.4.2　FFmpeg 播放架构与原理

ffplay 是使用 FFmpeg API 开发的功能完善的开源播放器。在 ffplay 中各个线程如图 5-45 所示,扮演角色如下:read_thread 线程扮演着图中 Demuxer 的角色;video_thread线程扮演着图中 Video Decoder 的角色;audio_thread 线程扮演着图中 Audio Decoder 的角色。主线程中的 event_loop 函数循环调用 refresh_loop_wait_event 则扮演着视频渲染的角色。回调函数 sdl_audio_callback 扮演着图中音频播放的角色。VideoState 结构体变量则扮演着各个线程之间的信使。

(1) read_thread 线程负责读取文件内容,将 video 和 audio 内容分离出来后生成 packet,将packet 输出到 packet 队列中,包括 Video Packet Queue 和 Audio Packet Queue,不考虑 subtitle。

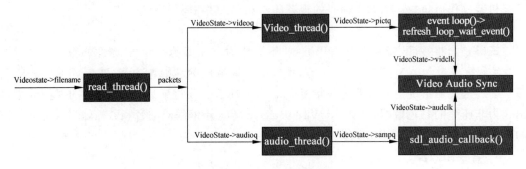

图 5-45　ffplay 基本架构图

（2）video_thread 线程负责读取 Video Packets Queue 队列，将 video packet 解码得到 Video Frame，将 Video Frame 输出到 Video Frame Queue 队列中。

（3）audio_thread 线程负责读取 Audio Packets Queue 队列，将 audio packet 解码得到 Audio Frame，将 Audio Frame 输出到 Audio Frame Queue 队列中。

（4）主线程→event_loop→refresh_loop_wait_event 负责读取 Video Frame Queue 中的 video frame，调用 SDL 进行显示，其中包括了音视频同步控制的相关操作。

（5）SDL 的回调函数 sdl_audio_callback 负责读取 Audio Frame Queue 中的 audio frame，对其进行处理后，将数据返回给 SDL，然后 SDL 进行音频播放。

FFmpeg 解码流程涉及几个重要的数据结构和 API，如图 5-46 所示。

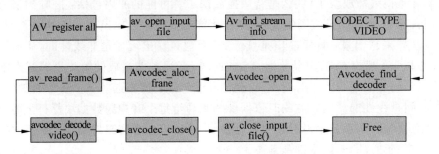

图 5-46　FFmpeg 解码流程图

（1）注册所有容器格式和 CODEC，使用 av_register_all，最新版本中无须调用该函数。

（2）打开文件 av_open_input_file，最新版本为 avformat_open_input。

（3）从文件中提取流信息 av_find_stream_info。

（4）枚举所有流，查找的种类为 CODEC_TYPE_VIDEO。

（5）查找对应的解码器 avcodec_find_decoder。

（6）打开编解码器 avcodec_open。

（7）为解码帧分配内存 avcodec_alloc_frame。

（8）不停地从码流中提取帧数据 av_read_frame。

（9）判断帧的类型，对于视频帧则调用 avcodec_decode_video。

（10）解码完后，释放解码器 avcodec_close。

（11）关闭输入文件 av_close_input_file。

注意：该流程图为 FFmpeg 2.x 的版本，最新的 FFmpeg 4.x 系列的流程图略有改动。

5.4.3　VLC 播放原理

VLC 播放一个视频分为 4 个步骤，第一步是 access 访问，或者理解为接收、获取、得到；第二步是 demux 解复用，就是把通常合在一起的音频和视频分离（可能还有字幕）；第三步是 decode 解码，包括音频和视频的解码；第四步是 output 输出，也分为音频和视频的输出（aout 和 vout）。

例如播放一个 UDP 组播的 MPEG TS 流，access 部分负责从网络接收组播流，放到 VLC 的内存缓冲区中，access 模块关注 IP 协议，如是否为 IPv6、组播地址、组播协议、端口等信息；如果检测出来的是 RTP 协议（RTP 协议在 UDP 头部简单地加上了固定 12B 的信息），还要分析 RTP 头部信息。access 模块包括很多具体的协议，如 file、http、dvd、ftp、smb、tcp、dshow、mms、v4l 等。

demux 部分首先要解析 TS 流的信息。TS 格式是 MPEG-2 协议的一部分，概括地说，TS 通常是固定 188B 的一个 packet，一个 TS 流可以包含多个 program，一个 program 又可以包含多个视频、音频和文字信息的 ES 流；每个 ES 流会由不同的 PID 标示，而又为了可以分析这些 ES 流，TS 有一些固定的 PID，用来间隔发送 program 和 es 流信息的表格：PAT 和 PMT 表。之所以需要 demux，是因为音视频在制作的时候实际上都是独立编码的，得到的是分开的数据，为了传输方便必须用某种方式合并起来，这就有了各种封装格式，也就有了 demux。

demux 分解出来的音频流和视频流分别送往音频解码器和视频解码器。因为原始的音视频都占用大量空间，而且是冗余度较高的数据，通常在制作的时候会进行某种压缩。这就是常见的音视频编码格式，包括 MPEG-1、MPEG-2、MPEG-4、H.264、rmvb 等。音视频解码器的作用就是把这些压缩了的数据还原成原始的音视频数据。VLC 解码 MPEG-2 使用了一个独立的库 libmpeg2。VLC 关于编解码的模块都放在/modules/codec 目录下，其中包括著名的庞大的 FFmpeg。解码器，例如视频解码器输出的是一张一张的类似位图格式的图像，但是要让人从屏幕上看得到，还需要一个视频输出的模块。可以像一个 Win32 窗口程序那样直接把图像画到窗口 DC 上，其实 VLC 的一个输出模块 WinGDI 就是这么实现的，但是通常这种实现方式太慢了，而且会消耗大量的 CPU 资源。在 Windows 下比较好的办法是用 DirectX 的接口，这样会自动调用显卡的加速功能。

这样的功能分解使模块化更容易一点，每个模块只需要专注于自己的事情，从整体来讲功能强大而且灵活。

5.4.4　现代播放器架构

通常来讲，一个典型的播放器可以分解成几个部分，包括应用层、视图层和内核层。现代播放器的通用架构如图 5-47 所示。

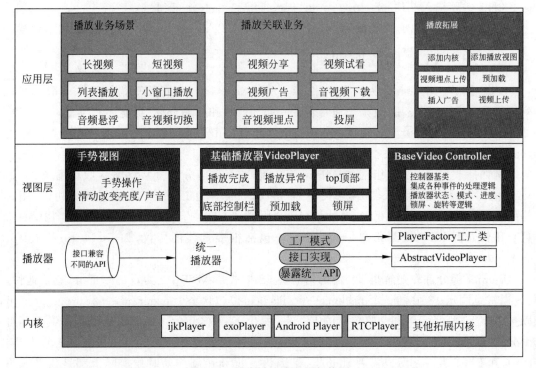

图 5-47　现代播放器通用架构图

1．架构简介

用户界面（UI）定义了终用户端的观看体验，包括"皮肤"（播放器的外观设计）、所有可自定义的特性（如播放列表和社交分享等）及业务逻辑部分（如广告、设备兼容性逻辑及认证管理等）。

播放器内核是最核心的部件，播放器最底层的部分是内核，如解码器等，这层的功能直接调用操作系统暴露出来的 API。解码器的主要功能在于解码并渲染视频内容，DRM 管理器则通过解密过程来控制是否有权播放。DRM 即数字版权管理，是指数字内容，如音视频节目内容、文档、电子书籍等在生产、传播、销售、使用过程中进行的权利保护、使用控制与管理的技术。

2．用户界面

UI 层处于播放器架构的上层，它控制了用户所能看到和交互的东西，同时也可以使用自己的品牌来将其定制，为用户提供独特的用户体验。这一层最接近于前端开发部分。在UI 内部，也包含了业务逻辑组件，这些组件构成了播放体验的独特性，虽然终用户端无法直接和这部分功能进行交互。UI 部分主要包含 3 大组件。

（1）"皮肤"是对与播放器视觉相关部分的统称，包括进度控制条、按钮和动画图标等。和大部分设计类的组件一样，这部分组件也可以使用 CSS 实现，设计师或者开发者可以很方便地用来集成。

（2）UI 逻辑部分，此部分定义了播放过程中和用户交互方面所有可见的交互，包括播放列表、缩略图、播放频道的选择及社交媒体分享等。基于预期达到的播放体验，还可以往这部分加入很多其他的功能特性，其中有很多以插件的形式存在。除了传统的 UI 元素之外，还有一个非常有趣的特性，在用户观看流媒体的时候，直播以小视窗的形式展示，观众可以通过这个小窗口随时回到直播中。由于布局或者 UI 和多媒体引擎完全独立，这些特性在 HTML5 中使用 dash.js 只需几行代码就能实现。对于 UI 部分来讲，最好的实现方式是让各种特性都以插件/模块的形式添加到 UI 核心模块中。

（3）业务逻辑部分，除了上面所介绍的两部分功能特性之外，还有一个不可见的部分，这部分构成了业务的独特性，包括认证和支付、频道和播放列表的获取，以及广告等。这里也包含了一些与技术相关的东西，例如用于 A/B 测试模块，以及和设备相关的配置，这些配置用于在多种不同类型的设备之间选择多个不同的媒体引擎。这部分的最大特点在于，无论使用什么样的底层引擎，在上层都可以使用相同的 JavaScript 或者 CSS 来定制 UI 或者业务逻辑。

3. 多媒体引擎

近年来，多媒体引擎更是以一种全新独立的组件的形式出现在播放器架构中。在 MP4 时代，平台处理了所有与播放相关的逻辑，而只将一部分与多媒体处理相关的特性（仅仅是播放、暂停、拖曳和全屏模式等功能）开放给开发者，然而，新的基于 HTTP 的流媒体格式需要一种全新的组件来处理和控制新的复杂性，包括解析声明文件、下载视频片段、自适应码率监控及决策指定等甚至更多。起初，ABR 的复杂性被平台或者设备提供商处理了，然而，随着主播控制和定制播放器需求的递增，在一些新的播放器中慢慢也开放了一些更为底层的 API，如 Web 上的 Media Source Extensions、Flash 上的 Netstream 及 Android 平台的 Media Codec，并迅速吸引来了很多基于这些底层 API 的强大而健壮的多媒体引擎。

4. 解码器和 DRM 管理器

出于解码性能和安全考虑，解码器和 DRM 管理器与操作系统平台密切绑定，其工作流程如图 5-48 所示。

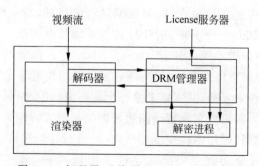

图 5-48 解码器、渲染器和 DRM 工作流程图

　　解码器用于处理与最底层播放相关的逻辑,它将不同封装格式的视频进行解包,并将其内容解码,然后将解码后的视频帧交给操作系统进行渲染,最终让终用户端看到。由于视频压缩算法变得越来越复杂,解码过程是一个需要密集计算的过程,并且为了保证解码性能和流畅的播放体验,解码过程需要强依赖于操作系统和硬件。现在的大部分解码依赖于GPU加速解码的帮助,这也是为什么免费而更强大的VP9解码器没有赢得H.264市场地位的原因之一。如果没有GPU的加速,解码一个1080P的视频就会占去70%左右的CPU计算量,并且丢帧率还可能很严重。在解码和渲染视频帧的基础之上,管理器也提供了一个原生的buffer,多媒体引擎可以直接与该buffer进行交互,实时了解它的大小并在必要的时候刷新它。前面提到,每个平台都有它自己的渲染引擎和相应的API,例如Flash平台有Netstream,Android平台有Media Codec API,而Web上则有标准的Media Sources Extensions。MSE越来越吸引开发者的眼球,将来可能会成为继浏览器之后其他平台上的事实标准。

　　DRM管理器在传输工作室生产的付费内容的时候是必要的。这些内容必须防止被盗,因此DRM的代码和工作过程都向终端用户和开发者屏蔽了。解密过的内容不会离开解码层,因此也不会被拦截。

5.5　视频转码原理

　　视频转码(Video Transcoding)是指将已经压缩编码的视频码流转换成另一种视频码流,以适应不同的网络带宽、不同的终端处理能力和不同的用户需求。视频转码本质上是一个先解码,再编码的过程,因此转换前后的码流可能遵循相同的视频编码标准,也可能不遵循相同的视频编码标准。视频转码技术就是通过某种手段改变现有视频数据的编码方式。视频转码技术使用的目的不同,其实现的手段也各不相同。

5.5.1　视频转码

　　不同编码格式之间的数据转码可通过转码方法改变视频数据的编码格式。通常这种数据转码会改变视频数据的现有码流和分辨率。例如可以将基于MPEG-2格式的视频数据转换为DV、MPEG-4或其他编码格式,同时根据其转码目的,指定转码产生视频数据的码流和分辨率。可以将MPEG-2全I帧50Mb/s的视频源数据转换为25Mb/s码流的DV格式数据,用于笔记本移动编辑系统,同时产生一个300×200低分辨率的MPEG-4文件,使用REAL或者微软的WMV格式进行封装,通过互联网络传输至主管领导处用于审看。这种转码方式设计的算法较为复杂,其实质上是一个重新编码的过程,涉及的算法复杂度和系统开销是由转码所需图像质量要求及转码前后两种编码方式的相关度所决定的。

　　相同编码格式的数据转码指不改变压缩格式,只通过转码手段改变其码流或头文件信息。根据其使用目的,可分为改变码流和不改变码流两种。如可以将MPEG-2全I帧50Mb/s码流的视频数据转码为MPEG-2 IBBP帧8Mb/s码流的视频数据,直接用于播出服务器以便播出。或者将基于SONY视频服务器头文件封装的MPEG-2全I帧50Mb/s

码流的视频文件,改变其头文件和封装形式,使之可以在给予 MATROX 板卡的编辑系统上直接编辑使用。这种转码方式的复杂度要小于不同编码格式转码的复杂度,而且对视频工程而言,更加具有可操作性。

视频数据不同编码之间的相互转化有很多算法可以实现,许多运动图像专家对此也进行了深入研究,针对不同的编码方式提出了相当多可行的方案。这些方案的共同特点就是充分利用所需相互转换编码之间的共同特征,尽量减少编解码所带来的图像质量损失,同时达到时间和资源消耗的平衡。如将一个 MPEG-2 的视频数据转换成 MPEG-4 的视频数据,当然可以采用的方法是先将 MPEG-2 的视频解压缩成单帧的图像序列,再将其重新压缩编码使其成为 MPEG-4 的视频数据。

5.5.2　非线性编辑

非线性编辑是借助计算机进行数字化制作,绝大多数的工作在计算机里完成的,不再需要那么多的外部设备,对素材的调用也是瞬间实现的,不用反反复复地在磁带上寻找,突破单一的时间顺序编辑限制,可以按各种顺序排列,具有快捷简便、随机的特性。非线性编辑只要上传一次就可以多次编辑,信号质量始终不会变低,所以节省了设备、人力,从而提高了效率。非线性编辑需要专用的编辑软件、硬件,现在绝大多数的电视/电影制作机构采用了非线性编辑系统。

传统线性视频编辑是按照信息记录顺序,从磁带中重放视频数据并进行编辑,需要较多的外部设备,如放像机、录像机、特技发生器、字幕机,工作流程十分复杂。非线性编辑系统是指把输入的各种音视频信号进行 A/D 转换,采用数字压缩技术将其存入计算机硬盘中。非线性编辑没有采用磁带,而是使用硬盘作为存储介质,记录数字化的音视频信号,由于硬盘可以满足在 1/25s 内完成任意一副画面的随机读取和存储,因此可以实现音视频编辑的非线性。

任何非线性编辑的工作流程都可以简单地看成输入、编辑、输出这样 3 个步骤。当然由于不同软件功能的差异,其使用流程还可以进一步细化。以 Premiere Pro 为例,其使用流程主要分成如下 5 个步骤,Premiere Pro 的主编辑界面如图 5-49 所示。

(1) 素材采集与输入就是利用 Premiere Pro 将模拟视频、音频信号转换成数字信号并存储到计算机中,或者将外部的数字视频存储到计算机中,成为可以处理的素材。输入主要是把其他软件处理过的图像、声音等,导入 Premiere Pro 中。

(2) 素材编辑就是设置素材的入点与出点,以选择最合适的部分,然后按时间顺序组接不同素材的过程。

(3) 特技处理特别重要,对于视频素材,特技处理包括转场、特效、合成叠加等;对于音频素材,特技处理包括转场、特效等。令人震撼的画面效果就是在这一过程中产生的,而非线性编辑软件功能的强弱,往往也体现在这方面。配合某些硬件,Premiere Pro 还能够实现特技播放功能。

(4) 字幕是节目中非常重要的部分,包括文字和图形两个方面。在 Premiere Pro 中制作字幕很方便,几乎没有无法实现的效果,并且还有大量的模板可供选择。

图 5-49　Premiere Pro 主编辑界面

（5）节目编辑完成后就可以输出并回录到录像带上，也可以生成视频文件，发布到网上，或者刻录 VCD 和 DVD 等。

5.6　短视频技术

短视频技术主要涉及短视频拍摄端、播放端及合成、上传、转码、分发、加速、播放等操作，短视频的架构流程如图 5-50 所示。

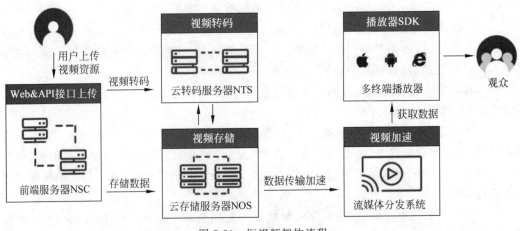

图 5-50　短视频架构流程

断点续拍指在拍摄过程中可以进行分段式拍摄,并将最终拍摄的所有内容合成一个视频的功能。通过断点续拍功能可以轻松实现不同的视频内容拼接,快速打造出视频拼接功能,进一步强化平台高质量的内容输出。在技术上为了实现断点续拍功能,需要在进行断点拍摄时直接调用系统 API 或第三方的相机库,将每段 mov 等格式的视频片段作为临时文件保存,存放到沙盒目录中,然后维护视频片段地址列表,等到拍摄结束后,将地址列表中指向的每个视频片段进行合成处理。如果不需实现回删功能,则可不必维护视频地址列表,读取所有单次录制时存储的临时视频片段,进行合成即可。最后生成一部完整的短视频。

重拍指当对拍摄的短视频部分内容不满意时可以直接剪切掉这部分内容,进行重拍。通过重拍功能配合断点续拍,可以对短视频进行多次剪辑、拍摄,以便增强视频制作时的灵活性,方便性。重拍功能需要维护一个视频片段地址列表,进行回删操作时只需删除视频列表中相对应的视频片段地址。最终只合成地址列表中指向的视频片段,合成完成后,删除该次录制的所有临时视频片段即可。

滤镜和水印技术,这两项功能作为短视频美化最核心的功能,由于它们的实现方式大同小异,所以将它们整合到了一起。滤镜是指拍摄的短视频可以选择不同的场景滤镜,并且进行美化程度调整。水印是指短视频拍摄完成后,可以在短视频上添加不同的水印,保护短视频的版权。

短视频使用到的底层技术主要可以分为两大类,一类来自于视频处理的性能需求,另一类来自于网络传输视频的带宽质量需求。视频的相关处理是非常耗性能的,例如 720p@30f/s 的原始视频对应了 82 944 000B/s 的数据量,或者说 663 552 000b/s。先不谈压缩传输,单单这些数据量在内存与 CPU 之间传输也不是一个小数目。除了可以服务器内对短视频进行高性能处理,CDN 对用户体验也至关重要。CDN 是一种将服务器放在全国各地的服务器集群,使用户在看视频时可以自动选取最近的服务器,实现最好的速度和用户体验。对广义的视频网站,从视频的上传到观看并不是实时的,中间存在视频转码、人工审核、CDN 同步 3 个步骤。视频直播则是另一种思路,讲求的是"秒开",即用户从单击直播画面到看到直播视频要尽量快。通过在 CDN 服务器上使用缓存首段视频等方式,使"秒开"已经达到了几百毫秒的水平,极大地提升了用户体验。

虽然以技术积累为底气,但随着云服务技术的发展让技术易于获得,技术的商业价值如何实现,对于企业的发展更加至关重要,短视频也是如此。当前火热的短视频背后也隐藏着一些所谓的"黑科技"技术。"黑科技"通常是指人工智能之类的高新技术,但对于抖音、快手、秒拍这样的业务来讲,例如美颜是锦上添花、雪中送炭的技术,还有就是视频云体系和内容审核体系。前者决定能否上车,后者决定车能开多远。这里说的视频云体系,包括核心的视频采集、编解码、传输优化,包括 CDN、分布式存储等,不仅要让业务能快速上线,还要保证用户体验,保证不同终端、不同码率、不同格式、不同网络的自适应,以及对高并发的支持都是必需的。

第 6 章

音视频压缩编码基础

音视频压缩与编解码知识非常复杂,理论抽象,概念杂乱,往往让初学者一头雾水。基础概念很多,包括有损和无损压缩、帧内和帧间编码、对称和不对称编码等。技术参数很多,包括帧率、码率、分辨率、关键帧、位深、压缩比等。关键技术也很多,包括预测编码、变换编码、量化、熵编码等。

6.1 音视频压缩编码

数据压缩是通过减少计算机中所存储数据或者通信传播中数据的冗余度,达到增大数据密度,最终使数据的存储空间减少的技术。图像的数据量非常大,为了有效地传输和存储图像,有必要压缩图像的数据量,而且随着现代通信技术的发展,要求传输的图像信息的种类越来越多,数据量越来越大,若不对其进行数据压缩,便难以推广应用。

未经编码的数据数字视频的数据量很大,存储和传输都比较困难。以一个分辨率 1920×1080,帧率 30 的视频为例,共有 $1920 \times 1080 = 2\,073\,600$ 像素,每像素是 24b(假设采取 RGB24)。也就是每幅图片 $2\,073\,600 \times 24 = 4\,976\,6400$b。8b(位)$=$1B(字节),所以,$49\,766\,400b=6\,220\,800B\approx$6.22MB。这才是一幅 1920×1080 图片的原始大小(6.22MB),再乘以帧率 30。也就是说,1s 视频的大小是 186.6MB,1 分钟大约是 11GB,一部 90 分钟的电影,约为 1000GB。由此可见未经编码的视频数据是非常庞大的,所以必须经过编码压缩之后,视频数据才方便存储,方便在网络上传输。

视频编码是通过特定的压缩技术,将某个视频格式的文件转换成另一种视频格式。视频数据在时域和空域层面都有极强的相关性,这表示有大量的时域冗余信息和空域冗余信息,压缩技术就是去掉数据中的冗余信息。这些冗余信息包括空间冗余、时间冗余、视觉冗余、结构冗余、信息熵冗余、知识冗余等,如表 6-1 所示。

表 6-1 视频的冗余信息

种 类 名 称	内 容	压 缩 方 法
空间冗余	像素间的相关性	变换编码,预测编码
时间冗余	时间方向上的相关性	帧间预测,运动补偿

种 类 名 称	内　　容	压 缩 方 法
图像构造冗余	图像本身的构造	轮廓编码,区域分割
知识冗余	收发两端对人物的共有认识	基于知识的编码
视觉冗余	人眼的视觉特性	非线性量化,位分配
其他冗余	不确定性因素	

(1) 空间冗余是指在很多图像数据中,像素间在行、列方向上都有很大的相关性,相邻像素的值比较接近,或者完全相同,这种数据冗余叫作空间冗余。

(2) 时间冗余是指在视频图像序列中,相邻两帧图像数据有许多共同的地方,这种共同性称为时间冗余,可采用运动补偿算法来去掉冗余信息。

(3) 视觉冗余是相对于人眼的视觉特性而言的,人类视觉系统对图像的敏感性是非均匀和非线性的,并不是图像中的所有变化人眼都能观察到。

(4) 信息熵是指一组数据所携带的信息量,信息熵冗余指数据所携带的信息量少于数据本身而反映出来的数据冗余。

(5) 结构冗余是指在有些图像的纹理区,以及图像的像素值存在着明显的分布模式。

(6) 知识冗余是指对许多图像的理解与某些先验知识有相当大的相关性。这类规律性的结构可由先验知识和背景知识得到,称此类冗余为知识冗余。

6.2 压缩编码技术分类

从信息论的观点来看,描述信源的数据是信息和数据冗余之和,即数据＝信息＋数据冗余。数据冗余有许多种,如空间冗余、时间冗余、视觉冗余、统计冗余等。将图像作为一个信源,视频压缩编码的实质是减少图像中的冗余。视频压缩编码技术可以分为2类,包括无损压缩和有损压缩。

无损压缩也称为可逆编码,指使用压缩后的数据进行重构(解压缩)时,重构后的数据与原来的数据完全相同。也就是说,解码图像和原始图像严格相同,压缩是完全可恢复的或无偏差的,没有失真。无损压缩用于要求重构的信号与原始信号完全一致的场合,例如磁盘文件的压缩。

有损压缩也称为不可逆编码,指使用压缩后的数据进行重构(解压缩)时,重构后的数据与原来的数据有差异,但不会使人们对原始资料所表达的信息造成误解。也就是说,解码图像和原始图像是有差别的,允许有一定的失真,但视觉效果一般是可以接受的。有损压缩的应用范围广泛,例如视频会议、可视电话、视频广播、视频监控等。

6.2.1 无损压缩

无损压缩也称为可逆编码,重构后的数据与原数据完全相同,适用于磁盘文件的压缩等。无损压缩主要采用熵编码方式,典型的无损压缩编码技术包括哈夫曼编码(Huffman Coding)、香农编码、行程编码(Run Length Code,RLC)、LZW 编码、算术编码。

1. 哈夫曼编码

哈夫曼编码,又称霍夫曼编码,是一种编码方式,哈夫曼编码是可变字长编码的一种。Huffman 于 1952 年提出了一种编码方法,该方法完全依据字符出现概率构造异字头的平均长度最短的码字,有时称为最佳编码,一般叫作 Huffman 编码。哈夫曼编码完全依据出现概率来构造异字头的平均长度最短的码字。基本方法是先对图像数据扫描一遍,计算出各种像素出现的概率,按概率的大小指定不同长度的唯一码字,由此得到一张该图像的哈夫曼码表。编码后的图像数据记录的是每像素的码字,而码字与实际像素值的对应关系记录在码表中。

下面举例说明哈夫曼编码,设某信源产生了 5 种符号 u1、u2、u3、u4 和 u5,对应概率为 P1=0.4、P2=0.1、P3=P4=0.2、P5=0.1。首先,将符号按照概率由大到小排队,如图 6-1 所示。编码时,从最小概率的两个符号开始,可选其中一个支路为 0,另一支路为 1。这里,选上支路为 0,选下支路为 1。再将已编码的两支路的概率合并,并重新排队。多次重复使用上述方法直至合并概率归一时为止。从图 6-1(a)和图 6-1(b)可以看出,两者虽平均码长相等,但同一符号可以有不同的码长,即编码方法并不唯一,其原因是两支路概率合并后重新排队时,可能出现几个支路概率相等,造成排队方法不唯一。一般情况下,若将新合并后的支路排到等概率的最上支路,将有利于缩短码长方差,且编出的码更接近于等长码。这里图 6-1(a)的编码比图 6-1(b)好。哈夫曼的码字(各符号的代码)是异前置码字,即任一码字不会是另一码字的前面部分,这使各码字可以连在一起传送,中间不需另加隔离符号,只要传送时不出错,接收端仍可分离各个码字,不致混淆。在实际应用中,除采用定时清洗以消除误差扩散和采用缓冲存储以解决速率匹配以外,主要问题是解决小符号集合的统计匹配,例如黑(1)、白(0)传真信源的统计匹配,采用 0 和 1 不同长度游程组成扩大的符号集合信源。游程指相同码元的长度(如二进制码中连续的一串 0 或一串 1 的长度或个数)。按照 CCITT 标准,需要统计 2×1728 种游程(长度),这样,实现时的存储量太大。事实上长游程的概率很小,故 CCITT 还规定:若 l 表示游程长度,则 l=64q+r。其中 q 称主码,r 为基码。编码时,不小于 64 的游程长度由主码和基码组成,而当 l 为 64 的整数倍时,只用主码的代码,已不存在基码的代码。长游程的主码和基码均用哈夫曼规则进行编码,称为修正哈夫曼码,其结果有表可查,该方法已广泛应用于文件传真机中。

哈夫曼编码是 20 世纪 50 年代由哈夫曼教授研究开发的,它借助了数据结构当中的树形结构,在哈夫曼算法的支持下构造出一棵最优二叉树,把这类树命名为哈夫曼树,因此准确地说,哈夫曼编码是在哈夫曼树的基础之上构造出来的一种编码形式,它的本身有着非常广泛的应用。那么哈夫曼编码是如何实现数据的压缩和解压缩的呢?众所周知,在计算机中数据的存储和加工都是以字节作为基本单位的,一个西文字符要通过一字节来表达,而一个汉字就要用两字节来表达,把这种每个字符都通过相同的字节数来表达的编码形式称为定长编码。以西文为例,例如要在计算机当中存储这样的一句话:I am a teacher,就需要

15B,也就是通过 120 个二进制位的数据实现。与这种定长编码不同的是,哈夫曼编码是一种变长编码。它根据字符出现的概率来构造平均长度最短的编码。换句话说如果一个字符在一段文档当中出现的次数多,它的编码就相应地短,如果一个字符在一段文档当中出现的次数少,它的编码就相应地长。当编码中各码字的长度严格按照对应符号出现的概率大小进行逆序排列时,编码的平均长度是最小的,这就是哈夫曼编码实现数据压缩的基本原理。要想得到一段数据的哈夫曼编码,需要用到 3 个步骤:第一步扫描需编码的数据,统计原数据中各字符出现的概率;第二步利用得到的概率值创建哈夫曼树;第三步对哈夫曼树进行编码,并把编码后得到的码字存储起来。静态哈夫曼方法的最大缺点就是它需要对原始数据进行两遍扫描:第一遍统计原始数据中各字符出现的频率,利用得到的频率值创建哈夫曼树并将树的有关信息保存起来,便于解压时使用;第二遍则根据前面得到的哈夫曼树对原始数据进行编码,并将编码信息存储起来。这样,如果用于网络通信中,将会引起较大的延时。对于文件压缩这样的应用场合,额外的磁盘访问将会降低该算法的数据压缩速度。

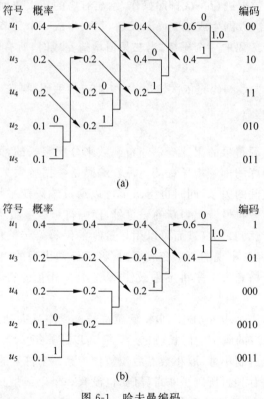

图 6-1　哈夫曼编码

　　哈夫曼编码的基本思想是将出现概率较大的数据用较短的编码表示,而将出现概率较小的数据用较长的编码表示。通常的做法是先根据输入数据的频次构造一棵哈夫曼树,再通过遍历树中的每个节点来生成叶子节点,即输入数据的哈夫曼编码,但是传统的方法存在两个比较大的缺陷:一是在构造哈夫曼树时,每次生成一个父节点都会进行一次排序操作,这样的多次排序操作不仅会花费大量的时间,也会耗费大量的硬件资源;二是编码操作是在哈夫曼二叉树生成之后进行的,其实每次当一个父节点生成的时候,该父节点包含的叶子节点的哈夫曼编码的一个比特就已经确定了,所以如果采用传统的方法,就必须保存整棵二叉树,并且没有有效利用生成二叉树的这段时间,这样做也浪费了更多的资源和更多的时间。基于以上两点可以总结出改进方案,哈夫曼编码的操作步骤如图 6-2 所示。

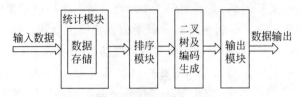

图 6-2　哈夫曼编码操作步骤

(1) 统计所有输入数据元素的频次,并将输入数据依次保存到 FIFO 中。

(2) 将所有的频次数据进行一次排序操作,给出有序的频次数据。

(3) 根据有序的频次数据生成哈夫曼二叉树,每次生成一个父节点,确定该父节点所包含的叶子节点的哈夫曼编码的一个比特,当二叉树构造完成时,所有叶子节点的哈夫曼编码也就生成了。

(4) 根据生成的哈夫曼编码先依次输出 0~9 对应的编码,再按照输入数据顺序输出各数据对应的哈夫曼编码。

2. 香农编码

香农编码是采用信源符号的累计概率分布函数来分配字码的,效率不高,实用性不大,但对其他编码方法有很好的理论指导意义。香农编码是根据香农第一定理直接得出的,指出了平均码长与信息之间的关系,同时也指出了可以通过编码使平均码长达到极限值。香农第一定理是将原始信源符号转化为新的码符号,使码符号尽量服从等概率分布,从而每个码符号所携带的信息量达到最大,进而可以用尽量少的码符号传输信源信息。香农编码属于不等长编码,通常将经常出现的消息变成短码,将不经常出现的消息编成长码,从而提高通信效率。香农编码严格意义上来讲不是最佳码,它是采用信源符号的累计概率分布函数来分配码字的。

编码过程主要分为 4 个步骤:第一步将信源符号按概率从大到小的顺序进行排列;第二步计算第 i 个符号对应的码字的码长(取整);第三步计算第 i 个符号的累加概率;第四步将累加概率变换成二进制小数,取小数点后位数作为第 i 个符号的码字。由此可以看出,编码所得的码字,没有相同的,所以是非奇异码,也没有一个码字是其他码字的前缀,所以是即时码,也是唯一可译码。香农编码的效率不高,实用性不大,但对其他编码方法有很好的理论指导意义。一般情况下,按照香农编码方法编出来的码,其平均码长不是最短的,即不是紧致码(最佳码)。只有当信源符号的概率分布使不等式左边的等号成立时,编码效率才达到最高。

3. 算术编码

算术编码是图像压缩的主要算法之一,是一种无损数据压缩方法,也是一种熵编码的方法。和其他熵编码方法不同的地方在于,其他的熵编码方法通常是把输入的消息分割为符号,然后对每个符号进行编码,而算术编码是直接把整个输入的消息编码为一个数,一个满足(0.0≤n<1.0)的小数n。算术编码是用符号的概率和编码间隔两个基本参数来描述的,在给定符号集和符号概率的情况下,算术编码可以给出接近最优的编码结果。使用算术编码的压缩算法通常先要对输入符号的概率进行估计,然后编码,估计越准,编码结果就越接近最优的结果。算术编码可以是静态的,也可以是自适应的。在静态算术编码中,信源符号的概率是固定的。在自适应算术编码中,信源符号的概率根据编码时符号出现的频繁程度动态地进行修改。在编码期间估算信源符号概率的过程叫作建模。需要开发动态算术编码的原因,是因为事先知道精确的信源符号概率是很难的,而且是不切实际的。动态建模是确定编码器压缩效率的关键。

在给定符号集和符号概率的情况下,算术编码可以给出接近最优的编码结果。使用算术编码的压缩算法通常先要对输入符号的概率进行估计,然后进行编码。这个估计越准,编码结果就越接近最优的结果。例如对一个简单的信号源进行观察,得到的统计模型如下:

(1) 60%的机会出现符号中性。

(2) 20%的机会出现符号阳性。

(3) 10%的机会出现符号阴性。

(4) 10%的机会出现符号数据结束符,出现这个符号的意思是该信号源"内部中止",在进行数据压缩时这样的情况是很常见的。当第一次也是唯一的一次看到这个符号时,解码器就知道整个信号流被解码完成了。

算术编码可以处理的例子不仅是这种只有4种符号的情况,更复杂的情况也可以处理,包括高阶的情况。所谓高阶的情况是指当前符号出现的概率受之前出现符号的影响,这时候之前出现的符号,也被称为上下文。例如在对英文文档编码的时候,例如在字母Q或者q出现之后,字母u出现的概率就大大提高了。这种模型还可以进行自适应变化,即在某种上下文下出现的概率分布的估计,随着每次这种上下文出现时的符号而自适应更新,从而更加符合实际的概率分布。不管编码器使用怎样的模型,解码器也必须使用同样的模型。

编码过程的每一步,除了最后一步,都是相同的。编码器通常需要考虑下面3种数据:

(1) 下一个要编码的符号。

(2) 当前的区间,在编码第1个符号之前,这个区间是[0,1),但是之后每次编码区间都会变化。

(3) 编码器将当前的区间分成若干子区间,每个子区间的长度与当前上下文下可能出现的对应符号的概率成正比。当前要编码的符号对应的子区间成为在下一步编码中的初始区间。

例如对于前面提出的 4 符号模型：

(1) 中性对应的区间是[0,0.6)。

(2) 阳性对应的区间是[0.6,0.8)。

(3) 阴性对应的区间是[0.8,0.9)。

(4) 数据结束符对应的区间是[0.9,1)。

当所有的符号都编码完毕,最终得到的结果区间便唯一地确定了已编码的符号序列。任何人使用该区间和使用的模型参数即可解码重建得到该符号序列。实际上并不需要传输最后的结果区间,只需传输该区间中的一个小数。在使用中,只要传输该小数足够的位数(不论几进制),以保证以这些位数开头的所有小数都位于结果区间就可以了。

6.2.2 有损压缩

有损压缩也称为不可逆编码,重构后的数据与原数据有差异,适用于任何允许有失真的场景,例如视频会议、可视电话、视频广播、视频监控等。常见的有损压缩编码方式包括预测编码、变换编码、量化编码、混合编码等。典型的有损压缩编码技术包括以下几项。

(1) 预测编码主要是减少数据在空间和时间上的相关性,以达到对数据压缩的目的,包括点线性预测、帧内预测、帧间预测。

(2) 变换编码将图像时域信号变换到频域上进行处理,包括 KL(Karhunen-Loeve)变换、离散傅里叶变换(Discrete Fourier Transform,DFT)、DCT、离散正弦变换(Discrete Sine Transform,DST)、哈达码(HADAMARD)变换、小波变换等。

(3) 量化编码包括标量量化、矢量量化,当对模拟信号进行数字化时,需要经历一个量化的过程。在这里,量化器的设计是一个很关键的步骤,量化器设计得好坏对于量化误差的大小有直接的影响。矢量量化是相对于标量量化而提出的,如果一次量化多个点,则称为矢量量化。

(4) 子带编码包括子带编码、块切割法,子带编码主要有两种方式。一种是将图像数据变换到频域后,按频域分带,然后用不同的量化器进行量化,从而达到最优的组合。另外一种是分步渐进编码,在初始时对某个频带的信号进行解码,然后逐渐扩展到所有频带,随着解码数据的增加,解码图像也逐渐地清晰起来。子带编码对于远程图像模糊查询与检索的应用比较有效。

(5) 模型编码包括结构模型、知识基模型。结构模型编码也称为二代编码,编码时首先求出图像中的边界、轮廓、纹理等结构特征参数,然后保存这些参数信息。解码时根据结构和参数信息进行组合,从而恢复出原图像。知识基模型编码对于人脸等可用规则描述的图像,利用人们对其的知识形成一个规则库,据此将人脸的变化等特征用一些参数进行描述,从而根据参数和模型就可以实现对人脸的图像编解码了。

(6) 混合编码包括 JPEG、H.261、MPEG 等,同时使用两种或两种以上的编码方法进行编码。

6.3　压缩编码关键技术

压缩编码常用的关键技术包括预测、变换、量化、熵编码等。预测是指通过帧内预测和帧间预测降低视频图像的空间冗余和时间冗余。变换是指通过从时域到频域的变换，去除相邻数据之间的相关性，即去除空间冗余。量化是指通过用更粗糙的数据表示精细的数据来降低编码的数据量，或者通过去除人眼不敏感的信息来降低编码数据量。熵编码是根据待编码数据的概率特性减少编码冗余。从信号处理层面入手，以像素、块为表示基础的视频图像包含大量冗余信息，如时间冗余、空间冗余和感知冗余等。基于香农信息论的关键技术包括预测、变换、量化和熵编码等，如图 6-3 所示。

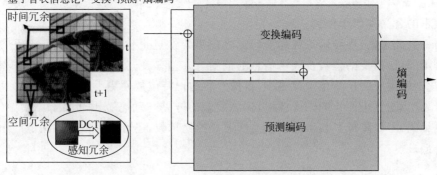

图 6-3　视频压缩编码的关键技术

6.3.1　预测编码

预测编码主要包括空间预测编码和时间预测编码。空间预测是利用图像空间相邻像素的相关性来预测的方法。时间预测是利用时间上相邻图像的相关性来预测的方法。预测编码的基本原理是计算出信号的预测值，然后与实际值求差。对于存在前后相关性的信息，预测编码是一种非常简便且有效的方法。此时预测编码输出的不再是原始的信号值，而是信号的预测值与实际值的差。预测编码如此设计的出发点在于，由于前后存在相关性，相邻信号存在大量相同或相近的现象，通过计算其差值，可以减少大量保存与传输原始信息的数据体积。

这里用几个简单的例子来讲明这个问题，假设有下面的一串数字：

```
1, 1, 1, 1, 1, 2, 1, 1, 1, 1, 1, 3
```

可以用如下的信息来表示这串数字信息：

```
Pred = 1;
Residual = { (1, 5), (2, 11) };
```

这些信息表示，目标信号的预测值为 1，在第 6 和 12 个元素（下标从 0 开始）的位置存在残差，分别为 1 和 2。

然后举另外一个例子，假设有下面一串数字：

```
0, 1, 2, 3, 5, 5, 6, 7, 8, 9, 10, 9, 12
```

对于这部分信号，可以用如下信息表示：

```
Pred = n;
Residual = {(4, 1), (-2, 11)};
```

其表示的含义类似于前例。

从另一方面考虑，视频信息在输出码流之前需要经过量化操作。量化完成后的信息用数字化表示，其所需要的位数及表示信息的范围与方差有关。对于取值范围小、方差较小的信息，量化器所需要的比特范围就更小，每像素数的比特位数便更小。

统计表明，相比于原始的图像像素，预测残差的方差与动态范围远小于原始图像像素。通过预测编码，不仅降低了表示像素信息所需要的比特数，还可以保留视频图像的画面质量不至于降低。

6.3.2　变换

变换编码是从频域的角度减小图像信号的空间相关性，它在降低数码率等方面取得了和预测编码相近的效果。进入 20 世纪 80 年代后，逐渐形成了一套运动补偿和变换编码相结合的混合编码方案，大大推动了数字视频编码技术的发展。变换编码也是去除冗余的一种最基本的编码方法。不同的是变换编码首先要把压缩的数据变换到某个变换域中（如频域），然后进行编码。在变换域中表现为能量集中在某个区域，可以利用这一特点在不同区域间有效地分配量化比特数，或者去掉那些能量很小的区域，从而达到数据压缩的目的。例如声音信号，从时域变换到频域以后，可以清楚地看到能量集中在哪些频率范围内，从而根据频率范围分布有效地分配不同的量化位数。

一般来讲，信号压缩是指将信号进行换基处理后，在某个正交基下变换为展开系数并按一定量级呈指数衰减，具有非常少的大系数和许多小系数的信号，这种通过变换时限压缩的方法称为变换编码。变换编码不是直接对空域图像信号进行编码，而是首先将空域图像信号映射变换到另一个正交矢量空间（变换域或频域），产生一批变换系数，然后对这些变换系数进行编码处理。变换编码是一种间接编码方法，其中关键问题是在时域或空域描述时，数据之间相关性大，数据冗余度大，经过变换在变换域中描述，数据相关性大大减少，数据冗余量减少，参数独立，数据量少，这样再进行量化，编码就可以得到较大的压缩比。典型的准最佳变换有 DCT、DFT、WHT、HrT 等。其中,最常用的是离散余弦变换。在变换编码中的比特分配中,分区编码是基于最大方差准则的,而阈值编码是基于最大幅度准则的。变换编码的编码、解码过程如图 6-4 所示。

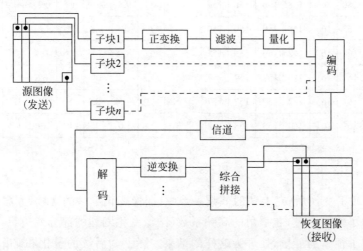

图 6-4　变换编码解码过程

变换是变换编码的核心,理论上最理想的变换应使信号在变换域中的样本相互统计独立。实际上一般不可能找到能产生统计独立样本的可逆变换,人们只能退而要求信号在变换域中的样本相互线性无关。满足这一要求的变换称为最佳变换。"卡洛变换"是符合这一要求的一种线性正交变换,并将其性能作为一种标准,用以比较其他变换的性能。卡洛变换中的基函数是由信号的相关函数决定的。对平稳过程,当变换的区间 T 趋于无穷时,它趋于复指数函数。变换编码中实用的变换,不但希望能有最佳变换的性能,而且要有快速的算法,而卡洛变换不存在快速算法,所以在实际的变换编码中不得不大量使用各种性能上接近最佳变换,同时又有快速算法的正交变换。正交变换可分为非正弦类和正弦类。非正弦类变换以沃尔什变换、哈尔变换、斜变换等为代表,其优点是实现时计算量小,但它们的基矢量很少能反映物理信号的机理和结构本质,变换的效果不甚理想,而正弦类变换以离散傅里叶变换、离散正弦变换、离散余弦变换等为代表,其最大优点是具有趋于最佳变换的渐近性质。例如,离散正弦变换和离散余弦变换已被证明是在一阶马氏过程下卡洛变换的几种特例。由于这一原因,正弦类变换已日益受到人们的重视。变换编码虽然实现时比较复杂,但在分组编码中还是比较简单的,所以在语音和图像信号的压缩中都有应用。国际上已经提出的静止图像压缩和活动图像压缩的标准中都使用了离散余弦变换编码技术。

变换编码的本质作用是将空间域描述的图像信号变换到频率域,然后对变换后的系数进行编码处理。一般来讲,图像在空间上具有较强的相关性,变换到频率域可以实现去相关和能量集中。一个简单的 DCT 变换如图 6-5 所示。

(1) 图 6-5 的左边是原始的 8×8 的图像块的像素值,可以看出,相邻的像素相关性很强,几乎没有很大差别。

139	144	149	153	155	155	155	155
144	151	153	156	159	156	156	156
150	155	160	163	158	156	156	156
159	161	162	160	160	159	159	159
159	160	161	162	162	155	155	155
161	161	161	161	160	157	157	157
162	162	161	162	157	157	157	157
162	162	161	161	163	158	158	158

236	−1.0	−12	−5.2	2.1	−1.7	−2.7	−1.3
−22	−18	−6.2	−3.2	−2.9	−0.1	0.4	−1.2
−11	9.3	−1.6	1.5	0.2	−0.9	−0.6	−0.1
−7.1	−1.9	0.2	1.5	1.6	−0.1	0	0.3
−0.6	−0.8	1.5	1.6	−0.1	−0.7	0.6	1.3
−1.8	−0.2	1.6	−0.1	−0.8	1.5	1	−1
−1.3	−0.4	−0.3	−1.5	−0.1	1.7	1.1	−0.8
−2.6	1.6	−3.8	−1.8	1.9	1.2	−0.6	−0.4

(a) 8×8的像素块   (b) 经过DCT变换后

图 6-5   DCT 变换

（2）经过 DCT 变换后,左上角的低频系数中(图像变化不多的区域,人眼对低频部分更敏感)部分集中了大量能量,右下角的高频系数(图像变化剧烈的部分或边缘,人眼对高频部分不敏感)集中了很少的能量,处理为这样的结果实际上为后续的量化和 Zig-Zag 扫描做了很好的铺垫。

6.3.3   量化

量化就是把经过抽样得到的瞬时值将其幅度离散,即用一组规定的电平,把瞬时抽样值用最接近的电平值来表示,或指把输入信号幅度连续变化的范围分为有限个不重叠的子区间(量化级),每个子区间用该区间内一个确定数值表示,落入其内的输入信号将以该值输出,从而将连续输入信号变为具有有限个离散值电平的近似信号。相邻量化电平差值称为量化阶距,任何落在大于或小于某量化电平分别不超过上一或下一量化阶距一半范围内的模拟样值,均以该量化电平表示,样值与该量化电平之差称为量化误差或量化噪声。当模拟样值超过可量化的范围时,将出现过载。过载误差常会大大超过正常量化噪声。

量化操作实质上是将连续的模拟信号采样得到的瞬时幅度值映射成离散的数字信号,即用一组规定的电平,把瞬时抽样值用最接近的电平值来表示。量化位数是每个采样点能够表示的数据范围,常用的有 8b、12b 和 16b。

量化可分为均匀量化和非均匀量化两类。前者的量化阶距相等,又称为线性量化,适用于信号幅度均匀分布的情况。后者量化阶距不等,又称为非线性量化,适用于幅度非均匀分布信号(如语音)的量化,即对小幅度信号采用小的量化阶距,以保证有较大的量化信噪比。对于非平稳随机信号,为适应其动态范围随时的变化,有效提高量化信噪比,可采用量化阶距自适应调整的自适应量化。在语音信号的 ADPCM 中就采用了这种方法。通过量化进而实现编码,是数字通信的基础。广泛用于计算机、测量、自动控制等各个领域。例如,经过抽样的图像,只是在空间上被离散成为像素样本的阵列,而每个样本灰度值还是一个由无穷多个取值的连续变量量,必须将其转化为有限个离散值,赋予不同码字才能真正成为数字图像。这种转化称为量化。均匀量化是指采用相等的量化间隔对采样得到的信号做量化,也称为线性量化,量化后的样本值 Y 和实际值 X 的差 E＝Y－X 称为量化误差或量化噪声。非均匀量化的基本思想是,在对输入信号进行量化时,大的输入信号采用大的量化间隔,小的输入信号采用小的量化间隔,这样就可以在满足精度要求的情况下用较少的位数来表示。声音数据还原时,采用相同的规则。

6.3.4　熵编码

数据压缩技术的理论基础就是信息论。信息论中的信源编码理论解决的主要问题包括数据压缩的理论极限和数据压缩的基本途径。根据信息论的原理,可以找到最佳数据压缩编码的方法,数据压缩的理论极限是信息熵。如果要求编码过程中不丢失信息量,即要求保存信息熵,这种信息保持编码叫熵编码,是根据消息出现概率的分布特性而进行的,是无损数据压缩编码。在视频编码中,熵编码把一系列用来表示视频序列的元素符号转变为一个用来传输或存储的压缩码流。输入的符号可能包括量化后的变换系数、运动向量、头信息(宏块头、图像头、序列头等)及附加信息,如对于正确解码来讲重要的标记位信息。

熵编码即编码过程中按熵原理不丢失任何信息的编码。信息熵为信源的平均信息量(不确定性的度量)。常见的熵编码包括香农编码、哈夫曼编码和算术编码。为了进一步压缩数据,对 DPCM 编码后的直流系数 DC 和 RLE 编码后的交流系数 AC 采用熵编码。在JPEG 有损压缩算法中,使用哈夫曼编码器的理由是可以使用很简单的查表方法进行编码。压缩数据符号时,哈夫曼编码器对出现频率比较高的符号分配比较短的代码,而对出现频率低的符号分配比较长的代码。这种可变长度的哈夫曼编码表可以事先进行定义。为了实现正确解码,发送端和接收端必须采用相同的哈夫曼编码表。

熵与冗余,在所有的实际节目素材中,存在着两种类型的信号分量,即异常的、不可预见的信号分量和可以预见的信号分量。异常分量称为熵,它是信号中的真正信息。其余部分称为冗余,因为它不是必需的信息。冗余可以是空间性的,如在图像的大片区域中,邻近像素几乎具有相同的数值。冗余也可以是时间性的,例如连续图像之间的相似部分。在所有的压缩系统编码器中都是将熵与冗余相分离,只有熵被编码和传输,而在解码器中再从编码器发送的信号中计算出冗余。

熵编码模型包括静态模型和动态模型,要确定每个字母的比特数算法需要尽可能精确地知道每个字母的出现概率,模型的任务是提供这个数据。模型的预言越好压缩的结果就越好。此外模型必须在压缩和恢复时提取同样的数据。在历史上有许多不同的模型。静态模型在压缩前对整个文字进行分析计算,即计算每个字母的概率,这个计算结果用于整个文字上。其优点是编码表只需计算一次,因此编码速度快,除在解码时所需要的概率值外结果肯定不比原文长。其缺点是计算的概率必须附加在编码后的文字上,这使整个结果加长;计算的概率是整个文字的概率,因此无法对部分有序数列进行优化。

动态模型是指在这个模型里概率随编码过程而不断变化。多种算法可以达到这个目的,包括前向动态和反向动态。前向动态是指概率按照已经被编码的字母来计算,每次一个字母被编码后它的概率就增高。反向动态是指在编码前计算每个字母在剩下的还未编码的部分的概率。随着编码的进行最后越来越多的字母不再出现,它们的概率成为 0,而剩下的字母的概率升高,为它们编码的比特数降低。压缩率不断增高,以至于最后一个字母只需 0比特来编码。其优点是模型按照不同部位的特殊性优化,在前向模型中概率数据不需要输送。其缺点是每个字母被处理后概率要重算,因此比较慢。计算出来的概率与实际的概率不一样,在最坏状态下压缩的数据比实际原文还要长。一般在动态模型中不使用概率,而使用每个字母出现的次数。除上述的前向和反向模型外还有其他的动态模型计算方法。例如在前向模型中可以不时减半出现过的字母的次数来降低一开始的字母的影响力。对于尚未出现过的字母的处理方法也有许多不同的手段,例如假设每个字母正好出现一次,这样所有的字母均可被编码。

6.4 帧内编码与帧间编码

6.4.1 帧内编码

帧内预测技术,即利用当前编码块周围已经重构出来的像素预测当前块。帧内编码是空间域编码,利用图像空间性冗余度进行图像压缩,处理的是一幅独立的图像,不会跨越多幅图像。帧内预测是非常重要的一种。因为在各种视频帧类型中,I 帧(包括 IDR 帧等)全部采用帧内预测,I 帧的压缩比率通常比 P 帧和 B 帧更低,因此帧内预测编码的效率对视频整体平均码率具有较大影响。另一方面,I 帧通常都会作为 P/B 帧解码过程中的参考帧,如果 I 帧的编码出现了错误,则不仅是该 I 帧出现了错误,参考该 I 帧的 P/B 帧也同样不能正确解码。I 帧编码的主要流程如图 6-6 所示。

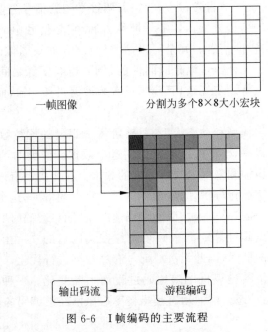

图 6-6 I 帧编码的主要流程

在早期的视频编码标准中就已经存在了帧内编码的方法。如在 MPEG-1/MPEG-2 等早期的标准中,帧的类型已经定义了 I/P/B 这 3 种类型,分别表示帧内编码帧、预测编码帧和双向预测编码帧,然而在 H.264/AVC 之前的标准中,编码 I 帧时并未采用预测编码,只有编码 P/B 帧时采用了帧间预测编码。在 MPEG-1/MPEG-2 等编码标准中,I 帧的编码采用的是 DCT 和 RLC 的方法进行编码,但由于未采用预测算法,这种帧内编码的压缩效率相对较低,后期已经不能适应整体提升压缩比率的要求。空间域编码依赖于一张图像中相邻像素间的相似性和图案区的主要空间域频率。JPEG 标准用于静止图像,只使用了空间域压缩,并且只使用了帧内编码。

6.4.2　帧间编码

帧间编码是时间域编码,是利用一组连续图像间的时间性冗余度进行图像压缩。如果某帧图像可被解码器使用,则解码器只需利用两帧图像的差异便可得到下一帧图像。帧间预测,即运动估计,或称为运动补偿,主要有前向预测编码图像的 P 帧和双向预测编码图像的 B 帧。

与帧内编码不同,帧间编码所利用的是视频的时间冗余。通常在视频信息中,每帧所包含的物体对象与其前后帧之间存在运动关系,这种物体的运动关系构成了帧与帧之间的时间冗余。由于帧与帧之间物体的运动相关性大于一帧内部相邻像素之间的相关性,尤其对于时间相近的图像之间,时间冗余比空间冗余更加明显。采用预测编码方法消除序列图像在时间上的相关性,传送前后两帧的对应像素之间的差值,这称为帧间预测。例如运动平缓的几帧图像的相似性大,差异性小,而运动剧烈的几幅图像则相似性小,差异性大。当得到一帧完整的图像信息后,可以利用与后一帧图像的差异值推算得到后一帧图像,这样就实现了数据量的压缩。时间域编码依赖于连续图像帧间的相似性,尽可能利用已接收处理的图像信息来"预测"生成当前图像。MPEG 标准用于运动图像(视频),会使用空间域编码和时间域编码,因此结合使用帧内编码和帧间编码。

6.4.3　运动矢量

运动矢量是指一组连续图像记录了目标的运动,主要用于衡量两帧图像间目标的运动程度,由水平位移量和垂直位移量二者构成,如图 6-7 所示。

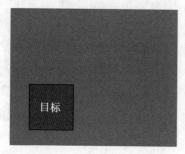

图 6-7　运动矢量

6.4.4 运动补偿

运动补偿是一种描述相邻帧(相邻在这里表示在编码关系上相邻,在播放顺序上两帧未必相邻)差别的方法,具体来讲是描述前面一帧的每个小块怎样移动到当前帧中的某个位置去。这种方法经常被视频压缩/视频编解码器用来减少视频序列中的空域冗余。它也可以用于进行去交织(Deinterlacing)及运动插值(Motion Interpolation)的操作。目标的运动降低了图像间的相似性,增加了差异数据量。

运动补偿主要通过运动矢量来降低图像间的差异数据量。当某个目标运动时,其位置会变化但形状颜色等基本不变。编码器则可利用运动矢量减低图像差值,解码器根据图像差值中的运动矢量移动目标到合适的位置即可。假设一种理想情况,目标除移动位置外其他任何属性无任何变化,则两幅图像间的差值仅包含运动矢量这一数据量,因此运动补偿可以显著减少图像差值数据量。

一个视频序列包含了一定数量的图片,通常称为帧。相邻的帧通常很相似,也就是说,包含了很多冗余。使用运动补偿的目的是通过消除这种冗余,来提高压缩比。最早的运动补偿的设计只是简单地从当前帧中减去参考帧,从而得到通常含有较少能量(或者称为信息)的"残差",从而可以用较低的码率进行编码。解码器可以通过简单的加法完全恢复编码帧。一个稍微复杂一点的设计是估计一下整帧场景的移动和场景中物体的移动,并将这些运动通过一定的参数编码到码流中去。这样预测帧上的像素值就是由参考帧上具有一定位移的相应像素值而生成的。这样的方法比简单地相减可以获得能量更小的残差,从而获得更好的压缩比。当然,用来描述运动的参数不能在码流中占据太大的部分,否则就会抵消复杂的运动估计所带来的好处。

通常,图像帧是一组一组进行处理的。每组的第一帧在编码的时候不使用运动估计的办法,这种帧称为帧内编码帧或者I帧。该组中的其他帧使用帧间编码帧,通常是P帧,这种编码方式通常被称为IPPPP,表示编码的时候第一帧是I帧,其他帧是P帧。在进行预测的时候,不仅可以从过去的帧来预测当前帧,还可以使用未来的帧来预测当前帧。当然在编码的时候,未来的帧必须是比当前帧更早的编码,也就是说,编码的顺序和播放的顺序是不同的。通常这样的当前帧使用过去和未来的I帧或者P帧同时进行预测,被称为双向预测帧,即B帧。采用这种编码方式的编码顺序的一个例子为IBBPBBPBBPBB。

运动补偿包括全局运动补偿、分块运动补偿及其变种可变分块运动补偿。

(1)在全局运动补偿中,运动模型基本上反映了摄像机的各种运动,包括平移、旋转、变焦等,这种模型特别适合对没有运动物体的静止场景进行编码。该模型主要有3个优点:仅仅使用少数的参数对全局的运行进行描述,参数所占用的码率基本上可以忽略不计;该方法不对帧进行分区编码,这避免了分区造成的块效应;在时间方向的一条直线的点,如果在空间方向具有相等的间隔,就对应了在实际空间中连续移动的点。其他的运动估计算法通常会在时间方向引入非连续性,但是缺点是,如果场景中有运动物体,全局运动补偿就不足以表示了,这时候应该选用其他的方法。

（2）每帧被分为若干像素块，在大多数视频编码标准（如 MPEG）中，被分为 16×16 的像素块。从参考帧的某个位置的等大小的块对当前块进行预测，预测的过程中只有平移，平移的大小被称为运动矢量。对分块运动补偿来讲，运动矢量是模型的必要参数，必须一起编码并加入码流中。由于运动矢量之间并不是独立的，例如属于同一个运动物体的相邻两块通常运动的相关性很大，通常使用差分编码来降低码率。这意味着在相邻的运动矢量编码之前对它们作差，只对差分的部分进行编码。使用熵编码对运动矢量的成分进行编码可以进一步消除运动矢量的统计冗余，通常情况下运动矢量的差分集中于 0 矢量附近。运动矢量的值可以是非整数的，此时的运动补偿被称为亚像素精度的运动补偿。这可通过对参考帧像素值进行亚像素级插值，而后进行运动补偿做到。最简单的亚像素精度运动补偿使用半像素精度，也可使用 1/4 像素和 1/8 像素精度的运动补偿算法。更高的亚像素精度可以提高运动补偿的精确度，但是大量的插值操作大大增加了计算复杂度。

（3）可变分块运动补偿（Variable Block Size Motion Compensation，VBSMC）是 BMC 的变种，编码器可以动态选择分块大小。在进行视频编码时，使用大的分块可以减少表征运动向量所需的比特数，使用小的分块则可以在编码时产生更少的预测余量信息。较老的设计，像 H.261 和 MPEG-1 视频编码，典型的做法为使用固定分块，而较新的设计，像 H.263、MPEG-4 Part 2、H.264/MPEG-4 AVC 和 VC-1 则赋予了编码器动态选择何种分块来表征运动图像的能力。分块运动补偿的一个大缺点在于在块之间引入的非连续性，通常称为块效应。当块效应严重时，解码图像看起来有马赛克一样的效果，严重影响视觉质量。另外一个缺点是，当高频分量较大时，会引起振铃效应。关于高频分量，可以采用对运动补偿后的残差进行变换的方法，如变换编码。

6.4.5 双向预测

双向预测如图 6-8 所示，在连续的 3 幅图像中，目标块有垂直位置上的移动，而背景块则无位置移动。此种情况该如何取得当前帧图像（画面 N）呢？在画面 N 中，目标向上移动后，会露出背景块；在画面 $N-1$ 中，因为背景块被目标块遮挡住了，因此没有背景块相关信息；在画面 $N+1$ 中，完整包含了背景块的数据，因此画面 N 可以从画面 $N-1$ 中取得背景块。

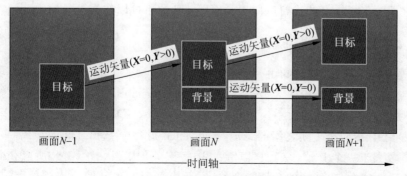

图 6-8 双向预测示意图

具体如何可以得到画面 N 呢？解码器可以先解码得到画面 $N-1$ 和画面 $N+1$,通过画面 $N-1$ 中的目标块数据结合运动矢量即可得到画面 N 中的目标块数据,通过画面 $N+1$ 中的背景块数据则可得到画面 N 中的背景块数据。3 幅画面的 DTS 为 $N-1$、$N+1$、N。3 幅画面的 PTS 为 $N-1$、N、$N+1$。

综述,画面 N 通过其前一幅画面 $N-1$ 和后一幅画面 $N+1$ 推算预测得到,因此这种方式称为双向预测(双向参考)。

6.5 GOP 与 DTS/PTS

编解码中有几个非常重要的基础概念,包括 I/P/B/IDR 帧、GOP、DTS 及 PTS 等。视频的播放过程可以简单地理解为一帧一帧的画面按照时间顺序呈现出来的过程,就像在一个本子的每页画上画,然后快速翻动的感觉,但是在实际应用中,并不是每帧都是完整的画面,因为如果每帧画面都是完整的图片,一个视频的体积就会很大,这样对于网络传输或者视频数据存储来讲成本会很高,所以通常会对视频流中的一部分画面进行压缩编码处理。由于压缩处理的方式不同,视频中的画面帧就分为了不同的类别,其中包括 I 帧、P 帧和B 帧。

6.5.1 I/P/B/IDR 帧

I 帧常称为关键帧,包含一幅完整的图像信息,属于帧内编码图像,不含运动矢量,在解码时不需要参考其他帧图像,因此在 I 帧图像处可以切换频道,而不会导致图像丢失或无法解码。I 帧图像用于阻止误差的累积和扩散。在闭合式 GOP 中,每个 GOP 的第 1 个帧一定是 I 帧,且当前 GOP 的数据不会参考前后 GOP 的数据。

即时解码刷新帧(Instantaneous Decoding Refresh picture,IDR)是一种特殊的 I 帧。当解码器解码到 IDR 帧时,会将前后向参考帧列表(Decoded Picture Buffer,DPB)清空,将已解码的数据全部输出或抛弃,然后开始一次全新的解码序列。IDR 帧之后的图像不会参考 IDR 帧之前的图像。

P 帧是帧间编码帧,利用之前的 I 帧或 P 帧进行预测编码。B 帧是帧间编码帧,利用之前和(或)之后的 I 帧或 P 帧进行双向预测编码。B 帧不可以作为参考帧。

6.5.2 GOP 详细讲解

GOP 是指一组连续的图像,由一个 I 帧和多个 B/P 帧组成,是编解码器存取的基本单位。GOP 结构常用的两个参数为 M 和 N,M 用于指定 GOP 中首个 P 帧和 I 帧之间的距离,N 用于指定一个 GOP 的大小。例如 $M=1$,$N=15$,GOP 结构为 IPBBPBBPBBPBBPB IPBBPBB。GOP 指两个 I 帧之间的距离,Reference 指两个 P 帧之间的距离。一个 I 帧所占用的字节数大于一个 P 帧,一个 P 帧所占用的字节数大于一个 B 帧,所以在码率不变的前提下,GOP 值越大,P、B 帧的数量就会越多,平均每个 I、P、B 帧所占用的字节数就越多,也就更容易获取较好的图像质量；Reference 越大，B 帧的数量就越多，同理也更容易获得较好的图像质量。需要说明的是，通过提高 GOP 值来提高图像质量是有限度的，在遇到场景切换的情况时，H.264 编码器会自动强制插入一个 I 帧，此时实际的 GOP 值被缩短了。另一方面，在一个 GOP 中，P、B 帧是由 I 帧预测得到的，当 I 帧的图像质量比较差时，会影响到一个 GOP 中后续 P、B 帧的图像质量，直到下一个 GOP 开始才有可能得以恢复，所以GOP 值也不宜设置得过大。同时，由于 P、B 帧的复杂度大于 I 帧，所以过多的 P、B 帧会影响编码效率，使编码效率降低。另外，过长的 GOP 还会影响 Seek 操作的响应速度，由于 P、B 帧是由前面的 I 或 P 帧预测得到的，所以 Seek 操作需要直接定位，在解码某个 P 或 B 帧时，需要先解码得到本 GOP 内的 I 帧及之前的 N 个预测帧才可以，GOP 值越长，需要解码的预测帧就越多，Seek 响应的时间也越长。

GOP 的形式通常有两种，包括闭合式 GOP 和开放式 GOP。闭合式 GOP 只需参考本GOP 内的图像，而不需参考前后 GOP 的数据。这种模式决定了闭合式 GOP 的显示顺序总是以 I 帧开始而以 P 帧结束。开放式 GOP 中的 B 帧解码时可能要用到其前一个 GOP 或后一个 GOP 的某些帧。码流中包含 B 帧的时候才会出现开放式 GOP。开放式 GOP 和闭合式 GOP 中 I 帧、P 帧、B 帧的依赖关系如图 6-9 所示。

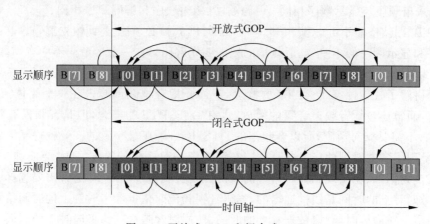

图 6-9 开放式 GOP 和闭合式 GOP

6.5.3 DTS 和 PTS 详细讲解

DTS 表示 packet 的解码时间。PTS 表示 packet 解码后数据的显示时间。在音频中DTS 和 PTS 是相同的，而在视频中由于 B 帧需要双向预测，B 帧依赖于其前和其后的帧，因此含 B 帧的视频解码顺序与显示顺序不同，即 DTS 与 PTS 不同。当然，不含 B 帧的视频，其 DTS 和 PTS 是相同的。

下面以一个开放式 GOP 为例，说明视频流的解码顺序和显示顺序，如图 6-10 所示。

(1) 采集顺序指图像传感器采集原始信号得到图像帧的顺序。

(2) 编码顺序指编码器编码后图像帧的顺序，在存储到磁盘的本地视频文件中图像帧的顺序与编码顺序相同。

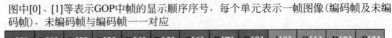

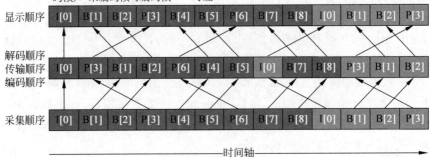

图 6-10　PTS 和 DTS

（3）传输顺序指编码后的流在网络中传输过程中图像帧的顺序。

（4）解码顺序指解码器解码图像帧的顺序。

（5）显示顺序指图像帧在显示器上显示的顺序。

（6）采集顺序与显示顺序相同；编码顺序、传输顺序和解码顺序相同。

其中 B[0] 帧依赖于 I[0] 帧和 P[3] 帧，因此 P[3] 帧必须比 B[1] 帧先解码。这就导致了解码顺序和显示顺序的不一致，后显示的帧需要先解码。在一般的解码器中有帧缓存队列，以 GOP 为单位，这样就可以解决 B 帧参考其后边的帧的问题。

上面讲解了视频帧、DTS、PTS 的概念，下面介绍音视频同步。在一个媒体流中，除了视频以外，通常还包括音频。音频的播放，也有 DTS、PTS 的概念，但是音频没有类似视频中的 B 帧，不需要双向预测，所以音频帧的 DTS、PTS 顺序是一致的。音频视频混合在一起播放，就呈现了常常看到的广义的视频。在音视频一起播放的时候，通常会面临一个问题：怎么去同步它们，以免出现画面不对声的情况。要实现音视频同步，通常需要选择一个参考时钟，参考时钟上的时间是线性递增的，编码音视频流时依据参考时钟上的时间给每帧数据打上时间戳。在播放时，读取数据帧上的时间戳，同时参考当前参考时钟上的时间来安排播放。这里说的时间戳就是前面所说的 PTS。实践中，可以选择：同步视频到音频、同步音频到视频、同步音频和视频到外部时钟 3 种同步方式。

第 7 章
音视频编解码原理与标准

当谈到视频的编解码时,读者也许会自然地想到 H.264/AVC、H.265/HEVC 这些权威的视频编解码标准;当谈到视频编码标准时,可能觉得这是由专门机构去研究的,普通开发者只需关心应用;即使有兴趣读了标准和相关技术,面对更多的是各种数学公式和术语,如离散余弦变换、协方差、傅里叶变换、高频、滤波等,需要花更多时间去理解。通常更为实际的做法是,只要调研如何应用这些标准,如何做好软硬件编码方案的选型,如何优化技术参数及如何调用 API,这样也就基本能够应对日常的视频业务了。因此,当谈到视频的编解码时,往往会带有一丝神秘色彩。笔者试图用通俗易懂的语言来解释这些视频编解码的专业术语或名词,从而使更多人了解视频编解码到底是怎么回事。例如视频为什么需要压缩、未经压缩的原始视频数据量有多大、视频为什么可以压缩、如何去除视频中的各种冗余信息、视频编解码的基本原理有什么等。另外,音频信号的结构比图像信号要简单一些,音频信号的压缩方法与图像信号压缩技术有相似性,也要从音频信号中剔除冗余信息。人耳对音频信号的听觉灵敏度有其规律性,对于不同频段或不同声压级的伴音有其特殊的敏感特性。在伴音数据的压缩过程中,主要应用了听觉阈值及掩蔽效应等听觉心理特性,以及子带编码技术。为了保证编码的正确性,编码要规范化、标准化。研制视频编码标准的正式组织有两个,包括 ISO/IEC 和 ITU-T。

7.1 视频编码原理

图像是人类视觉的基础,是自然景物的客观反映,是人类认识世界和人类本身的重要源泉。"图"是物体反射或透射光的分布,"像"是人的视觉系统所接受的图在人脑中所形成的印象或认识。照片、绘画、剪贴画、地图、书法作品、手写汉字、传真、卫星云图、影视画面、X光片、脑电图、心电图等都是图像。

视频泛指将一系列静态影像以电信号的方式加以捕捉、记录、处理、存储、传送与重现的各种技术。连续的图像变化在每秒超过 24 帧画面以上时,根据视觉暂留原理,人眼无法辨别单幅的静态画面。看上去是平滑连续的视觉效果,这样连续的画面叫作视频。视频技术最早是为了电视系统而发展起来的,但现在已经发展为各种不同的格式以利于消费者将视频记录下来。网络技术的发达也促使视频的记录片段以串流媒体的形式存在于因特网之上并可被计算机接收与播放。

帧率是以帧为单位的位图图像连续出现在显示器上的频率。该术语同样适用于胶片和摄像机,以及计算机图形和动作捕捉系统。帧速率也可以称为帧频率,并以 Hz 表示。类视觉的时间敏感度和分辨率根据视觉刺激的类型和特征而变化,并且在个体之间不同。人类视觉系统每秒可处理 10～12 张图像并单独感知它们,而较高的速率则被视为运动。每秒的帧数或者说帧率表示图形处理器处理图形时每秒能够更新的次数。高的帧率可以得到更流畅、更逼真的动画。一般来讲 30f/s 就是可以接受的,但是将性能提升至 60f/s 则可以明显提升交互感和逼真感,但是一般来讲超过 75f/s 就不容易察觉到有明显的流畅度提升了。如果帧率超过屏幕刷新率,则只会浪费图形处理的能力,因为监视器不能以这么快的速度更新,这样超过刷新率的帧率就浪费掉了。

视频数据往往在时域和空域层面有极强的相关性,这也表示有大量的时域冗余信息和空域冗余信息,压缩技术就是去掉数据中的冗余信息。视频编码就是通过特定的压缩技术,将某个视频格式的文件转换成另一种视频格式。去除时域冗余信息主要包括运动估计和运动补偿。去除空域冗余信息主要包括变换编码、量化编码和熵编码。运动补偿是通过先前的局部图像来预测、补偿当前的局部图像,可有效减少帧序列冗余信息。运动是指不同区域的图像使用不同的运动矢量来描述运动信息,运动矢量通过熵编码进行压缩,熵编码在编码过程中不会丢失信息。运动估计是指从视频序列中抽取运动信息,通用的压缩标准使用基于块的运动估计和运动补偿。变换编码是指将空域信号变换到另一正交矢量空间,使相关性下降,数据冗余度减小。量化编码是指对变换编码产生的变换系数进行量化,控制编码器的输出位率。熵编码是指对变换、量化后得到的系数和运动信息,进行进一步的无损压缩。

未经编码的数据数字视频的数据量很大,存储和传输都比较困难。以一个分辨率为 1920×1080,帧率为 30 的视频为例,共有 $1920\times1080=2\ 073\ 600$ 像素,每像素是 24b(假设采取 RGB24)。也就是每幅图片 $2\ 073\ 600\times24=49\ 766\ 400$b。8b(位)$=1$B(字节),所以,$49\ 766\ 400b=6\ 220\ 800B\approx6.22$MB。这才是一幅 1920×1080 图片的原始大小(6.22MB),再乘以帧率 30。也就是说,1s 视频的大小是 186.6MB,1min 大约是 11GB,一部 90min 的电影,约为 1000GB。由此可见未经编码的视频数据是非常庞大的,所以必须经过编码压缩之后,视频数据才方便存储,并且方便在网络上传输。

为什么巨大的原始视频可以编码成很小的视频呢? 核心思想就是去除冗余信息,主要包括空间冗余、时间冗余、编码冗余、视觉冗余和知识冗余。空间冗余是指图像相邻像素之间有较强的相关性。时间冗余是指视频序列的相邻图像之间内容相似。编码冗余是指不同像素值出现的概率不同。视觉冗余是指人的视觉系统对某些细节不敏感。知识冗余是指规律性的结构可由先验知识和背景知识得到。

传统的压缩编码是建立在香农信息论的基础上的,它以经典的集合论为基础,用统计概率模型来描述信源,但它未考虑信息接收者的主观特性及事件本身的具体含义、重要程度和引起的后果,因此,压缩编码的发展历程实际上是以香农信息论为出发点,是一个不断完善的过程。从不同角度考虑,数据压缩编码具有不同的分类方式。按信源的统计特性可分为预测编码、变换编码、矢量量化编码、子带小波编码、神经网络编码方法等。人眼的视觉特性可能基于方向滤波的图像编码、基于图像轮廓及图像纹理的编码方法等。按图像传递的景物特性可分为分形编码、基于内容的编码方法等。

随着产业化活动的进一步开展,国际标准化组织于 1986 年、1998 年先后成立了联合图片专家组 JPEG 和运动图像压缩编码组织 MPEG。JPEG 专家组主要致力于静态图像的帧内压缩编码标准 ISO/IEC10918 的制定,而 MPEG 专家组主要致力于运动图像压缩编码标准的制定。经过专家组不懈的努力,基于第一代压缩编码方法,如预测编码、变换编码、熵编码及运动补偿等制定了 3 种压缩编码国际标准。

人类通过视觉获取的信息量约占总信息量的 70%,而且视频信息具有直观性、可信性等一系列优点,所以视讯技术中的关键技术就是视频技术。视频技术的应用范围很广,如网上可视会议、网上可视电子商务、网上政务、网上购物、网上学校、远程医疗、网上研讨会、网上展示厅、个人网上聊天、可视咨询等业务,但是,以上所有的应用的原始数据都必须压缩。传输的数据量之大,单纯用扩大存储器容量、增加通信干线的传输速率的办法是不现实的,目前数据压缩技术是个行之有效的解决办法,通过数据压缩,可以把信息数据量压缩下来,以压缩形式存储、传输,这样既节约了存储空间,又提高了通信干线的传输效率,同时也可使计算机实时处理音频、视频信息,以保证播放出高质量的视频、音频节目。可见,多媒体数据压缩是非常必要的。由于多媒体声音、数据、视像等信源数据有很强的相关性,也就是说有大量的冗余信息,所以数据压缩可以将庞大数据中的冗余信息去掉(去除数据之间的相关性),以便保留相互独立的信息分量,因此,多媒体数据压缩是完全可以实现的。

图像编码方法可分为两代:第一代是基于数据统计的,去掉数据冗余,称为低层压缩编码方法;第二代是基于内容的,去掉内容冗余,其中基于对象(Object-Based)的方法称为中层压缩编码方法,其中基于语义(Syntax-Based)的方法称为高层压缩编码方法。基于内容压缩的编码方法代表新一代的压缩方法,也是最活跃的领域,最早是由瑞典的 Forchheimer 提出的,随后日本的 Harashima 等也展示了不少研究成果。

视频从本质上讲是一系列图片连续快速地播放,最简单的压缩方式就是对每帧图片进行压缩,例如比较"古老"的 MJPEG 编码就是这种编码方式,这种编码方式只有帧内编码,利用空间上的取样预测编码。视频图像数据有极强的相关性,也就是说有大量的冗余信息。其中冗余信息可分为空域冗余信息和时域冗余信息。压缩技术就是将数据中的冗余信息去掉(去除数据之间的相关性),压缩技术包含帧内图像数据压缩技术、帧间图像数据压缩技术和熵编码压缩技术。

使用帧间编码技术可去除时域冗余信息,包括以下 3 部分:

(1) 运动补偿是通过先前的局部图像来预测、补偿当前的局部图像,它是减少帧序列冗余信息的有效方法。

(2) 运动是指不同区域的图像需要使用不同的运动矢量来描述运动信息,运动矢量通过熵编码进行压缩。

（3）运动估计是从视频序列中抽取运动信息的一整套技术。

使用帧间编码技术和熵编码技术可以去除空域冗余信息，主要包括以下3种方法：

（1）变换编码是指帧内图像和预测差分信号都有很高的空域冗余信息，变换编码将空域信号变换到另一个正交矢量空间，使其相关性下降，数据冗余度减小。

（2）量化编码是指经过变换编码后，产生一批变换系数，对这些系数进行量化，使编码器的输出达到一定的位率，这一过程可导致精度的降低。

（3）熵编码是无损编码，对变换、量化后所得到的系数和运动信息进行进一步的压缩。

变换编码的作用是将空间域描述的图像信号变换到频率域，然后对变换后的系数进行编码处理。一般来讲，图像在空间上具有较强的相关性，变换到频率域可以实现去相关和能量集中。常用的正交变换有离散傅里叶变换、离散余弦变换等。在数字视频压缩过程中应用广泛的是离散余弦变换，离散余弦变换简称为 DCT 变换，它可以将 $L \times L$ 的图像块从空间域变换为频率域，所以在基于 DCT 的图像压缩编码过程中，首先需要将图像分成互不重叠的图像块。假设一帧图像的大小为 1280×720，首先将其以网格状的形式分成 160×90 个尺寸为 8×8 的彼此没有重叠的图像块，接下来才能对每幅图像块进行 DCT 变换。经过分块以后，每个 8×8 点的图像块被送入 DCT 编码器，DCT 编码器将 8×8 的图像块从空间域变换为频率域。信号经过 DCT 变换后需要进行量化。由于人的眼睛对图像的低频特性（例如物体的总体亮度之类的信息）很敏感，而对图像中的高频细节信息不敏感，因此在传送过程中可以少传或不传送高频信息，而只传送低频部分。量化过程通过对低频区的系数进行细量化，对高频区的系数进行粗量化，去除了人眼不敏感的高频信息，从而降低信息传送量，因此，量化是一个有损压缩的过程，而且是视频压缩编码中质量损伤的主要原因。

熵编码是因编码后的平均码长接近信源熵值而得名，通常使用可变字长编码（Variable Length Coding，VLC）实现。其基本原理是对信源中出现概率大的符号赋予短码，对出现概率小的符号赋予长码，从而在统计上获得较短的平均码长。可变字长编码通常有哈夫曼编码、算术编码、游程编码等。其中游程编码是一种十分简单的压缩方法，它的压缩效率不高，但编码、解码速度快，仍被广泛应用，特别在变换编码之后使用游程编码，有很好的效果。首先在量化器输出直流系数后对紧跟其后的交流系数进行 Z 型扫描。Z 型扫描将二维的量化系数转换为一维的序列，并在此基础上进行游程编码。最后对游程编码后的数据进行另一种变长编码，例如哈夫曼编码。通过这种变长编码，进一步提高编码的效率。

运动估计和运动补偿是消除图像序列时间方向相关性的有效手段。DCT 变换、量化、熵编码的方法是在一帧图像的基础上进行的，通过这些方法可以消除图像内部各像素间在空间上的相关性。实际上图像信号除了空间上的相关性之外，还有时间上的相关性。例如对于像新闻联播这种背景静止，并且画面主体运动较小的数字视频，每幅画面之间的区别很小，画面之间的相关性很大。对于这种情况没有必要对每帧图像单独进行编码，而是可以只对相邻视频帧中变化的部分进行编码，从而进一步减小数据量，这方面的工作是由运动估计和运动补偿实现的。

运动估计技术一般将当前的输入图像分割成若干彼此不相重叠的小图像子块，例如一

帧图像的大小为 1280×720，首先将其以网格状的形式分成 40×45 个尺寸为 16×16 的彼此没有重叠的图像块，然后在前一张图像或者后一张图像的某个搜索窗口范围内为每幅图像块寻找一个与之最为相似的图像块。这个搜寻的过程叫作运动估计。通过计算最相似的图像块与该图像块之间的位置信息，可以得到一个运动矢量。这样在编码过程中就可以将当前图像中的块与参考图像运动矢量所指向的最相似的图像块相减，得到一个残差图像块，由于残差图像块中的每个像素值很小，所以在压缩编码中可以获得更高的压缩比。这个相减过程叫运动补偿。由于编码过程中需要使用参考图像进行运动估计和运动补偿，因此参考图像的选择显得很重要。

一般情况下编码器将输入的每帧图像根据其参考图像的不同分成 3 种不同的类型：I帧、P 帧和 B 帧。I 帧只使用本帧内的数据进行编码，在编码过程中它不需要进行运动估计和运动补偿。由于 I 帧没有消除时间方向的相关性，所以压缩比相对不高。P 帧在编码过程中使用一个前面的 I 帧或 P 帧作为参考图像进行运动补偿，实际上是对当前图像与参考图像的差值进行编码。B 帧的编码方式与 P 帧相似，唯一不同的地方是在编码过程中它要使用一个前面的 I 帧或 P 帧和一个后面的 I 帧或 P 帧进行预测。由此可见，每个 P 帧的编码需要利用一帧图像作为参考图像，而 B 帧则需要两帧图像作为参考。相比之下，B 帧比 P帧拥有更高的压缩比。

7.2　视频采集原理

视频是多幅静止图像（图像帧）与连续的音频信息在时间轴上同步运动的混合媒体，多帧图像随时间变化而产生运动感，因此视频也被称为运动图像。按照视频的存储与处理方式的不同，可分为模拟视频和数字视频两种。视频采集就是将视频源的模拟信号通过处理转变成数字信号（0 和 1），并将这些数字信息存储在计算机硬盘上的过程。这种模拟/数字转换是通过视频采集卡上的采集芯片进行的。在计算机上通过视频采集卡可以接收来自视频输入端的模拟视频信号，对该信号进行采集、量化成数字信号，然后压缩编码便成为数字视频。

视频采集（Video Capture）把模拟视频转换成数字视频，并按数字视频文件的格式保存下来，本质上是将模拟摄像机、录像机、LD 视盘机、电视机输出的视频信号，通过专用的模拟、数字转换设备，转换为二进制数字信息的过程。在视频采集工作中，视频采集卡是主要设备，它分为专业级和家用级两个级别。专业级视频采集卡不仅可以进行视频采集，而且还可以实现硬件级的视频压缩和视频编辑。家用级的视频采集卡只能做到视频采集和初步的硬件级压缩，而更为低端的电视卡，虽可进行视频的采集，但通常都省却了硬件级的视频压缩功能。

视频采集卡（Video Capture Card）又称为视频捕捉卡，用它可以获取数字化视频信息，并将其存储和播放出来。很多视频采集卡能在捕捉视频信息的同时获得伴音，使音频部分和视频部分在数字化时同步保存、同步播放。视频采集卡的功能是将视频信号采集到计算机中,以数据文件的形式保存在硬盘上。它是进行视频处理必不可少的硬件设备,通过它对数字化的视频信号进行后期编辑处理,例如剪切画面、添加滤镜、字幕和音效、设置转场效果及加入各种视频特效等,最后将编辑完成的视频信号转换成标准的 VCD、DVD 及网上流媒体等格式,方便传播。

视频采集卡按照视频信号源可以分为数字采集卡(使用数字接口)和模拟采集卡;按照安装及连接方式可以分为外置采集卡(盒)和内置式板卡;按照视频压缩方式可以分为软压卡(消耗 CPU 资源)和硬压卡;按照视频信号输入/输出接口可以分为 1394 采集卡、USB 采集卡、HDMI 采集卡、VGA 视频采集卡、PCI 视频卡、PCI-E 视频采集卡;按照性能及作用可以分为电视卡、图像采集卡、DV 采集卡、计算机视频卡、监控采集卡、多屏卡、流媒体采集卡、分量采集卡、高清采集卡、笔记本采集卡、DVR 卡、VCD 卡、非线性编辑卡(简称非编卡);按照用途可分为广播级视频采集卡、专业级视频采集卡、民用级视频采集卡,它们档次的高低主要表现在所采集的图像的质量不同,采集的图像指标也不同。

大多数视频卡具备硬件压缩的功能,在采集视频信号时首先在卡上对视频信号进行压缩,然后通过 PCI 接口把压缩的视频数据传送到主机上。一般的 PC 视频采集卡采用帧内压缩的算法把数字化的视频存储成 AVI 文件,高档一些的视频采集卡还能直接把采集到的数字视频数据实时压缩成 MPEG-1 格式的文件。由于模拟视频输入端可以提供不间断的信息源,视频采集卡要采集模拟视频序列中的每帧图像,并在采集下一帧图像之前把这些数据传入 PC 系统,因此,实现实时采集的关键是每帧所需的处理时间。如果每帧视频图像的处理时间超过相邻两帧之间的相隔时间,则会出现数据的丢失,即丢帧现象。采集卡都是把获取的视频序列先进行压缩处理,然后存入硬盘,也就是说视频序列的获取和压缩是在一起完成的,这样便免除了再次进行压缩处理的不便。不同档次的采集卡具有不同质量的采集压缩性能。由视频采集芯片将模拟信号转换成数字信号,然后传至板卡自带的临时存储器中,再由卡上自带视频压缩芯片执行压缩算法,将庞大的视频信号压缩变小,最后这些压缩后的数据直接或通过 PCI 桥芯片进入 PCI,存储到硬盘。后者采用通用视频 A/D 转换器实现图像的采集,其特点是数据采集占用 CPU 的时间对处理器的速度要求高,所以成本低、易于实现,能够满足某些图像采集系统的需要。在高清视频采集录制方面,VGA 图像采集卡是由数字信息化行业的快速发展,以及很多领域对 VGA 信号采集的要求提高而出现的一种高端产品。现在不论是在工业行业上机器视觉系统应用,还是在教学上,都应用十分广泛,它综合了许多计算机软硬件技术,更涉及图像处理、人工智能等多个领域,而视频图像采集卡是机器视觉系统的重要组成部分,其主要功能是对相机所输出的视频数据进行实时采集,并提供了与 PC 的高速接口。

7.3 音频编码原理

每张 CD 光盘重放双声道立体声信号可达 74 分钟,VCD 光盘机要同时重放声音和图像,图像信号数据需要压缩,其音频信号数据也要压缩,否则音频信号难以存储到 VCD 光盘中。音频信号的结构比图像信号要简单一些,音频信号的压缩方法与图像信号压缩技术有相似性,也要从音频信号中剔除冗余信息。人耳对音频信号的听觉灵敏度有其规律性,对于不同频段或不同声压级的伴音有其特殊的敏感特性。在伴音数据的压缩过程中,主要应用了听觉阈值及掩蔽效应等听觉心理特性,以及子带编码技术。

阈值特性是指人耳对不同频率的声音具有不同的听觉灵敏度,对低频段(100Hz以下)和超高频段(16kHz以上)的听觉灵敏度较低,而在[1kHz,5kHz]的中音频段时,听觉灵敏度明显提高。通常,将这种现象称为人耳的阈值特性。若将这种听觉特性用曲线表示出来,就称为人耳的阈值特性曲线,阈值特性曲线反映了该特性的数值界限。将曲线界限以下的声音舍弃掉,对人耳的实际听音效果没有影响,这些声音属于冗余信息。在音频压缩编码过程中,应当将阈值曲线以上的可听频段的声音信号保留住,它是可听频段的主要成分,而那些听觉不灵敏的频段信号不易被察觉。应当保留强大的信号,忽略及舍弃弱小的信号。经过这样处理的声音,人耳在听觉上几乎察觉不到其失真。在实际音频压缩编码过程中,也要对不同频段的声音数据进行量化处理,并且可以对人耳不敏感频段采用较粗的量化步长进行量化,以便舍弃一些次要信息,而对人耳敏感频段则应采用较小的量化步长,使用较多的码位来传送。

掩蔽效应是人耳的另一个重要生理特征。如果在一段较窄的频段上存在两种声音信号,当一个强度大于另一个时,人耳的听觉阈值将提高,人耳可以听到大音量的声音信号,而其附近频率的小音量声音信号却听不到,好像是小音量信号被大音量信号掩蔽掉了。由于其他声音信号存在而听不到本声音存在的现象,称为掩蔽效应。根据人耳的掩蔽特性,可将大音量附近的小音量信号舍弃掉,对实际听音效果不会发生影响。即使保留这些小音量信号,人耳也听不到它们的存在,它属于伴音信号中的冗余信息。舍弃掉这些信号,可以进一步压缩音频数据总量。掩蔽效应分为2大类,一类是同时掩蔽效应,另一类是短时掩蔽效应。

同时掩蔽效应是指同时存在一个弱信号和一个强信号,两者频率接近,强信号将提高弱信号的听阈值,将弱信号的听阈值提高到一定程度时,可使人耳听不到弱信号。例如,同时出现A、B两声,若A声的听觉阈值为50dB,由于存在另一个不同频率的B声,将使A声的阈值提高到64~68dB,例如取68dB,那么数值(68-50)dB=18dB,该值称为掩蔽量。将强大的B声称为掩蔽声,而将较弱的A声称为被掩蔽声。上述掩蔽现象说明,当仅有A声时,其声压级50dB以上的声音可以传送出去,而50dB以下的声音将听不到;若同时出现A声和B声,B声具有同时掩蔽效应,使A声在声压级68dB以下的声音也听不到了,即50~68dB的A声人耳也听不到了,这些声音不必传送,即使传送也听不到,只需传送声压级68dB以上的声音。总之,为了提高一个声音的阈值,可以同时设置另一个声音,使用这种办法可以压缩掉一部分声音数据。在周围十分安静的环境下,人耳可以听到声压级很低的各种频率声音,但对低频声和高频声的掩蔽阈值较高,即听觉不灵敏。经研究还发现,掩蔽声越强,掩蔽作用就越强;掩蔽声与被掩蔽声的频率相差越小,掩蔽效果就越明显,当两者频率相等时,掩蔽效果最佳;低频声(设为B)可有效地掩蔽高频声(设为A),而高频声几乎不能掩蔽低频声,因而在输入信号时,在受掩蔽的频带内加入更大的噪声时,人耳也感觉不到与原始信号有所区别。上述的同时掩蔽效应,又称为频域掩蔽效应,它主要反映在频域方面对掩蔽作用的影响。在声音压缩编码中,更多地使用单频声音的掩蔽效应。

如果A声和B声不同时出现,则也可发生掩蔽作用,称为短时掩蔽效应。短时掩蔽又可分为两种类型,其作用仍可持续一段时间,即后向掩蔽和前向掩蔽。后向掩蔽是指掩蔽声B消失后,其掩蔽作用仍可持续一段时间,一般可达 0.5~2s。掩蔽机理是由人耳的存储效应所致的,而前向掩蔽是指被掩蔽声A出现一段时间后出现掩蔽声B,只要A声和B声隔不太大(一般为 0.05~0.2s),B也可对当A起掩蔽作用。掩蔽机理是当A声尚未被人耳感知接受时,强大的B声已来临。在实践中,后向掩蔽有较高的应用价值。短时掩蔽效应具有很强的时域结构特性,故又称为时域掩蔽效应。在声音压缩编码中,应兼顾人耳的频域和时域两种掩蔽效应。

子带编码技术是将原始信号由时间域转变为频率域,然后将其分割为若干个子频带,并对其分别进行数字编码的技术。它是利用带通滤波器组把原始信号分割为若干(例如 m 个)子频带,而在接收端实现发送端的逆过程,如图 7-1 所示。

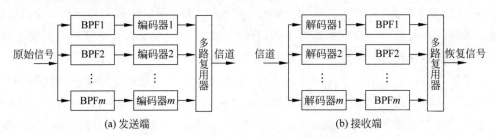

图 7-1 自带编码技术的发送端与接收端

输入子带编码数据流,将各子带信号分别送到相应的数字解码电路(共 m 个)进行数字解调,经过诸路低通滤波器(m 路),并重新解调,可把各子带频域恢复为当初原始信号的分布状态。最后,将各路子带输出信号送到同步相加器,经过相加恢复为原始信号,该恢复的信号与原始信号十分相似。子带编码技术具有突出的优点。首先,声音频谱的各频率分量的幅度值各不相同,若对不同子带分配以合适的比例系数,则可以更合理地分别控制各子带的量化电平数目和相应的重建误差,使码率更精确地与各子带的信号源特性相匹配。通常,在低频基音附近,采用较大的比特数目来表示取样值,而在高频段则可分配以较小的编码比特。其次,通过合理分配不同子带的比特数,可控制总的重建误差频谱形状,通过与声学心理模型相结合,可将噪音频谱按人耳主观噪声感知特性来形成。于是,利用人耳听觉掩蔽效应可节省大量比特数。在采用子带编码时,利用了听觉的掩蔽效应进行处理。它对一些子带信号予以删除或大量减少比特数目,这样可明显压缩传输数据总量。例如,不存在信号频率分量的子带、被噪声掩蔽的信号频率的子带、被邻近强信号掩蔽的信号频率分量子带等，都可进行删除处理。另外，全系统的传输信息量与信号的频带范围、动态范围等均有关系，而动态范围则决定于量化比特数，若对信号引入合理的比特数，则可使不同子带内按需要给以不同的比特数，也可压缩其信息量。

7.4 视频编码标准

为了保证编码的正确性，编码要规范化、标准化，所以就有了编码标准。有两大正式组织负责研制视频编码标准，包括 ISO/IEC 和 ITU-T。ISO/IEC 制定的编码标准有 MPEG-1、MPEG-2、MPEG-4、MPEG-7、MPEG-21 和 MPEG-H 等。ITU-T 制定的编码标准有 H.261、H.262、H.263、H.264 和 H.265 等。MPEG-x 和 H.26x 标准的视频编码都采用了有损压缩的混合编码方式，其主要区别在于处理图像的分辨率、预测精度、搜索范围、量化步长等参数的不同，所以其应用场合也不同。主流的视频编码标准包括 MPEG-2、MPEG-4 Simple Profile、H.264/AVC、H.265/HEVC、AVS、VP8/VP9 等。

7.4.1 ITU/ISO/JVT

ITU 就是大名鼎鼎的国际电信联盟，其 Logo 如图 7-2 所示。ITU 是联合国下属的一个专门机构，其总部设在瑞士的日内瓦。ITU 有 3 个下属部门，包括 ITU-R(前身是国际无线电咨询委员会 CCIR)、ITU-T(前身是国际电报电话咨询委员会 CCITT)和 ITU-D。ITU-T 下设的 VECG(Video Coding Experts Group)主要负责面向实时通信领域的标准的制定，主要制定了 H.261/H.263/H.263＋/H.263＋＋等标准。

除了 ITU 外，和视频编码关系密切的另外一个组织是 ISO/IEC，其 Logo 如图 7-3 所示。ISO 是质量认证的国际标准化组织，IEC 是国际电工委员会。ISO 下属的 MPEG(移动图像专家组)主要负责面向视频存储、广播电视、网络传输的视频标准，主要制定了 MPEG-1/MPEG-2/MPEG-4 等。

图 7-2　国际电信联盟(ITU)Logo　　　　图 7-3　ISO/IEC Logo

实际上，真正在业界产生较强影响力的标准均是由这两个组织合作制定的，例如 MPEG-2、H.264/AVC 和 H.265/HEVC 等。不同标准组织制定的视频编码标准的发展，如图 7-4 所示。

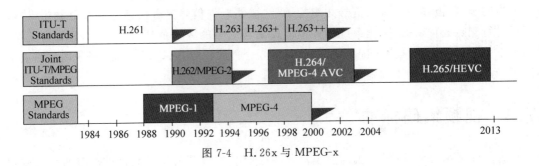

图 7-4　H.26x 与 MPEG-x

　　30 多年以来,世界上主流的视频编码标准,基本上是由 ITU 和 ISO/IEC 提出来的。 ITU 提出了 H.261、H.262、H.263、H.263＋、H.263＋＋等标准,这些统称为 H.26x 系列, 主要应用于实时视频通信领域,如会议电视、可视电话等。ISO/IEC 提出了 MPEG-1、 MPEG-2、MPEG-4、MPEG-7、MPEG-21,统称为 MPEG 系列。ITU 和 ISO/IEC 一开始是 各自为战的,后来这两个组织成立了一个联合小组,名叫 JVT,即视频联合工作组(Joint Video Team),如图 7-5 所示。

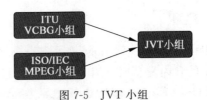

图 7-5　JVT 小组

　　严格地讲,H.264 标准是属于 MPEG-4 家族的一部分,即 MPEG-4 系列文档 ISO-14496 的第 10 部分,因此又称作 MPEG-4/AVC。同 MPEG-4 重点考虑的灵活性和交互性不同, H.264 着重强调更高的编码压缩率和传输可靠性,在数字电视广播、实时视频通信、网络流 媒体等领域具有广泛应用。JVT 致力于新一代视频编码标准的制定,后来推出了包括 H.264 在内的一系列标准,各个编码标准与压缩率如图 7-6 所示。

编码标准	H.264	MPEG-4	H.263	MPEG-2
压缩率	300~400 : 1	200 : 1	167~200 : 1	<200 : 1

图 7-6　编码标准与压缩率

　　除了上述两个组织所制定的标准之外,其他比较有影响力的标准还包括谷歌的 VP8/VP9、 微软的 VC-1 及国产自主标准 AVS/AVS＋/AVS2 等。

　　这里强调一下 H.265,作为一种新编码标准,相比于 H.264 有极大的性能提升,目前已 经成为最新视频编码系统的标配,如图 7-7 所示。

图 7-7　H.265 全新压缩编码

7.4.2　MPEG-x 系列

MPEG-x 系列的编码标准主要包括 MPEG-1、MPEG-2、MPEG-4、MPEG-7、MPEG-21 和 MPEG-H 等。

1. MPEG-1

MPEG-1 是 MPEG 组织制定的第 1 个视频和音频有损压缩标准。视频压缩算法于 1990 年定义完成。1992 年底,MPEG-1 正式被批准为国际标准。MPEG-1 是为 CD 光盘介质定制的视频和音频压缩格式。一张 70min 的 CD 光盘传输速率大约在 1.4Mb/s,而 MPEG-1 采用了块方式的运动补偿、离散余弦变换、量化等技术,并为 1.4Mb/s 传输速率进行了优化。MPEG-1 随后被 Video CD 采用并作为核心技术。MPEG-1 的输出质量大约和传统录像机 VCR 的信号质量相当,这也许是 Video CD 在发达国家未获成功的原因。

MPEG-1 共分为 5 部分,其中第 2 部分视频编码方案规定了逐行扫描视频的编码方案。第 3 部分音频编码方案将音频流的压缩分为 3 层并依次增大压缩比,广为流传的 MP3(MPEG-1 Layer 3)就是按照此部分编码方案压缩之后的文件格式。MPEG-1 是为 CD 光盘介质定制的视频和音频压缩格式。VCD 的分辨率只有约 352×240,并使用固定的比特率(1.15Mb/s),因此在播放快速动作的视频时,由于数据量不足,令压缩时宏区块无法全面调整,结果使视频画面出现模糊的方块,因此 MPEG-1 的输出质量大约和传统录像机 VCR 相当,这也许是 Video CD 在发达国家未获成功的原因。MPEG-1 音频分为 3 代,其中最著名的第 3 代协议被称为 MPEG-1 Layer 3,简称 MP3,已经成为广泛流传的音频压缩技术。MPEG-1 音频技术在每一代之间,在保留相同的输出质量之外,压缩率都比上一代高。第一代协议 MP1 被应用在 LD 作为记录数字音频及飞利浦公司的 DGC 上,而第二代协议 MP2 后来被应用于欧洲版的 DVD 音频层之一。MPEG-1 编码的特点包括随机访问、灵活的帧率、可变的图像尺寸、定义了帧(I 帧、P 帧和 B 帧)、运动补偿可跨越多个帧、半像素精度的运动向量、量化矩阵、GOF 结构、Slice 结构等。

MPEG-1 是 VCD 的主要压缩标准,是实时视频压缩的主流,可适用于不同带宽的设备,如 CD-ROM、Video-CD、CD-I。与 M-JPEG 技术相比较,在实时压缩、每帧数据量、处理速度上均有显著的提高。MPEG-1 可以满足多达 16 路以上 25f/s 的压缩速度,在 500kb/s 的压缩码流和 352×288 行的清晰度下,每帧大小仅为 2kb。若从 VCD 到超级 VCD 再到 DVD 的不同格式来看,MPEG-1 的 352×288 格式,以及 MPEG-2 的 576×352、704×576 等,可用于 CD-ROM 上存储同步和彩色运动标视频信号,旨在达到模拟式磁带录放机 (Video Cassette Recorder,VCR)质量,其视频压缩率为 26∶1。MPEG-1 可使图像在空间轴上最多压缩 1/38,在时间轴上对相对变化较小的数据最多压缩 1/5。MPEG-1 压缩后的数据传输率为 1.5Mb/s,压缩后的源输入格式 SIF(Source Input Format)的分辨率为 352× 288 行(PAL 制),亮度信号的分辨率为 360×240,色度信号的分辨率为 180×120,帧率为 30。MPEG-1 对色差分量采用 4∶1∶1 的 2 次采样率。MPEG-1、MPEG-2 是传送一张张不同动作的局部画面。在实现方式上,MPEG-1 可以借助于现有的解码芯片来完成,而不像 M-JPEG 那样过多依赖于主机的 CPU。与软件压缩相比,硬件压缩可以节省计算机资源,降低系统成本,但也存在着诸多不足。一是压缩比还不够大,在多路监控的情况下,录像所要求的磁盘空间过大。尤其当 DVR 主机超过 8 路时,为了保存一个月的存储量,通常需要 10 个 80GB 的硬盘,或更多,硬盘投资大,而由此引起的硬盘故障和维护更是烦琐。二是图像清晰度还不够高。由于 MPEG-1 最大清晰度仅为 352×288,考虑到容量、模拟数字量化损失等其他因素,回放清晰度不够高,这也是市场反应的主要问题。三是对传输图像的带宽有一定的要求,不适合网络传输,尤其是在常用的低带宽网络上无法实现远程多路视频传送。四是 MPEG-1 的录像帧数固定为每秒 25 帧,不能丢帧录像,使用灵活性较差。从广泛采用的压缩芯片来看,也缺乏有效的调控手段,例如关键帧设定、取样区域设定等,造成不适合在安保监控领域应用,造价也高。总体来看 M-JPEG 与 MPEG-1 由于技术成熟,是 DVR 市场的主流技术,但两者的致命弱点就是硬盘耗费量大,且不能同时满足安保与实时录像场合的需要。

　　MPEG-1 可以按照分层的概念来理解,一个 MPEG-1 视频序列包含多个 GOP,每个 GOP 包含多个帧,每个帧包含多个 Slice。影格(图像)是 MPEG-1 的一个重要基本元素,一个影格就是一个完整的显示图像。影格的种类有以下 4 种:

　　(1) I 图像/影格(Intra Coded Picture)参考图像,相当于一个固定影像,且独立于其他的图像类型。每幅图像群组由此类型的图像开始。编码时独立编码,仅适用于帧内编码技术,因而解码时不参考其他帧,类似 JPEG 编码。

　　(2) P 图像/影格(Predictive Coded Picture)包含来自先前的 I 或 P 画格的差异信息。编码时使用运动补偿和运动估计,采用前向估计,参考之前的 I 帧或者 P 帧去预测该 P 格。

　　(3) B 图像/影格(Bidirectionally Predictive Coded Picture)包含来自先前和/或之后的 I 或 P 画格的差异信息。编码也使用运动补偿和运动估计,预估采用前向估计、后向估计或双向估计,主要参考前面的或者后面的 I 格或者 P 格。

　　(4) D 图像/影格(DC Direct Coded Picture)用于快速进带,仅由 DC 直流分量构造的图像可在低比特率的时候做浏览用,但在实际编码中却很少使用。

2. MPEG-2

MPEG-2 是 MPEG 组织制定的视频和音频有损压缩标准之一,它的正式名称为"基于数字存储媒体运动图像和语音的压缩标准"。与 MPEG-1 标准相比,MPEG-2 标准具有更高的图像质量、更多的图像格式和传输码率的图像压缩标准。MPEG-2 标准不是 MPEG-1 的简单升级,而是在传输和系统方面做了更加详细的规定和进一步的完善。它是针对标准数字电视和高清晰电视在各种应用下的压缩方案,传输速率在 3Mb/s～10Mb/s。

MPEG-2 共分为 11 个部分,在 MPEG-1 的基础上提高了码率和质量。其中第 2 部分视频编码方案规定了隔行扫描视频的编码方案,此方案是和 ITU-T 共同开发的,ITU-T 称其为 H.262。第 3 部分音频编码方案延续了 MPEG-1 的 3 层压缩方案,压缩后文件格式仍为 MP3,但在压缩算法上有所改进。第 7 部分首次提出了 AAC 编码,其目的以更小的容量和更好的音质取代 MP3 格式。

MPEG-2 音频是在 1994 年 11 月为数字电视而提出来的,其发展分为 3 个阶段:第一阶段是对 MPEG-1 增加了低采样频率,有 16kHz、22.05kHz 以及 24kHz。第二阶段是对 MPEG-1 实施了向后兼容的多声道扩展,将其称为 MPEG-2 BC。支持单声道、双声道、多声道等编码,并附加"低频加重"扩展声道,从而达到五声道编码。第三阶段是向后不兼容,将其称为 MPEG-2 AAC 先进音频编码。采样频率可以低至 8kHz,并且可以高至 96kHz 的 1～48 个通道可选的高音质音频编码。

MPEG-2 的设计目标是高级工业标准的图像质量及更高的传输率。MPEG-2 所能提供的传输率在 3～10Mb/s 间,其在 NTSC 制式下的分辨率可达 720×486,MPEG-2 也可提供并能够提供广播级的视像和 CD 级的音质。MPEG-2 的音频编码可提供左、右、中及两个环绕声道及一个加重低音声道和多达 7 个伴音声道(DVD 可有 8 种语言配音的原因)。由于 MPEG-2 在设计时的巧妙处理,使大多数 MPEG-2 解码器也可播放 MPEG-1 格式的数据,如 VCD。同时,由于 MPEG-2 的出色性能表现,已能适用于 HDTV,使原打算为 HDTV 设计的 MPEG-3 还没出世就被抛弃了。MPEG-3 要求传输速率在 20～40Mb/s,但这将使画面有轻度扭曲。除了作为 DVD 的指定标准外,MPEG-2 还可为广播、有线电视网、电缆网络及卫星直播提供广播级的数字视频。

MPEG-2 的另一特点是,其可提供一个较广的范围以便改变压缩比,以适应不同画面质量、存储容量,以及带宽的要求。对于最终用户来讲,由于现存电视机分辨率的限制,MPEG-2 所带来的高清晰度画面质量(如 DVD 画面)在电视上效果并不明显,反而其音频特性(如加重低音和多伴音声道等)更引人注目。MPEG-2 的编码图像被分为 3 类,分别称为 I 帧、P 帧和 B 帧。I 帧图像或称为帧内图像,相当于一个固定图像,且独立于其他的图像类型。每幅图像组群由此类型的图像开始。采用帧内压缩编码技术减少空间冗余,不参照其他图像。P 帧图像或称为预测图像,通过参照前面靠近它的 I 或 P 图像预测得到。P 图像减少了空间和时间冗余信息,相比于 I 图像可以有更大的压缩码率。B 帧图像或称为双向预测图像,根据临近的前几帧、本帧、后几帧的 I 或者 P 图像预测得到,仅记录本帧与前后帧的不同之处。相比于 I 和 P 图像可以有更大的压缩码率。

　　MPEG-2 的编码码流分为 6 个层次。为更好地表示编码数据，MPEG-2 用句法规定了一个层次性结构。它分为 6 层，自上到下分别是图像序列层、图像组（GOP）、图像、宏块条、宏块、块。

　　（1）序列指构成某路节目的图像序列，序列起始码后的序列头中包含了图像尺寸、宽高比、图像速率等信息。序列扩展中包含了一些附加数据。为了保证能随时进入图像序列，序列头是重复发送的。

　　（2）序列层下是图像组层，一张图像组由相互间有预测和生成关系的一组 I、P、B 图像构成，但头一帧图像总是 I 帧，GOP 头中包含了时间信息。

　　（3）图像组层下是图像层，分为 I、P、B 共 3 类。PIC 头中包含了图像编码的类型和时间参考信息。

　　（4）图像层下是像条层，一个像条包括一定数量的宏块，其顺序与扫描顺序一致。MP@ML 中一个像条必须在同一宏块行内。

　　（5）像条层下是宏块层。MPEG-2 中定义了 3 种宏块结构，包括 4∶2∶0 宏块、4∶2∶2 宏块和 4∶4∶4 宏块，分别代表构成一个宏块的亮度像块和色差像块的数量关系。4∶2∶0 宏块中包含 4 个亮度像块，1 个 Cb 色差像块和 1 个 Cr 色差像块；4∶2∶2 宏块中包含 4 个亮度像块，2 个 Cb 色差像块和 2 个 Cr 色差像块；4∶4∶4 宏块中包含 4 个亮度像块，4 个 Cb 色差像块和 4 个 Cr 色差像块。这 3 种宏块结构实际上对应于 3 种亮度和色度的抽样方式。

　　在进行视频编码前，分量信号 R、G、B 被变换为亮度信号 Y 和色差信号 Cb、Cr 的形式。4∶2∶2 格式中亮度信号的抽样频率为 13.5MHz，两个色差信号的抽样频率均为 6.75MHz，这样空间的抽样结构中亮度信号为每帧 720×576 样值，Cb 和 Cr 都为 360×576 样值，即每行中每隔一像素对色差信号抽一次样。4∶4∶4 格式中，亮度和色差信号的抽样频率都是 13.5MHz，因此空间的抽样结构中亮度和色差信号都为每帧 720×576 样值，而在 4∶2∶0 格式中，亮度信号的抽样频率为 13.5MHz，空间的抽样结构中亮度信号为每帧 720×576 样值，Cb 和 Cr 都为 360×288 样值，即每隔一行对两个色差信号抽一次样，每抽样行中每隔一像素对两个色差信号抽一次样。通过上述分析不难计算出，在 4∶2∶0 格式中，每 4 个 Y 信号的像块空间内的 Cb 和 Cr 样值分别构成一个 Cb 和 Cr 像块；在 4∶2∶2 格式中，每 4 个 Y 信号的像块空间内的 Cb 和 Cr 样值分别构成 2 个 Cb 和 Cr 像块；而在 4∶4∶4 格式中，每 4 个 Y 信号的像块空间内的 Cb 和 Cr 样值分别构成 4 个 Cb 和 Cr 像块。相应的宏块结构正是以此为基础构成的。宏块层之下是像块层，像块是 MPEG-2 码流的最底层，是 DCT 变换的基本单元。MP@ML 中一个像块由 8×8 个抽样值构成，同一像块内的抽样值必须全部是 Y 信号样值，或全部是 Cb 信号样值，或全部是 Cr 信号样值。另外，像块也用于表示 8×8 个抽样值经 DCT 变换后所生成的 8×8 个 DCT 系数。在帧内编码的情况下，编码图像仅经过 DCT，量化器和比特流编码器即生成编码比特流，而不经过预测环处理。DCT 直接应用于原始的图像数据。在帧间编码的情况下，原始图像首先与帧存储器中的预测图像进行比较，计算出运动矢量，由此运动矢量和参考帧生成原始图像的预测图像，而后将原始图像与预测像素差值所生成的差分图像数据进行 DCT 变换,再经过量化器和比特流编码器生成可供输出的编码比特流。

3. MPEG-4

动态图像专家组于 1998 年 11 月公布,原预计 1999 年 1 月投入使用的国际标准 MPEG-4 不仅可针对一定比特率下的视频、音频编码,更加注重多媒体系统的交互性和灵活性。MPEG 专家组的专家们正在为 MPEG-4 的制定努力工作。MPEG-4 标准主要应用于视像电话(Video Phone)、视像电子邮件(Video Email)和电子新闻(Electronic News)等,其传输速率要求较低,在 4800～64 000b/s,分辨率为 176×144。MPEG-4 利用很窄的带宽,通过帧重建技术,压缩和传输数据,以求以最少的数据获得最佳的图像质量。

与 MPEG-1 和 MPEG-2 相比,MPEG-4 的特点是其更适于交互 AV 服务及远程监控。MPEG-4 是第一个使观众由被动变为主动的标准,观众不再只是观看,允许观众加入其中,即有交互性的动态图像标准,它的另一个特点是其综合性。从根源上讲,MPEG-4 试图将自然物体与人造物体相融合。MPEG-4 的设计目标还有更广的适应性和更灵活的可扩展性。目前,MPEG-1 技术被广泛应用于 VCD,而 MPEG-2 标准则用于广播电视和 DVD 等。MPEG-3 最初是为 HDTV 开发的编码和压缩标准,但由于 MPEG-2 的出色性能表现,MPEG-3 只能是死于襁褓了,而 MPEG-4 于 1999 年初正式成为国际标准。它是一个适用于低传输速率应用的方案。与 MPEG-1 和 MPEG-2 相比,MPEG-4 更加注重多媒体系统的交互性和灵活性。

MPEG-4 共分为 27 部分,更加注重多媒体系统的交互性和灵活性。第 3 部分音频编码方案优化了 AAC 编码算法,并在推出后逐渐取代了 MP3,例如和视频封装在一起的音频优先考虑 AAC 格式,但就民用而言大部分使用者还是使用 MP3 格式。第 10 部分提出了 AVC 编码,此编码是和 ITU-T 共同开发的,ITU-T 称其为 H.264。第 14 部分提出了 MP4 格式封装,官方文件后缀名为 .mp4,还有其他的以 .mp4 为基础进行的扩展或缩水版本的格式,包括 M4V、3GP、F4V 等。

MPEG-4 是为在国际互联网络上或移动通信设备上实时传输音/视频信号而制定的最新 MPEG 标准,MPEG-4 采用 Object Based 方式解压缩,压缩比指标远远优于以上几种,压缩倍数约为 450 倍(静态图像可达 800 倍),分辨率输入可从 320×240 到 1280×1024,这是同质量的 MPEG-1 和 MJEPG 的 10 倍多。MPEG-4 使用图层(Layer)方式,能够智能化选择影像的不同之处,可根据图像内容将其中的对象(如人物、物体、背景等)分离出来并分别进行压缩,使图文件容量大幅缩减,从而加速音/视频的传输,这不仅大大提高了压缩比,也使图像探测的功能和准确性更充分地体现出来。在网络传输中可以设定 MPEG-4 的码流速率,清晰度也可在一定的范围内进行相应变化,这样便于用户根据自己对录像时间、传输路数和清晰度的不同要求进行不同的设置,大大提高了系统使用时的适应性和灵活性。也可采用动态帧测技术,动态时快录,静态时慢录,从而减少平均数据量,节省存储空间,而且当在传输有误码或丢包现象时,MPEG-4 受到的影响很小,并且能迅速恢复。MPEG-4 的应用前景将是非常广阔的。它的出现将对以下各方面产生较大的推动作用:数字电视、动态图像、万维网(WWW)、实时多媒体监控、低比特率下的移动多媒体通信、内容存储和检索多媒体系统、Internet/Intranet 上的视频流与可视游戏、基于面部表情模拟的虚拟会议、DVD上的交互多媒体应用、基于计算机网络的可视化合作实验室场景应用、演播电视等。

4. MPEG-7

MPEG-7 不同于 MPEG-1、MPEG-2、MPEG-4,它不是音视频压缩标准。MPEG-7 被称为"多媒体内容描述接口",其目的就是产生一种描述多媒体信息的标准,并将该描述与所描述的内容相联系,以实现快速有效地检索。MPEG-7 为各类多媒体信息提供了一种标准化的描述,这种描述将与内容本身有关,允许快速和有效地查询用户感兴趣的资料。它将扩展现有内容识别专用解决方案的有限能力,特别是它还包括了更多的数据类型。换言之,MPEG-7 规定了一个用于描述各种不同类型多媒体信息的描述符的标准集合,该标准于1998 年 10 月提出。随着信息爆炸时代的到来,在海量信息中,对基于视听内容的信息检索非常困难。继 MPEG-4 之后,要解决的矛盾就是对日渐庞大的图像、声音信息的管理和迅速搜索。针对这个矛盾,MPEG 提出了解决方案 MPEG-7,力求能够快速且有效地搜索出用户所需的不同类型的多媒体资料。该项工作于 1998 年 10 月提出,于 2001 年完成并公布。其目标就是产生一种描述多媒体内容数据的标准,满足实时、非实时及推-拉应用的需求。MPEG 并不对应用标准化,但可利用应用来理解需求并评价技术,它不针对特定的应用领域,而是支持尽可能广泛的应用领域。

MPEG-7 标准的最终目的就是要把网上的多媒体内容变成像文本内容一样,具有可搜索性。下面具体举几个多媒体内容搜索的例子。例如图形搜索,在屏幕上画几条线就能搜索到类似的图形、标识、表意文字(符号)等的一组图像。不如音乐搜索,在键盘上弹几个音符就可以得到包含要求或者近似要求曲调的音乐作品列表,或者以某种方式匹配音符的图像。例如运动搜索,对一组给定的物体,描述物体之间的运动和关系就可以搜索到所描述的时空关系的动画列表。

MPEG-7 标准可以独立于其他 MPEG 标准使用,但 MPEG-4 标准中所定义的对音频、视频对象的描述也适用于 MPEG-7 标准。另外可以利用 MPEG-7 标准的描述来增强其他MPEG 标准的功能。MPEG-7 标准致力于根据信息的抽象层次,提供一种描述多媒体材料的方法,以便表示不同层次上的用户对信息的需求。下面来看一些例子。对于可视素材,较低的抽象层可能会用一些像形状、尺寸、纹理、颜色、运动(轨道)和位置等属性来描述;对于音频内容而言,较低抽象层可能会采用音调、调式、音速、音速变化、音响空间位置等属性来描述,而最高层可能会给出关于语义的信息,如"在这个场景中,一只小鸟正栖息在树上鸣叫,树下有个人在漫步,还有一辆汽车正在幕后通过"。所有这些描述都会以高速方式进行编码,都能提高搜索的效率。同时,中间也可能存在过渡的抽象层。抽象层与提取特征的方式有关:许多低层特征可以用全自动的方式提取出来,而高层特征需要更多的人工交互。MPEG-7 标准还允许依据视觉描述的查询去检索声音数据,反之也一样。

MPEG-7 标准的应用范围很广泛,可以在实时或非实时环境下应用,既可以应用于存储(在线或离线),也可以用于流式应用,如广播、将模型加入 Internet 等。具体应用主要分为

3大类：第一类是索引和检索类应用，主要包括数字图书馆（如图像目录、音乐字典）、视频数据库的存储检索、向专业生产者提供图像和视频、商用音乐、音响效果库、历史演讲库、根据听觉提取影视片段、商标的注册和检索等。第二类是选择和过滤类应用，主要包括多媒体目录服务，如旅游信息和地理信息系统、用户代理驱动的媒体选择和过滤、广播媒体选择、个人化电视服务、智能化多媒体表达、消费者个人化的浏览、过滤和搜索、向残疾人提供信息服务等。第三类是专业化应用，主要包括远程购物、生物医学应用、通用接入、遥感应用、半自动多媒体编辑，如个人电子新闻业务、教学教育、安保监视、基于视觉的控制等。

5. MPEG-12

MPEG-12其实就是一些关键技术的集成，通过这种集成环境对全球数字媒体资源进行管理，实现内容描述、创建、发布、使用、识别、收费管理、版权保护等功能。

6. MPEG-H

MPEG-H包含了1个数字容器标准、1个视频压缩标准、1个音频压缩标准和2个一致性测试标准。其中视频压缩标准为高效率视频编码（HEVC/H.265），此编码是和ITU-T联合开发的，相比H.264/MPEG-4AVC数据压缩率增加了1倍。

7.4.3 H.26x系列

ITU-T制定的编码标准有H.261、H.262、H.263、H.264和H.265等。

1. H.261

H.261又称为P*64，其中64为64kb/s P的取值范围是1～30的可变参数，它最初是针对在ISDN上实现电信会议应用特别是面对面的可视电话和视频会议而设计的。实际的编码算法类似于MPEG算法，但不能与后者兼容。H.261在实时编码时比MPEG所占用的CPU运算量要少得多，此算法为了优化带宽占用量，引进了在图像质量与运动幅度之间的平衡折中机制，也就是说，剧烈运动的图像比相对静止的图像质量要差，因此这种方法是属于恒定码流可变质量编码而非恒定质量可变码流编码。H.261是第1个实用的数字视频编码标准，使用了混合编码框架，包括了基于运动补偿的帧间预测、基于离散余弦变换的空域变换编码、量化、Zig-Zag扫描和熵编码。H.261的设计相当成功，之后的视频编码国际标准基本上是基于H.261的设计框架，包括MPEG-1、MPEG-2/H.262、H.263、H.264和H.265。

H.261是1990年由ITU-T制定的一个视频编码标准，属于视频编解码器。其设计的目的是能够在带宽为64kb/s的倍数的综合业务数字网（Integrated Services Digital Network，ISDN）上传输质量可接受的视频信号。编码程序设计的码率是能够在40kb/s～2Mb/s工作，能够对CIF和QCIF分辨率的视频进行编码，即亮度分辨率分别是352×288和176×144，色度采用4：2：0采样，分辨率分别是176×144和88×72。在1994年的时候，H.261使用向后兼容的技巧加入了一个能够发送分辨率为704×576的静止图像的技术。H.261是第1个实用的数字视频编码标准，基本的操作单位称为宏块，使用YCbCr颜色空间，并采用4：2：0色度抽样，每个宏块包括16×16的亮度抽样值和两个相应的8×8

的色度抽样值。

H.261 使用帧间预测来消除空域冗余,并使用了运动矢量进行运动补偿。变换编码部分使用了一个 8×8 的离散余弦变换来消除空域的冗余,然后对变换后的系数进行阶梯量化,之后对量化后的变换系数进行 Zig-Zag 扫描,并进行熵编码来消除统计冗余。H.261 标准仅仅规定了如何进行视频的解码,并没有定义编解码器的实现。编码器可以按照自己的需要对输入的视频进行任何预处理,解码器也有自由对输出的视频在显示之前进行任何后处理。

2. H.262

H.262 是由 ITU-T 制定的一个数字视频编码标准,属于视频编解码器。H.262 在技术内容上和 ISO/IEC 的 MPEG-2 视频标准(正式名称是 ISO/IEC 13818-2)一致。H.262 由 MPEG-1 扩充而来,支持隔行扫描,在技术内容上和 MPEG-2 视频标准一致,DVD 就是采用了该技术。

H.262 是由 ITU-T 的 VCEG 组织和 ISO/IEC 的 MPEG 组织联合制定的,所以制定完成后分别成为两个组织的标准,正式名称是 ITU-T 建议的 H.262 和 ISO/IEC 13818-2。这两个标准在所有的文字叙述上都是相同的。它是消费类电子视频设备中使用最广泛的视频编码标准。MPEG-2 视频用于数字电视广播,包括陆地、海底电缆和直接卫星广播。它能在 25f/s(PAL) 或者 30f/s(NTSC) 的固定帧率下达到 720×576 像素成像。此外,它也是 DVD-V 中必需的编解码器。

3. H.263

H.263 是一种用于视频会议的低码率视频编码标准,是在 H.261 基础上发展而来的。与 H.261 相比采用了半像素的运动补偿,并增加了 4 种有效的压缩编码模式,在低码率下能够提供比 H.261 更好的图像效果。H.263 于 1995 年推出第一版,后续在 1998 年和 2000 年还推出了第二版 H.263＋、第三版 H.263＋＋。

H.263 是由 ITU-T 制定的用于视频会议的低码率视频编码标准,属于视频编解码器。H.263 最初设计为基于 H.324 的系统进行传输,即基于公共交换电话网和其他基于电路交换的网络进行视频会议和视频电话。后来发现 H.263 也可以成功地应用于 H.323 基于 RTP/IP 网络的视频会议系统、H.320 基于综合业务数字网的视频会议系统、RTSP 流式媒体传输系统和 SIP 基于因特网的视频会议。

H.263 是国际电联 ITU-T 的一个标准草案,是为低码流通信而设计的,但实际上这个标准可用在很宽的码流范围,而非只用于低码流应用,它在许多应用中可以认为被用于取代 H.261。H.263 的编码算法与 H.261 一样,但做了一些改善和改变,以提高性能和纠错能力。H.263 标准在低码率下能够提供比 H.261 更好的图像效果,两者的区别如下。

(1) H.263 的运动补偿使用半像素精度,而 H.261 则用全像素精度和环路滤波。

(2) 数据流层次结构的某些部分在 H.263 中是可选的,使编解码可以配置成更低的数据率或更好的纠错能力。

(3) H.263 包含 4 个可协商的选项以改善性能。

（4）H.263采用无限制的运动向量及基于语法的算术编码。

（5）采用事先预测和与MPEG中的P帧和B帧一样的帧预测方法。

（6）H.263支持5种分辨率，即除了支持H.261中所支持的QCIF和CIF外，还支持SQCIF、4CIF和16CIF，SQCIF相当于QCIF一半的分辨率，而4CIF和16CIF分别为CIF的4倍和16倍。

1998年IUT-T推出的H.263+是H.263建议的第2版，H.263+标准在保证原H.263标准核心句法和语义不变的基础上，提供了12个新的可协商模式和其他特征，从而保证了可以在各种信道尤其是无线信道上不同的品质保证QoS（Quality of Service）需求下进行可靠的通信，并且只需用H.261一半的码率就可以获得同H.261标准相当的解码图像质量。与H.263标准相比，H.263+标准主要有以下几个方面的改进。

（1）提高了压缩效率，增加帧内编码模式；增强PB帧模式，改进H.263的不足，增强了帧间预测的效果。

（2）增强了网络传输的适应性，增加了时间分级、信噪比分级、空间分级，对在噪声信道和大量丢包的网络中传输视频信号增强了抗错能力。参考帧选择模式、片结构模式增强了视频传输的抗误码能力。

（3）支持更大范围的图像格式，自定义的图像尺寸，使之可以处理基于视窗的计算机图像、更高帧频的图像序列和宽屏图像。

H.263++标准在H.263+基础上增加了3个选项，主要是为了增强码流在恶劣信道上的抗误码能力和提高编码效率。

（1）增强参考帧选择模式，能够提供增强的编码效率和信道错误再生能力，尤其是在丢包的网络环境下。

（2）增加数据分片选项，提供增强型的抗误码能力，尤其是在传输过程中本地数据被破坏的情况下。通过分离视频码流中的DCT的系数头和运动矢量数据，采用可逆编码方式保护运动矢量。

（3）在H.263+码流中增加补充信息，保证增强型的反向兼容性。

4. H.264

H.264又称为MPEG-4第10部分，即MPEG-4AVC，它是一种面向块，基于运动补偿的视频编码标准。于2003年正式发布，现在已经成为高精度视频录制、压缩和发布的最常用格式之一。H.264可以在低码率情况下提供高质量的视频图像，相比于H.263可节省50%的码率。相比于H.263和H.264不需设置较多的编码选项，降低了编码的复杂度。H.264可以根据不同的环境使用不同的传输和播放速率，并且提供了丰富的错误处理工具，可以很好地控制或消除丢包和误码。H.264性能的改进是以增加复杂性为代价而获得的，H.264编码的计算复杂度大约相当于H.263的3倍，解码复杂度大约相当于H.263的2倍。

H.264协议中定义了3种帧，分别为I帧、P帧及B帧。I帧即帧内编码帧、关键帧，可以理解为一帧画面的完整保留，解码时只需本帧数据就可以完成，不需要参考其他画面，数据量比较大。P帧即前向预测编码帧,记录当前帧跟上一关键帧或P帧的差别,解码时依赖之前缓存的画面,叠加上本帧定义的差别,才能生成最终画面,数据量较I帧小很多。B帧即双向预测编码帧,记录当前帧跟前后帧的差别,解码时依赖前面的I帧或P帧和后面的P帧,数据量比I帧和P帧小很多,可见P帧和B帧极大地节省了数据量,节省出来的空间可以用来多保存一些I帧,以实现在相同码率下,提供更好的画质。

H.264标准各主要部分为访问单元分割符(Access Unit Delimiter)、附加增强信息(SEI)、基本图像编码、冗余图像编码,还有即时解码刷新(Instantaneous Decoding Refresh,IDR)、假想参考解码(Hypothetical Reference Decoder,HRD)、假想码流调度器(Hypothetical Stream Scheduler,HSS)等。

H.264最大的优势是具有很高的数据压缩比率,在同等图像质量的条件下,H.264的压缩比是MPEG-2的2倍以上,是MPEG-4的1.5~2倍。举个例子,原始文件的大小如果为88GB,采用MPEG-2压缩标准压缩后变成3.5GB,压缩比为25∶1,而采用H.264压缩标准压缩后变为879MB,从88GB到879MB,H.264的压缩比达到惊人的102∶1。低码率对H.264的高压缩比起到了重要的作用,和MPEG-2和MPEG-4 ASP等压缩技术相比,H.264压缩技术将大大节省用户的下载时间和数据流量收费。尤其值得一提的是,H.264在具有高压缩比的同时还拥有高质量流畅的图像,正因为如此,经过H.264压缩的视频数据,在网络传输过程中所需要的带宽更小,也更加经济。

H.264和以前的标准一样,也是DPCM加变换编码的混合编码模式,但它采用"回归基本"的简洁设计,不用众多的选项,便可获得比H.263++好得多的压缩性能;加强了对各种信道的适应能力,采用"网络友好"的结构和语法,有利于对误码和丢包进行处理;应用目标范围较宽,以满足不同速率、不同解析度及不同传输(存储)场合的需求。技术上,它集中了以往标准的优点,并吸收了标准制订中积累的经验。与H.263 v2(H.263+)或MPEG-4简单类(Simple Profile)相比,H.264在使用与上述编码方法类似的最佳编码器时,在大多数码率下最多可节省50%的码率。H.264在所有码率下都能持续提供较高的视频质量。H.264能工作在低延时模式以适应实时通信的应用,同时又能很好地工作在没有延时限制的应用中,如视频存储和以服务器为基础的视频流式应用。H.264提供了包传输网中处理包丢失所需的工具,以及在易误码的无线网中处理比特误码的工具。

在系统层面上,H.264提出了一个新的概念,在视频编码层和网络提取层之间进行概念性分割,前者是视频内容的核心压缩内容之表述,后者是通过特定类型网络进行递送的表述,这样的结构便于信息的封装和更好地对信息进行优先级控制。

H.264标准的主要特点如下:

(1)更高的编码效率,同H.263等标准的特率效率相比,能够平均节省大于50%的码率。

(2)高质量的视频画面,H.264能够在低码率情况下提供高质量的视频图像,在较低带宽上提供高质量的图像传输是H.264的应用亮点。

(3)提高网络适应能力,H.264可以工作在实时通信应用(如视频会议)低延时模式下,也可以工作在没有延时的视频存储或视频流服务器中。

（4）采用混合编码结构，同 H.263 相同，H.264 也采用了 DCT 变换编码加 DPCM 的差分编码的混合编码结构，还增加了多模式运动估计、帧内预测、多帧预测、基于内容的变长编码、4×4 二维整数变换等新的编码方式，从而提高了编码效率。

（5）H.264 的编码选项较少，在 H.263 中编码时往往需要设置相当多选项，增加了编码的难度，而 H.264 做到了力求简洁的“回归基本”，降低了编码时的复杂度。

（6）H.264 可以应用在不同场合，可以根据不同的环境使用不同的传输和播放速率，并且提供了丰富的错误处理工具，可以很好地控制或消除丢包和误码。

（7）错误恢复功能，H.264 提供了解决网络传输包丢失的问题的工具，适用于在高误码率传输的无线网络中传输视频数据。

（8）较高的复杂度，H.264 性能的改进是以增加复杂性为代价而获得的。据估计，H.264 编码的计算复杂度大约相当于 H.263 的 3 倍，解码复杂度大约相当于 H.263 的 2 倍。

5. H.265

高效视频编码（High Efficiency Video Coding，HEVC）于 2013 年正式推出。H.265 编码架构和 H.264 编码架构相似，主要包含帧内预测、帧间预测、转换、量化、去区块滤波器、熵编码等模块。H.265 编码架构整体被分为编码单元、预测单元和转换单元。H.265 在 H.264 的基础之上，使用先进的技术用以改善码流、编码质量、延时和算法复杂度之间的关系，达到最优化设置。在码率减少 51%～74% 的情况下，H.265 编码视频的质量还能与 H.264 编码视频的质量近似甚至更好。H.265 可以在有限带宽下传输更高质量的网络视频，智能手机、平板机等移动设备将能直接在线播放 1080P 的全高清视频，计网络视频跟上了显示屏“高分辨率化”的脚步。

H.265 是 ITU-T VCEG 继 H.264 之后所制定的新的视频编码标准。H.265 标准围绕着现有的视频编码标准 H.264，保留原来的某些技术，同时对一些相关的技术加以改进。新技术使用先进的技术用以改善码流、编码质量、延时和算法复杂度之间的关系，达到最优化设置。具体的研究内容包括：提高压缩效率、提高稳健性和错误恢复能力、减少实时的时延、减少信道获取时间和随机接入时延、降低复杂度等。H.264 由于算法优化，可以低于 1Mb/s 的速度实现标清（分辨率在 1280P×720 以下）数字图像传送，而 H.265 则可以实现利用 1～2Mb/s 的传输速度传送 720P 普通高清音视频。

第8章

音视频编解码技术与流程

视频编解码的应用技术很复杂,涉及的技术主要包括 I 帧、P 帧和 B 帧技术、运动估计和运动补偿等。视频压缩编码过程一般分为 3 个步骤,包括时间维压缩、空间维压缩及熵编码。视频解码是编码的逆过程。首先是时间维压缩,主要以参考帧的数据预测当前帧的数据,输出预测向量和残差。其次是空间维压缩,将当前帧的残差作为图像进行压缩,又分为 3 步:第一步是图像变换,一般用 DCT 或小波变换,其目的是使变换后的数据尽可能小和稀疏,最好大部分都是 0;第二步是量化,这是整个过程中唯一有损的一步;第三步是排序编码,将上一步的输出按某种规律重新排序,让大小接近的数据尽可能在一起,然后将诸如 $(4,4,0,0,0,0,0)$ 这样的序列表示为 $((4,2),(0,5))$。最后是编码阶段,将预测向量和压缩后的残差进行编码,这一步追求统计意义上的最优,而不关注数据内容。音频编码比视频编码稍微简单一些,音频编码的基本手段包括量化器和语音编码器,常见的音频编码有MPEG-1、MPEG-2、MPEG-4 和 AC-3。

8.1 视频编码简介

编码就是为了压缩。要实现压缩,就要设计各种算法,将视频数据中的冗余信息去除。当面对一张图片或者一段视频的时候,到底应如何进行压缩呢?例如对一张美女与野兽的图片该如何进行压缩?如图 8-1 所示。

图 8-1　美女与野兽

最先想到的应该是找规律,即寻找像素之间的相关性,还有不同时间的图像帧之间的相关性。举例说明,如果一张图的分辨率是 1920×1080,并且全是红色的,如图 8-2 所示。有没有必要说 2 073 600 次[255,0,0]呢？答案是否定的,只需说一次[255,0,0],然后说 2 073 599 次"同上"就可以了。

如果一段 1min 的视频,有 10s 画面是不动的,或者 80% 的图像面积在整个过程中都是不变的,变化的只有很小一部分,也就是只有部分元素在动(两条腿在跳动),其余大部分是不动的,如图 8-3 所示。那么是不是这块不变区域的存储开销就可以节约掉了呢？答案是肯定的。

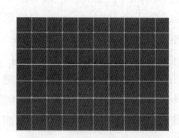

图 8-2　纯红色图像的压缩

图 8-3　跳舞机器人视频数据的压缩

注意:图 8-3 本质上是一张 gif 动画图,但纸质书中只能显示静态效果,读者可以参考笔者的视频课程(福优学苑:www.hellotongtong.com)。

综上所述,所谓编码算法就是寻找规律,以及构建模型。尽量找到更精准的规律,建立更高效的模型,这就是编码算法所追求的目标。视频编码技术优先消除的目标就是空间冗余和时间冗余,如图 8-4 所示。

(1) 时间冗余是序列图像(图像、动画)和语音数据中所经常包含的冗余。图像序列中的两幅相邻的图像,后一张图像与前一张图像之间有较大的相关性,这反映为时间冗余。同理,在语言中,由于人在说话时发音的音频是一个连续的渐变过程,而不是一个完全的在时间上独立的过程,因而存在时间冗余。

(2) 空间冗余是图像数据中经常存在的一种冗余。在同一张图像中,规则物体和规则背景(所谓规则是指表面颜色分布是有序的而不是杂乱无章的)的

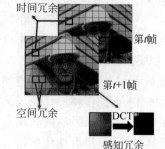

图 8-4　时间冗余、空间冗余和感知冗余

表面物理特性具有相关性,这些相关性的光成像结构在数字化图像中就表现为数据冗余。

(3) 知识冗余是指对许多图像的理解与某些基础知识有相当大的相关性。例如,人脸的图像有固定的结构,嘴的上方有鼻子、鼻子的上方有眼睛、鼻子位于正脸图像的中线上等。这类规律性的结构可由先验知识及背景知识得到,称此类冗余为知识冗余。

(4) 结构冗余是指有些图像从大域上看存在着非常强的纹理结构,例如布纹图像和草席图像,称它们在结构上存在冗余。

(5) 视觉冗余是指人类视觉系统对于图像场的任何变化并不是都能感知的。例如,对

于图像的编码和解码处理时,由于压缩或量比截断引入了噪声而使图像发生了一些变化,如果这些变化不能为视觉所感知,则仍认为图像足够好。事实上人类视觉系统一般的分辨能力约为 26 灰度等级,而一般图像量化采用 28 灰度等级,这类冗余称为视觉冗余。通常情况下,人类视觉系统对亮度变化敏感,而对色度的变化相对不敏感;在高亮区,人眼对亮度变化的敏感度下降。对物体边缘敏感,但对内部区域相对不敏感;对整体结构敏感,而对内部细节相对不敏感。

(6) 信息熵冗余,也称编码冗余,信息熵是指一组数据所携带的信息量。如果图像中平均每像素使用的比特数大于该图像的信息熵,则图像中存在冗余,这种冗余称为信息熵冗余。信息论之父 C. E. Shannon 在 1948 年发表的论文《通信的数学理论》(*A Mathematical Theory of Communication*)中指出,任何信息都存在冗余,冗余大小与信息中每个符号(数字、字母或单词)的出现概率或者说不确定性有关。Shannon 借鉴了热力学的概念,把信息中排除了冗余后的平均信息量称为"信息熵",并给出了计算信息熵的数学表达式。通常,一个信源发送出什么符号是不确定的,衡量它可以根据其出现的概率来度量。概率大,出现机会多,则不确定性小,反之不确定性就大。

8.2　视频编码流程

视频编码最主要的工作就是压缩,分为帧内压缩和帧间压缩,然后又分为几个步骤,主要包括预测、变换、量化、熵编码、滤波处理等,但压缩是分步骤的,不是简单地把图像中重复的数据直接聚合在一起。依据方法论,可压缩的内容有两种:单幅图像的压缩和多幅图像的压缩。一张图像,分成若干小块,每块为 8×8 像素大小,如果这个小块的每像素的颜色都是白色,就可以用一个点的值来代替这所有 64 个点的值,在编码中该标准术语叫空间冗余,相应的方法叫帧内压缩,如图 8-5 所示。

视频中一个连续的动作,例如画面里的男主角在蓝墙背景下闭上了眼睛,这一动作的背后,是由一系列的多幅图片组成的,而每幅图片的内容基本上都是一样的,唯一变化的部分就是眼睛所在图像区域,眼睛缓慢由开到闭,这块区域的像素值发生了变化。对于绝大多数的背景区域,它是没有变化的,那么除了含有闭眼动作的这块区域,是否可以只用一张图像来代替这么多个连续的图像呢?这在编码中的术语叫时间冗余,强调的是在一定时间段内如何对连续多幅图像的冗余部分进行压缩,其专业术语叫帧间压缩,如图 8-6 所示。

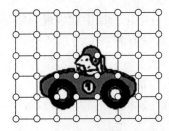

图 8-5　单幅图像与帧内压缩

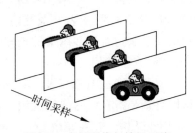

图 8-6　多幅图像与帧间压缩

　　图像的空间冗余和时间冗余都被压缩了，压缩成一串字符串，然后还可以对这段字符串进行进一步压缩，就是所谓的编码冗余。所有的视频编码技术和标准都是努力对上述冗余数据进行压缩，采用不同的算法和策略会产生不同的结果，也就产生了不同的视频编码标准。编码的核心技术步骤主要分为预测、变换、量化、熵编码，这几步之后还有个可选步骤，也就是滤波。

　　一个视频根据时间采样被拆成 N 张图像，为了压缩和计算方便，每幅图像被分成多个小块，例如每个小块由 8×8 像素构成。如果不进行压缩，就需要把每幅图像的每像素值都存储起来，一共存储 N 幅图像并连接起来，从而构成一个完整的原始视频。像素值的类型分为图像的亮度值和色彩值。为了简化理解，这里以亮度值举例进行讲解。

　　压缩的第一步是预测。对于一张图像的每个块，根据某几个相邻的像素值，在指定的方向上对下一像素的值用一个公式进行预测，从而得到该点的预测的像素值，以此来构造完整的图像。例如有连续的两幅运动图像，对一张图像不做改变，保存本来的像素值，然后以此图像的值为基础，对另一张图像使用公式计算来做运动预测，即把第一张图像的某像素的值，经过计算后，预测出第 2 张图像指定位置的像素值，以此类推，得到一幅完整的预测出来的图像。预测的本质是获取宏块之间或图像之间的差值，因为差值的绝对值都很小。例如这里有 3 个矩阵，其值如图 8-7 所示。

图 8-7　预测值

　　可以看出差值矩阵的数据存储的绝对值比较小。数值小，理论术语上是为了使包含的信息能量变低，是为了在编码阶段，使编码压缩的数据量更小，从而压缩效率更高，这就是预测的作用。

　　有了原图，又有了特定的预测公式算法，就不需要再去存储第二幅至相关第 N 幅的像素原值了，只需存储它们的差值就行了。如果要解码，把数据取过来，利用公式还原后再加上差值，就可以把那些被预测的图像的真面目恢复了。在一张图内做预测，就叫帧内预测；对一系列组图，如一段扣篮动作的视频做运动轨迹预测，属于帧间预测。用来做基准参考的帧，叫 I 帧，是关键帧，它的信息量最大，只能做帧内压缩，通常压缩率很低；而那些后续通过参考 I 帧的信息做预测获取差值的图像，所存储的根本不是原像素值，而是些原始图像的残差，叫预测帧。预测帧有时会混合使用帧内预测和帧间预测，这取决于该区块对哪种算法更适应。根据前一张图像来预测得到本帧图像叫 P 帧，结合前面的图像和后面的图像进行双向预测计算得到的本帧图像叫 B 帧。基于一幅关键 I 帧图像加上一系列相应的预测图像（如 B 帧、P 帧）构成的一组图像叫 GOP，如图 8-8 所示。

　　至此应该可以理解日常所讲的 I 帧、B 帧和 P 帧。I 帧是图像信息的关键，B 帧或 P 帧才是主要被压缩的地方。例如为了降低视频的网络传输延迟，在 CDN 上的 HLS 视频数据分片是不是越细越好呢？不是的,因为切片时要为每个分片都提供至少一个Ⅰ帧和一系列P帧、B帧。分得太细,Ⅰ帧数量反而会变多。Ⅰ帧太多,就意味着压缩率变低,网络传输量不降反升。

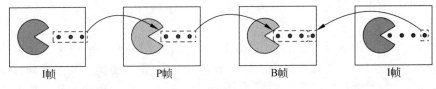

Ⅰ帧　　　　　　　　　P帧　　　　　　　　　B帧　　　　　　　　　Ⅰ帧

图 8-8　IPB 与 GOP

预测之后,还需要进行变换。虽然通过预测公式降低了众多像素存储的编码信息量,但这还不是压缩。于是引入了各种变换,如离散余弦变换(DCT)、小波变换等。学术上,其目的是将图像进行从空域到频域的变化,通过这些所谓的变换滤掉高频信息,因为人眼对高频信息不敏感,滤掉一些也无所谓。变换公式就如同水果分拣机器,根据某种特点如按体积大小对水果进行归类,把个头大的放一堆,把个头小的放一堆。经过变换,实现了物以类聚,后续如果再有需求就可以很容易地进行封箱打包的操作了。对图像的变换改变了原来像素信息的空间顺序,取而代之的是依据频率和幅度的存储方式,但此时的变换,只是改变了队形,没有任何实际的压缩动作。例如一个 8×8 原始图像块的像素值,如图 8-9 所示。

经过 DCT 变换后结果如图 8-10 所示。

139	144	149	153	155	155	155
144	151	153	156	159	156	156
150	155	160	163	158	156	156
159	161	162	160	160	159	159
159	160	161	162	162	155	155
161	161	161	161	160	157	157
162	162	161	163	162	157	157
162	162	161	161	163	158	158

236	−1	−12	−5.2	2.1	−3	−1
−22	−18	6	−3.2	−2.9	0.4	−1
−11	9.3	−2	1.5	0.2	−1	−0
−7	−2	0.2	1.5	1.6	0	0.3
−1	−1	1.5	1.6	−0.1	0.6	1.3
−2	−0	1.6	−0.1	−0.8	1	−1
−1	−0	−0	−1.5	0.5	1.1	−1
−3	1.6	−4	−1.8	1.9	−1	−0

图 8-9　8×8 原始图像块　　　　　图 8-10　8×8 原始图像块经过 DCT 变换后的结果

可以看出,矩阵左上角的数值较大,而右下角的数值较小,且趋近于零值。这就是常说的频率划分。经过 DCT 变换后,低频的、幅值高的、重要的信息都被归置在左上部,而人类不敏感的、高频的却又低振幅的数据都放在了右下侧。这有什么好处呢？在接下来的量化步骤中就可以对右下侧的数据集中处理并优化了,因此可以简单地理解为不管是 A 变换还是 B 变换,本质上是为了改变队形,为后续的编码和压缩做准备。

到现在为止,仍然没有进行实质性的压缩。万事俱备,只欠量化。它是压缩前的最后一道工序。量化就好比对刚才站好队的队员的身高进行分级打分,通过一个基准步长来计算出每个值的相对数值。量化前左上角的值为 236,步长为 8,则量化后它的值为 236/8≈30;

量化前第 2 行首元素的值为 −22，则量化后为 −22/8 ≈ −3，如图 8-11 所示。

　　这样一来，经过量化分级，数据开始变得简洁明了，但精度也会有损失，损失的大小由量化的步长决定。图像的失真就是由量化引起的。因此，经过上面的 DCT 变换后以后，数据队形已准备好，再经过量化，把很多高频的右下角的数值变为 0。对数值进行 Z 字形扫描，就变成一串数字了，如图 8-12 所示。

30	0	−2	−1	0	0	0	
−3	−2	−1	0	0	0	0	
−1	−1	0	0	0	0	0	
−1	0	0	0	0	0	0	
0	0	0	0	0	0	0	
0	0	0	0	0	0	0	
0	0	0	0	0	0	0	
0	0	0	0	0	0	0	

图 8-11　8×8 原始图像块量化后的结果

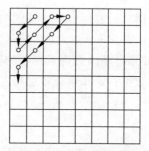

图 8-12　Z 字形扫描

针对上面的变换后的值的量化结果为

30, 0, −3, −1, −2, −2, −1, −1, 1, −1, 0, 0, 0, 0, 0, 0, 0, 0, 0, 0, 0, 0

　　为什么要进行 Z 字形扫描呢？因为可以更方便地把 0 都聚在一起。经过 DCT 变换后，这些信息都集中排在右下角了。

　　压缩的第一道工序叫行程编码。行程编码就是把连续重复的数据用重复的次数值表示。例如一个原始串如下：

aaaaaaabbbbccccdddeeddaa

对这个原始串进行行程编码后，把重复的字母用一个重复的数字来代替，变成了这样：

7a4b4c3d2e2d2a

　　这就是行程编码的思想。行程编码的思想虽然简单，但用处很大，在 PNG、GZIP 等各种压缩算法里都会用到。行程编码只是压缩的第一步，第二步就是要对行程编码后的数据进行变长编码，如哈夫曼编码，这才是压缩的重头戏。哈夫曼编码的主要思路是将出现频率最高的字符串用最短的码来替换，从整体上减少了原始数据的长度。

　　最后总结一下视频编码的核心步骤：

　　(1) 先做帧内预测和帧间预测，根据关键帧获取每幅图像的差值，从而减少存储的编码信息量。

（2）对其进行变换，完成队形调整。

（3）对数据进行有损量化，将不重要的数据归零。

（4）对量化数据进行特定方向的扫描，将二维数据转换为一维数据。

（5）最后进行压缩，即先进行行程编码，再使用压缩编码。

8.3 I/P/B 帧技术详细讲解

视频的播放过程可以简单理解为一帧一帧的画面按照时间顺序呈现出来的过程，就像在一个本子的每页画上画，然后快速翻动的感觉。但在实际应用中，并不是每帧都是完整的画面，因为如果每帧画面都是完整的图片，那么一个视频的体积就会很大，这样对于网络传输或者视频数据存储来讲成本会很高，所以通常会对视频流中的一部分画面进行压缩编码处理。由于压缩处理的方式不同，视频中的画面帧就分为了不同的类别，其中包括 I 帧、P 帧和 B 帧。

8.3.1 I/P/B 帧编解码技术

视频是由不同的帧画面连续播放形成的。这些帧主要分为 3 类，分别是 I 帧、P 帧、B 帧。I 帧是自带全部信息的独立帧，是最完整的画面，占用的空间最大，不需要参考其他图像便可独立进行解码。视频序列中的第 1 个帧，始终都是 I 帧。

P 帧即帧间预测编码帧，需要参考前面的 I 帧和（或）P 帧的不同部分，这样才能进行编码。P 帧对前面的 P 和 I 参考帧有依赖性，但 P 帧压缩率比较高，占用的空间较小。P 帧表示的是当前帧画面与前一帧（前一帧可能是 I 帧也可能是 P 帧）的差别。解码时需要用之前缓存的画面叠加上本帧定义的差别，生成最终画面。与 I 帧相比，P 帧通常占用更少的数据位；但不足的是，由于 P 帧对前面的 P 和 I 参考帧有着复杂的依赖性，因此对传输错误非常敏感，如图 8-13 所示。

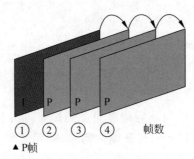

① ② ③ ④ 帧数

▲ P帧

图 8-13 P 帧预测

B 帧即双向预测编码帧，以前帧和后帧作为参考帧。不仅参考前面，还参考后面的帧，所以它的压缩率最高，可以达到 200：1。不过，因为依赖后面的帧，所以不适合实时传输，例如视频会议，如图 8-14 所示。

▲ B帧

图 8-14 B帧预测

通过对帧的分类处理,可以大幅压缩视频的大小。毕竟要处理的对象大幅减少了(从整张图像变成图像中的一个区域),如图 8-15 所示。

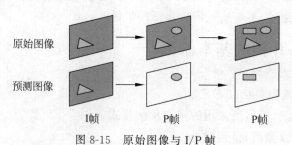

图 8-15 原始图像与 I/P 帧

8.3.2 I/P/B 帧的特点

1. I 帧的特点

I 帧的特点包括以下几方面:

(1) I 帧是一个全帧压缩编码帧,它将全帧图像信息进行 JPEG 压缩编码及传输。

(2) 解码时仅用 I 帧的数据就可重构完整图像。

(3) I 帧描述了图像背景和运动主体的详情。

(4) I 帧不需要参考其他画面而生成。

(5) I 帧是 P 帧和 B 帧的参考帧(其质量直接影响同组中以后各帧的质量)。

(6) I 帧是帧组 GOP 的基础帧(第 1 帧),在一组中只有一个 I 帧。

(7) I 帧不需要考虑运动矢量。

(8) I 帧所占数据的信息量比较大。

(9) 训练视频分类任务的时候往往在处理 I 帧的时候要采用更加复杂的网络。

2. P 帧的特点

P 帧的特点包括以下几方面:

(1) P 帧是 I 帧后面的编码帧(在 MPEG-4 的压缩视频中,一般是一个 GOP 里面拥有 12 个帧,第 1 个为 I 帧其后面跟随着 11 个 P 帧)。

(2) P 帧采用运动补偿的方法传送它与前面的 I 或 P 帧的差值及运动矢量(预测误差)。

（3）解码时必须将 I 帧中的预测值与预测误差求和后才能重构完整的 P 帧图像。

（4）P 帧属于前向预测的帧间编码，它只参考前面最靠近它的 I 帧或 P 帧。

（5）P 帧可以是其后面 P 帧的参考帧，也可以是其前后的 B 帧的参考帧。

（6）由于 P 帧是参考帧，它可能造成解码错误的扩散。

（7）由于采用的是差值传送，所以 P 帧的压缩比较高。

3．B 帧的特点

B 帧的特点包括以下几方面：

（1）B 帧是由前面的 I 帧或 P 帧和后面的 P 帧进行预测的。

（2）B 帧传送的是它与前面的 I 帧或 P 帧和后面的 P 帧之间的预测误差及运动矢量。

（3）B 帧是双向预测编码帧。

（4）B 帧压缩比最高，因为它只反映与参考帧间运动主体的变化情况，预测比较准确。

（5）B 帧不是参考帧，不会造成解码错误的扩散。

8.3.3　I/P/B 帧的基本流程

1．I 帧编码的基本流程

I 帧编码的基本流程包括以下几步：

（1）进行帧内预测，决定所采用的帧内预测模式。

（2）像素值减去预测值，得到残差。

（3）对残差进行变换和量化。

（4）变长编码和算术编码。

（5）重构图像并滤波，得到的图像作为其他帧的参考帧。

2．P 帧和 B 帧编码的基本流程

P 帧和 B 帧编码的基本流程包括以下几步：

（1）进行运动估计，计算采用帧间编码模式的率失真函数值。P 帧只参考前面的帧，B 帧可参考后面的帧。

（2）进行帧内预测，选取率失真函数值最小的帧内模式与帧间模式比较，确定采用哪种编码模式。

（3）计算实际值和预测值的差值。

（4）对残差进行变换和量化。

（5）熵编码，如果采用的是帧间编码模式，则编码运动矢量。

注意：I、B、P 各帧是根据压缩算法的需要人为定义的。它们都是实实在在的物理帧，至于图像中的哪一帧是 I 帧，是随机的，一旦确定了 I 帧，以后的各帧就严格按规定顺序排列。

8.3.4　帧内与帧间编码

对 I 帧的处理是采用帧内编码的方式，只利用本帧图像内的空间相关性。对 P 帧的处理,采用帧间编码,如前向运动估计,同时利用空间和时间上的相关性。简单来讲,采用运动补偿算法来去掉冗余信息。I 帧和 P 帧的编码如图 8-16 所示。对 B 帧采取双向预测内插编码的压缩算法。当把一帧压缩成 B 帧时,它根据相邻的前一帧、本帧及后一帧数据的不同点来压缩本帧,即仅记录本帧与前后帧的差值。只有采用 B 帧压缩才能达到 200∶1 的高压缩比。B 帧是以前面的 I 或 P 帧和后面的 P 帧为参考帧,找出 B 帧"某点"的预测值和两个运动矢量,并取预测差值和运动矢量传送。

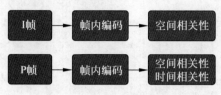

图 8-16　I 帧与 P 帧的编码

8.3.5　帧内编码流程

I 帧虽然只有空间相关性,但整个编码过程并不简单,帧内编码的基本流程如图 8-17 所示。

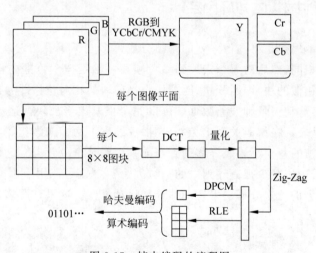

图 8-17　帧内编码的流程图

帧内编码需要经过 DCT、量化、编码等多个过程,涉及的技术包括 RGB 转 YUV、图片宏块切割、DCT 离散余弦变换、量化、Zig-Zag 扫描、DPCM 差值脉冲编码调制、RLE 游程编码、哈夫曼编码、算数编码等。

8.3.6　块与宏块

如果总是按照像素来计算,则数据量会比较大,所以,一般是把图像切割为不同的块或宏块,然后对它们进行计算。一个宏块一般为 16×16 像素。宏块是编码处理的基本单元,通常宏块大小为 16×16 像素。一个编码图像首先要划分成多个块(4×4 像素)才能进行处理,所以宏块应该由整数个块组成。宏块分为 I、P、B 宏块,I 宏块(帧内预测宏块)只能利用当前片中已解码的像素作为参考进行帧内预测;P 宏块(帧间预测宏块)可以利用前面已解码的图像作为参考图像进行帧内预测;B 宏块(帧间双向预测宏块)则是利用前后向的参考图像进行帧内预测。可以将一张图片切割为多个宏块,如图 8-18 所示。

图 8-18　将图像切割为宏块

8.4　运动估计和运动补偿

运动估计的基本思想是将图像序列的每帧分成许多互不重叠的宏块,并认为宏块内所有像素的位移量都相同,然后对每个宏块到参考帧某一给定搜索范围内根据一定的匹配准则找出与当前块最相似的块,即匹配块,匹配块与当前块的相对位移即为运动矢量。视频压缩的时候,只需保存运动矢量和残差数据就可以完全恢复出当前块。运动补偿是一种描述相邻帧(相邻在这里表示在编码关系上相邻,在播放顺序上两帧未必相邻)差别的方法,具体来讲是描述前面一帧的每个小块怎样移动到当前帧中的某个位置去。这种方法经常被视频压缩/视频编解码器用来减少视频序列中的空域冗余。它也可以用于去交织及运动插值的操作。下面通过一个例子来分析一下运动估计和运动补偿。这里有两帧,如图 8-19 所示。

图 8-19　运动估计和运动补偿

观察图 8-19 会发现,这两张图(左边和右边是两帧)好像是一样的,但实际上是不同的。笔者将它们做成 GIF 动图,就能看出来,这两张图其实是不一样的,“人在动,背景却没有动”,如图 8-20 所示。

注意：图 8-20 本质上是一张 GIF 动画图，但纸质书中只能显示静态效果，读者可以参考笔者的视频课程（福优学苑：www.hellotongtong.com）。

第一帧是 I 帧，第二帧是 P 帧。两个帧之间的差值如图 8-21 所示。

图 8-20　人在动，背景不动

图 8-21　两帧之间的差值

也就是说，图 8-21 中的部分像素，进行了移动，移动轨迹如图 8-22 所示。

图 8-22　两帧之间的移动轨迹

综述，这就是运动估计和运动补偿的整体架构流程，如图 8-23 所示。

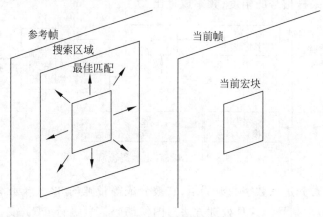

图 8-23　参考帧与当前帧

8.5 音频编码技术与流程

音频编码的基本手段包括量化器和语音编码器。量化是把离散时间上的连续信号转化成离散时间上的离散信号。量化过程追求的目标是最小化量化误差,并尽量降低量化器的复杂度。常见的量化器有均匀量化器、对数量化器、非均匀量化器,这几种量化器各自都有优缺点。均匀量化器的实现最简单,性能最差,仅适应于电话语音;对数量化器比均匀量化器稍微复杂,也比较容易实现,性能比均匀量化器好;非均匀量化器根据信号的分布情况,来设计量化器,信号密集的地方进行细致量化,稀疏的地方进行粗略量化。语音编码器通常分为3种类型,包括波形编码器、声码器和混合编码器。波形编码器以构造出背景噪音在内的模拟波形为目标,作用于所有输入信号,因此会产生高质量的样值并且耗费较高的比特率;而声码器不会再生原始波形,这种编码器会提取一组参数,这组参数被送到接收端,用来导出语音及产生模型,但是声码器语音质量不够好;混合编码器融入了波形编码器和声码器的长处。

8.5.1 MPEG-1 音频编码

MPEG-1 音频压缩编码标准采用了心理学算法,利用感知模型删去那些对听觉不灵敏的声音数据,而使重建的声音质量无明显下降。它采用子带编码技术,根据心理声学模型取得不同子带的听觉掩蔽阈值,对各子带的取样值进行动态量化。它根据不同频段上大音量信号所引起的小音量信号掩蔽阈值的变化规律,对不同频段给予不同的量化步长,以便保留主要信号,而舍弃对听觉效果影响很小的成分,经过数据压缩,可取得合理的比特流,将原来大约 1.5Mb/s 的声音传输码率减少到 0.3Mb/s,即压缩率可达到 1/5。MPEG-1 音频压缩编码基于掩蔽模式通用子带编码和多路复用,具体流程如图 8-24 所示。输入信号是经过取样的二进制 PCM 数字音频信号,取样频率可以取 44.1kHz、48kHz 或 32kHz,该音频数码信号的码值与原来采样信号的幅度、频率成正比。

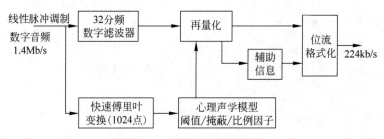

图 8-24 MPEG-1 编码流程

数字音频信号首先进入数字滤波器组,它被分成等带宽的 32 个子频带,可由数字滤波器输出 32 个子带数据信号。这种处理方法与图像编码信号进行 DCT 变换的作用相似,但不是像图像信号那样分为 64 种余弦频率信息,这里仅分成 32 个子带,即将音频数据流改为

32 种频率的组合。声音的分解力低于图像,这种处理方法是可行的,然后对 32 个子带的伴音数据进行再量化,以便再压缩数据量。对于各个子频带的量化步长不相同,量化步长是根据人耳的听觉阈值和掩蔽效应而确定的。经过量化处理的已压缩数据,保留了伴音信息的主体部分,而舍弃了对听觉效果影响较小的伴音信息。

进入编码系统的输入信号,分流部分信号送到并列的 1024 点快速傅里叶变换器进行变换,它检测输入信号每个瞬间取样点在主频谱分量频域的分布强度,经变换的信号送到心理声学模型控制单元。根据听觉心理声学测量统计结果,可以归纳出一个心理声学控制对照表格,并按照此表格制成控制单元,而单元电路可以集中地反映出人耳的阈值特性和掩蔽特性。

经过量化的 32 个子频带数据已经被压缩,还要加上比例因子、位分配信息等辅助信息,共同加到 1 位流格式化单元,编码成为两个层次的伴音编码信号。它既含有 32 个子频带的伴音数码,又带有这些数码所对应的位分配数据和不同频带数据的强弱比例因子。待将来数据解码时,可根据各子频带的数据恢复声音信号,以及压缩时码位分配和强弱比例情况,在进行反量化时,参照压缩时的程序进行还原。

综述,音频的压缩编码和图像处理一样,也要经过变换、量化、码位压缩等处理过程,它运用了许多数学模型和心理听觉测量的统计数据,对 32 个子频带和各个层次信号的处理也有各不相同的取样速率。实际的心理声学模型和适时处理控制过程十分复杂。这些算法细节都已按硬件方式被固化在解码芯片中,这些内容不能再改变。

图像和声音信号的压缩方法有许多不同,图像数据量又远远大于声音数据量,两者传送的数据码率大不相同。每传送 14～15 个视频数据包才传送 1 个音频数据包,而播放声音和图像的内容又必须做到良好同步,否则将无法保证视听统一的效果。为了做到音视频同步,MPEG-1 采用了独立的系统时钟(STC)作为编码的参照基准,并将图像和声音的数据分为许多播放单元。例如,将图像分为若干帧,将声音分为若干段落。在数据编码时,在每个播放单元前面加置一个 PTS,或者加置一个 DTS。当这些时标出现时,表示前一个播放单元已经结束,一个新的图像和声音播放单元立即开始。在播放相互对应的同一图像单元和声音单元时,可实现互相同步。

为了使整个系统时钟在编码和重放时音像有共同的时钟基准,又引入了系统参考时钟(SCR)的概念。系统参考时钟是一个实时时钟,其数值代表声图的实际播放时间,用它作为参照基准,以保证声图信号的传输时间保持一致。实时时钟 SCR 必须与生活中的真实时间一致,要求它的准确度很高,否则可能发生声音和图像播快或播慢的现象。为了使 SCR 时间基准稳定、准确,MPEG-1 采用了系统时钟频率 SCF,以它作为定时信息的参照基础。SCF 系统时钟的频率是 90kHz,频率误差为 90kHz±4.5kHz。声图信号以 SCF 为统一的基准,其他定时信号 SCR、PTS、DTS 也是以它为基础的。

8.5.2　MPEG-2 音频编码

MPEG-1 用于处理双声道立体声信号,而 MPEG-2 用于处理 5 声道(或 7 声道)环绕立体声信号,它的重放效果更加逼真。MPEG-2 的音频编码流程如图 8-25 所示。

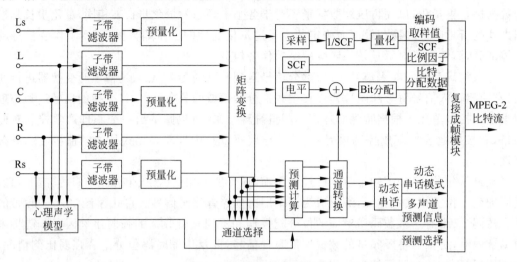

图 8-25　MPEG-2 编码流程

　　MPEG-2 输入互相独立的 5 声道音频信号,有前置左、右主声道(L、R)、前置中央声道(C),还有后置左、右环绕声道(Ls、Rs)。各声源经过模数转化后,首先进入子带滤波器,每个声道都要分割为 32 个子频带,各子带的带宽均为 750Hz。为了兼容 MPEG-1、普通双声道立体声和环绕模拟立体声等编码方式,原来按 MPEG-1 编码的立体声道能够扩展为多声道,应当包括所有 5 声道的信息,为此设置了矩阵变换电路。该电路可生成兼容的传统立体声信号 LO、RO,还有经过"加重"的左、中、右、左环绕、右环绕声音信号(共 5 路)。对 5 路环绕立体声信号进行"加重"处理的原因:当计算兼容的立体声信号(LO、RO)时,为了防止过载,已在编码前对所有信号进行了衰减,经加重处理可以去失真。另外,矩阵转变中也包含了衰减因子和类似相移的处理。

　　编码器原始信号是 5 路的,即输入通道是 5 个,经过矩阵转化处理后产生了 7 种声音信号。应当设置通道选择电路,它能够根据需要,对 7 路信号进行合理选择处理。该处理过程取决于解矩阵的过程,以及传输通道的分配信息。合理的通道选择,有利于减弱人为噪声加工而引起的噪声干扰。此外,还设置了多声道预测计算电路,用于减少各通道间的冗余度。在进行多声道预测时,在传输通道内兼容信号 LO、RO,可由 MPEG-1 数据计算出来。根据人耳生理声学基础,后级设置了动态串话电路,可在给定比特的情况下提高声音质量,或在要求声音质量的前提下降低比特率,但设置该电路增加了 MPEG-2 解码器的复杂程度。经过编码器产生了多种信息,主要有编码取样值、比例因子、比特分配数据、动态串话模式、多声道预测信息、通道预测选择信号等,诸信息传递给复接成帧模块电路,最后以 MPEG-2 比特流形式输出压缩编码信号。

　　MPEG-2 解码器基本上是编码器的逆过程,其电路结构简单一些,运算量也小一些。解码器的解码转换矩阵可输出 5 路信号,再经过 32 分频子带滤波器处理,可输出 Ls、L、C、R、

Rs 信号。另外,经过量化、SCF 和子带滤波器处理后,还可以取得前置立体声 LO、RO,共计可输出 7 路音频信号。

8.5.3 MPEG-4 音频编码

MPEG-4 音频编码和 MPEG-4 视频编码一样,具有许多特点和功能,例如可分级性、有限时间音频流、音频变化/时间尺度变化、可编辑性、延迟性等。它具有优越的交互性能和高压缩比。它不仅利用分级方法可对语言和音乐进行编辑,也能解决合成语言和音乐问题,它将成为多媒体世界的一个主要格式,将成为“全能”的系统。通过 MPEG-4 音频编码,可以存储、传送多种音频内容。它具有高质量的音频信号,采用低码率编码,而声音重放质量很高。它可以传送宽带语言信号,如 7kHz 宽的语音,也可传送窄带宽语言信号,如长途电话。可以传输、制作可理解的各种语音信号。可以合成语言,例如进行音素或其他记号为基础的文本转换;也可以合成音频,例如支持音乐描述语言。

MPEG-4 标准的目标是提供未来的交互式多媒体应用,制定出与以往不同的、具有高度灵活性和可扩展性的未来新一代国际标准。在音频标准的制定方面,比较以前的音频编码标准,MPEG-4 增加了许多新的关于合成内容及场景描述等领域的工作,增加了诸如可分级性、音调变化、可编辑性及延迟等新功能。MPEG-4 将以前发展良好但相互分离的高质量音频编码、计算机音乐及合成语音等第一次合成并在一起,在诸多领域内给予高度的灵活性。

MPEG-4 中的音频信号包括传统的音频编码标准,即所谓“自然音频”和新颖的“结构音频”以及自然和合成混合在一起的“合成/自然混合编码”(Synthetic/Natural Hybrid Coding,SNHC)。其中 SNHC 是 MPEG-4 中关于音视频的一个很重要的概念。MPEG-4 的编码工具不再仅限于支持码率的减少,其各种不同的工具支持从智能语音到高质量多声道音频信号,以及此范围内的音频信号的质量。MPEG-4 编码工具支持的其他功能还包括速度的变化允许不改变音调实现时间尺度变化、音调的变化允许不改变时间尺度实现音调改变、码率的可分级性即对比特流的分解可在传输或解码器中进行、带宽的可分级性代表部分频谱的比特流的一段可在传输或解码过程中被抛弃、编码器复杂度的可分级性、强纠错性等。

MPEG-4 标准的自然音频编码将码率范围规定为每声道 2～64kb/s,在如此宽的范围内定义了 3 种类型的编码器或编码工具。在最低的码率范围(2～6kb/s)使用的是参数编码(Parametric Coding),最适合于采样率为 8kHz 的语言信号;在 6～24kb/s 的码率范围内使用的是编码激励的线型预测编码(CELP),支持采样率为 8kHz 和 16kHz 的语言和音频信号;在最高的 16～64kb/s 的码率范围内使用的是时间/频率编码技术,例如 MPEG-2 AAC 标准,支持采样率为 8～96kHz 的任意音频信号。

参数编码提供了两种编码工具,包括 HVXC 和 HILN。谐音矢量激励编码(Harmonic Vector Excitation Coding,HVXC)编码工具允许对语言信号在 2～4kb/s 进行可分级性编码。HVXC 的解码过程分为 4 步进行:第一步是参数的反量化;第二步是对声音帧用正弦合成产生激励信号再加上噪声分量;第三步是对非声音帧通过查找码书产生激励信号;第四步是线型预测编码(LPC)合成。对合成语言质量的增强可以使用频谱后置滤波。HVXC提供了在延迟模式上的可分级性，其编码器和解码器可以独立地选择低或正常的延迟模式。

谐音和独立线性加噪声(Harmonic and Individual Line plus Noise,HILN)编码工具允许对非语言信号，例如音乐，以 4kb/s 和更高的码率进行编码。HILN 支持在速度、音调、码率和复杂度上的可分级性。其独立线性基础解码器从比特流中重建线性参数频率、幅度和包络。增强解码器使用更好的量化对上述参数进行重建，并且对线性参数相位也进行了重建。信号解码的速度可以仅通过改变帧长实现，音调的改变通过在合成之前利用一个比例因子复合每个频率参数实现，而且无须改变帧长，也不会引起相位失真。增强解码器由于对相位进行重建而带来了诸多优点，使解码器输出的信号近似于编码器输入的波形。可以将HVXC 和 HILN 联合起来使用以获得更宽范围内的信号和码率。可以在两者编码器的输出之间动态地切换或混合。

CELP 的解码器包括一个激励源、一个合成滤波器和一个需要时添加的后置滤波器。激励源拥有两种分量，一种是由自适应码书产生的周期分量，另一种是由一个或多个固定码书产生的随机分量。在解码器中，使用码书索引和增益索引来重建激励信号。激励信号接着通过线性预测合成滤波器，最后，为了获得增强的语音质量，可以使用后置滤波器。CELP 支持两种采样率，即 8kHz 和 16kHz。当采样率为 8kHz 时，码率的可分级性是通过不断加上所谓的"增强层"(Enhancement Layer)实现的。在基础码率上以 2kb/s 的步长增加，可加的增强层的最大数目是 3，意味着可在基础码率上加上 2kb/s、4kb/s、6kb/s。当采样率为 16kHz 时，可以通过只使用比特流的一部分来解码语音信号，这就提供了在复杂度上的可分级性。还有一些其他支持复杂度的可分级的方法，例如简化 LPC、后置滤波器的使用与否等。复杂度的可分级性依赖于实际的应用而与比特流的语法无关。当解码器用软件实现时，复杂度甚至可以实时地予以改变，以利于在有限容量计算机接口或多任务环境下运行。带宽的可分级性在采样率为 8kHz 和 16kHz 时均可实现，是通过在 CELP 编码上加一个带宽扩展工具实现的。

当码率为每声道 64kb/s 时就是 MPEG-2 AAC 编码标准，此时可以获得极好的音频质量。MPEG-2 AAC 是 MPEG-4 时间/频率编码的核心，其滤波器的输出含有 1024 条或 1280 条频率线，通过块切换来获得不同的时间和频率分辨率。用时域噪声整型(TNS)来控制时域量化噪声的形状。通过在每个频谱系数上使用后向自适应预测器来有效提高滤波器组的分辨率。频谱系数被划分为近似临界频带结构的所谓比例因子频带，每个比例因子频带共享一个比例因子并使用一个非均匀量化器。编码器的心理声学模型控制量化的步阶将量化噪声置于信号阈值之下予以掩蔽。在无噪声编码工具下，将量化频谱系数进行分区，每个区包含整数个比例因子频带，每个区的量化系数使用一本码书以 2 或 3 元组进行哈夫曼编码。

除了 AAC 外，还有其他的时间/频率编码工具，例如比特分片算术编码(the Bit-Sliced Arithmetic Coding,BSAC)，作为一种无噪声编码它能提供从 16~64kb/s 并以 1kb/s 的步长实现码率的可分级性。变换域加权插入矢量量化(the Transform-domain Weighted

Interleaved Vector Quantization,TwinVQ)作为一种无噪声编码和量化工具也是一种选择，它使用线性预测编码模型来定义量化器步阶，对插入和量化的频谱系数进行矢量量化，特别适用于需要码率可分级性和强纠错的系统中。总地来说，MPEG-4 的自然音频编码不但提供了宽广的码率范围，更为重要的是提供了在诸多系统系数(例如声道码率、信号带宽、信号时间尺度重建、声音音调、解码器复杂度等)方面的灵活性和可分级性。可以通过一系列的核心编码器实现上述的不同的分级特性。

从 MPEG-4 标准的制定开始，其焦点就已经得到扩展，它不光包括传统的编码方法，其独创之处在于提供了有关合成、音视频场景、合成与自然内容的同步和时空联合等方面的描述。一种新类型的音频编码工具"结构音频"随之诞生。结构音频标准提供了关于合成音乐、声音效果、交互式多媒体场景下合成声音与自然声音的同步等方面有效的、灵活的描述。在 MPEG-4 的工作计划中，合成声音编码代表了一种极具灵活性的工具，支持其他编码无法实现的交互式功能。另外，结构音频的出现有其强烈的时代背景感和技术上的迫切需求感。许多研究者发现，MIDI 等合成技术已不能满足计算机合成音乐的发展步伐，目前的瓶颈状况需要改变。今天从电影、电视、交互式媒体中感受到的音乐多为合成音乐且无法觉察到其原始面目。制定一个规范化、高质量的标准在每个终端实现音频的多媒体应用已是必然。MPEG-4 结构音频工具是基于一种软件合成描述语言实现的。这种描述的技术基础近似于先前出现的计算机音乐语言，例如 Music V 和 C Sound。结构音频工具较之前者的典型特点是允许用比特流来有效地传输数据。结构音频工具使用 5 种主要的元素成分，它们的描述方式统一于总体的解码框架流程。

结构音频命令语言(the Structured Audio Orchestra Language,SAOL)是标准核心的合成描述语言。SAOL 是一种数字信号处理语言，可用于任意合成的传输描述及部分比特流效果算法的描述，SAOL 的语法和语义作为 MPEG-4 的一部分予以标准化。SAOL 语言是一种完全新型的语言，任何目前已知的声音合成方法都可以用 SAOL 来描述，凡是能用信号流程网络表示的数字信号处理过程都可用 SAOL 来表示。SAOL 的特点是具有改进的语法、一系列更小的核心功能、一系列附加的句法，这使相应的合成算法的编辑变得更加容易。结构音频记分语言(the Structured Audio Score Language,SASL)是一种简单记分和控制语言，用来描述在合成声音产生的过程中用 SAOL 语言传输的声音产生算法是如何运作的。SASL 较之 MIDI 更加灵活，可以表达更加复杂的功能，但其描述却变得更加简单容易。结构音频样本分组格式(the Structured Audio Sample Bank Format,SASBF)允许传输在波表合成中使用的分组的音频样本数据，并描述它们使用的简单处理算法。规范化程序表描述了结构音频解码过程的运行流程。它把用 SASL 或 MIDI 定义的结构声音控制映射为实时的事件来调度处理，这个过程用规范化声音产生算法来定义。规范化参考用于MIDI 标准。MIDI 可在结构控制中替代 SASL 语言。尽管 MIDI 在效果和灵活性上不及SASL，但 MIDI 对现存的一些内容和编辑工具提供了后向兼容性的支持。对一些 MIDI 命令，MPEG-4 也将其语义集成到结构音频的工具中去。

综述，不同于以往描述语言的复杂化、专业化，结构音频的观点在于使合成控制变得更加简易和方便,但功能却强大、有效。同以前的标准一样,MPEG-4也根据不同的应用定义了几层框架,在MPEG-4结构音频的完全标准中定义了3层受限制的框架,其中的每层框架都是完全标准的子集,其描述语言不同,有各自不同的应用。只有第四层框架才是结构音频完全的、默认的框架,具有严格意义上的规范化。

SNHC联合了自然和合成音频编码工具,带来许多优点。例如一个音轨可以由两个单独的音频对象组成,音轨可以使用CELP低码率语言编码器进行编码,而背景音乐可以使用结构音频的合成编码器。在解码器终端,这两部分分量被解码并混合在一起。这种混合的过程在MPEG-4中定义为场景描述的二进制格式(Binary Format for Scene Description,BIFS)。BIFS在概念上类似于虚拟-现实描述语言VRML,但其音频分量在功能上被扩展了。BIFS作为MPEG-4的系统工具被标准化。使用音频BIFS,音源可以被混合、分组、延迟、随同3D虚拟空间进行处理并使用信号处理功能进行译后处理并用SAOL传输作为比特流内容的一部分。对语言声音进行自然编码可以获得良好的声音质量,但当遇到回声、人工音乐等时,音质会恶化,解决的办法则是在用户端使用SAOL描述的回声算法进行译后处理。SNHC综合了两者的优点,在带宽和声音质量上获得了满意的效果。

8.5.4　AC-3音频编码

在杜比定向逻辑环绕声技术的基础上,1990年杜比公司与日本先锋公司合作,采用先进的数位压缩技术,推出新颖的全数字化杜比数码环绕声系统。它可使多声道信号有更多的信息被压缩到双声道中去,并将这种系统称为AC-3。AC是音频感觉编码系统(Audio Sensory Coding System)的缩写词。AC-3技术首先应用到电影院,后来又进入普通家庭。杜比AC-3系统设置了完全独立的6个声道,即全频带的左、中、右、左环绕和右环绕声道,再加上一个超重低音声道。由于这样的声道结构,AC-3系统又称为5.1声道。

AC-3技术的理论基础也是利用心理声学中的听觉阈值和掩蔽效应,但具体技术上与MPEG标准又有所不同。对音频信号进行数据处理时,都要进行数据压缩,将没有用途或用途不大的数据信息忽略掉。为此,可以应用听觉阈值和掩蔽规律,省略掉那些多余的数据信息。杜比公司除运用上述声学原理外,还运用了它拥有的杜比降噪技术,开发出数码化的"自适应编码"系统。这是一种极具选择性和抑制噪声能力的自适应编码体系。杜比公司依据音响心理学的基本原理,在未输入音乐信号时,保持宁静状态;当输入音乐信号时,对复杂的音频信号进行分析和分解,用较强信号掩蔽噪声,删除听觉界限以外或由于频率相近而音量小的信号,经过这种处理方法,可以大大减少需要处理的数据信息。人耳的听觉范围为[20Hz,20kHz],在如此宽阔的频带范围内,人耳对不同频率的听觉灵敏度具有极大的差异。杜比AC-3根据这个特性,将各声道的音响频道划分为许多大小不等的狭窄频带,各个子频带与人耳临界频带的宽度相接近,保留有效音频,将不同的噪音频率紧跟每个声道信号进行编码,即编码噪声只能存在于编码音频信号的频带内。这样能够更陡峭地滤除编码噪声,将频带内多余信号和无音频信号的编码噪声降低或除掉,而将有用的音频信号保留下来。

AC-3 系统精确地运用了掩蔽效应和"公用位元群"的设计方法,使数据压缩效率大大提高,且具有很高水平的音质。该系统的比特率是根据个别频谱的需要,或者音源的动态状况,再分配到每个窄频段,它设计了内置的听觉掩盖程序,可让编码器改变其频率灵敏度和时间分解力,以确保有充足的比特被采用,掩盖掉噪声,而良好地记录音乐信号。为了高效地利用有限的信息传输介质,如光盘和胶片等,它在压缩音频信号时与其他压缩系统一样,利用人耳的听觉特性,根据当时的具体情况,将某些声道的系数合并(这些声道系数反映了那个频带的能量大小),以便提高压缩率,但并不是所有声道都能进行这种合并。编码器可根据各声道的信息特征自动决定和调整,只有相似的声道才能混合在一起,若对压缩比要求不是很高时也不必合并。一般情况下,合并的起始频率越高,音质就越好,但要求数据传输速率也越快。当取样频率为 48kHz 时,合并的起始频率应为 3.42MHz;当取样频率为 44.1kHz 时,起始频率应为 3.14MHz。若硬件和软件搭配适当,AC-3 的音质则可达到或接近 CD 唱片的水平。

杜比 AC-3 解码器的输入信号是一组频谱信号,它是由时域信号 PCM 数据经过时-频变换而得到的。该频谱数据流分为指数部和尾数部两部分。指数部分采用差分方式进行编码,编码后的指数代表了整个信号的频谱,可作为频谱包络的参数;尾数部分按照比特分配的结果进行量化。于是,量化尾数和频谱包络形成了 AC-3 码流的主要信息,连同其他辅助信号(例如比特分配等)构成了 AC-3 比特流。AC-3 解码器的简易流程如图 8-26 所示。

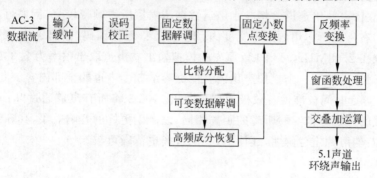

图 8-26　AC-3 解码器流程

AC-3 解码是 AC-3 编码的逆过程。AC-3 数据流首先进入缓冲级,然后以帧为处理单元进行误码纠错,经纠错处理后对数据流中的固定数据(指数数据、匹配系数、模式符号等)解码,使数据比特流恢复为原来的比特分配,然后将数据信号分为两路。其中一路,将比特流恢复为原来的比特分配之后,确定尾数部分量化的大小,再对比特流中的可变数据解码,接着恢复高频成分,为反频率变换做好准备。最后,将指数部分数据和尾数部分数据汇合,变换为固定小数点数据,再对它进行频率变换,以获得时间轴数据。已经恢复为时域的数据信号需进行窗处理,进行交叠加算,即可得到 5.1 环绕声道的输出信号。

杜比 AC-3 具有以下特点:

(1) 配置 5.1 声道,将输入的音频信号解码后,可以输出 5.1 声道信号,其中有 3 个前置声道(L、C、R),还有两个后置环绕声道(Ls、Rs),它们互相独立,频响宽度都是全音频域,即[20Hz,20kHz](±0.5dB)及[3Hz,20.3kHz](−3dB),各频道的频响十分宽阔。目前,广泛应用于音响系统的杜比定向逻辑环绕声系统,无法和杜比 AC-3 频带宽度相比。还有,杜比定向逻辑环绕声系统实为 4 声道系统,即前置左、中、右和后置环绕声,它的环绕声实为单声道环绕声,两个后置环绕声道重放共同的声音信号,两声道采取并联甚至串联方式,其环绕声的频响被限制在[100Hz,7kHz]。另外,它没有设置独立的超低音声道,它是由前置左、右声道分离出[20Hz,120Hz]的超重低音,来重放具有震撼效果的超重低音。AC-3 系统配置了独立的超低声道,其频响为[20Hz,120Hz](±0.5dB)及[3Hz,121Hz](−3dB),要求超低音箱的音量比其他各声道大 10dB,具有更加震撼的低效果。

(2) 各声道全数字化且互相独立,即 AC-3 各声道互相独立地携带不同的信号,是全数字化音频信号。取样频率是 32kHz、44.1kHz 或 48kHz,数据传输量每声道为[32kb/s,640kb/s],在 5.1 声道模式下取典型值 384kb/s,在双声道模式下典型值为 192kb/s。经过数字处理后,5 个主声道的频率被压缩在[20Hz,20kHz]。

(3) 可将 5.1 声道压缩输出,由于 AC-3 的"比特流"内对每种节目方式都有一个"指导信号",能使 AC-3 自动地为使用者指出节目方式。它可把 5.1 声道信号压缩为双声道,以供录制常规 VHS 录像带,或作为杜比环绕声的输入节目源,以便与它兼容,甚至可将 5.1 声道信号压缩为单声道输出。总之,AC-3 可输出 5.1 声道杜比环绕声、混合 4 声道杜比环绕声、双声道立体声及单声道。将 5.1 声道数据压缩后所占频带较窄,例如可在 LD 影碟机的 FM 调制的右声道所占用的频带宽度内,编入 AC-3 数据编码,输出 AC-3 的 RF 信号,它的中心频率取在 2.88MHz,可由 LD 原先的模拟输出右声道取出频率为 2.88MHz 的 AC-3 编码信号。于是,在原有一个模拟声道内就能够容纳 5.1 声道的全部内容。

(4) 经过声音时间校准使音效极为理想,杜比 AC-3 将所有声道通过"时间校准"技术,使每个扬声器的声音好像与聆听者的距离相同,以产生更好的音响效果,其环绕声效果不仅使前、后、左、右的声源定位鲜明,还使上、下的音场也清晰可辨。

第 9 章

H.264 编解码基础

　　H.264 是国际标准化组织和国际电信联盟共同提出的继 MPEG-4 之后的新一代数字视频压缩格式,是 ITU-T 以 H.26x 系列为名称命名的视频编解码技术标准之一。该标准最早来自于 ITU-T 的项目开发,此项目称为 H.26L。H.26L 这个名称虽然不太常见,但是一直被使用着,而 ISO/IEC MPEG 把它称为 AVC。H.264 是由 JVT 制定的新数字视频编码标准,所以它既是 ITU-T 的 H.264,又是 ISO/IEC 的 MPEG-4 AVC 的第 10 部分,因此,不论是 MPEG-4 AVC、MPEG-4 Part 10,还是 ISO/IEC 14496-10,都是指 H.264。H.264 是在 MPEG-4 技术的基础之上建立起来的,其编解码流程主要包括 5 部分:帧间和帧内预测、变换和反变换、量化和反量化、环路滤波、熵编码。

　　H.264 标准的主要目标是与其他现有的视频编码标准相比,在相同的带宽下提供更加优秀的图像质量。通过该标准,在同等图像质量下的压缩效率比以前的标准(MPEG-2)提高了 2 倍左右。H.264 可以提供 11 个等级、7 个类别的子协议格式,其中等级定义是对外部环境进行限定,例如带宽需求、内存需求、网络性能等。等级越高,带宽要求就越高,视频质量也就越高。类别定义则是针对特定应用,定义编码器所使用的特性子集,并规范不同应用环境中的编码器复杂程度。

　　注意:本书只讲解 H.264 的基本概念、原理、码流结构,更多的编解码知识可关注后续的图书。

9.1　H.264 快速入门

　　H.264 和以前的标准一样,也是 DPCM 加变换编码的混合编码模式,但它采用"回归基本"的简洁设计,不用众多的选项就能获得比 H.263++好得多的压缩性能;加强了对各种信道的适应能力,采用"网络友好"的结构和语法,有利于对误码和丢包进行处理;应用目标范围较宽,以满足不同速率、不同解析度及不同传输(存储)场合的需求。在技术上,它集中了以往标准的优点,并吸收了标准制定中积累的经验。与 H.263 v2(H.263+)或 MPEG-4 简单类(Simple Profile)相比,H.264 在使用与上述编码方法类似的最佳编码器时,在大多数码率下最多可省 50% 的码率。H.264 在所有码率下都能持续提供较高的视频质量。

H.264能工作在低延时模式以适应实时通信的应用,如视频会议,同时又能很好地工作在没有延时限制的应用,如视频存储和以服务器为基础的视频流式应用。H.264提供在传输网中处理包丢失所需的工具,以及在易误码的无线网中处理比特误码的工具。

在系统层面上,H.264提出了一个新的概念,在视频编码层(Video Coding Layer,VCL)和网络提取层(Network Abstraction Layer,NAL)之间进行概念性分割,前者是视频内容的核心压缩内容之表述,后者则是通过特定类型网络进行递送的表述,这样的结构便于信息的封装和更好地对信息进行优先级控制。

9.1.1　视频压缩编码的基本技术

视频信息之所以存在大量可以被压缩的空间,是因为其中就存在大量的数据冗余,主要包括时间冗余、空间冗余、编码冗余、视觉冗余等。针对这些不同类型的冗余信息,在各种视频编码的标准算法中都有不同的技术专门应对,以通过不同的角度提高压缩的比率。H.264用到了预测编码、变换编码和熵编码等。

1. 预测编码

预测编码可以用于处理视频中的时间和空间域的冗余。视频处理中的预测编码主要分为两大类,包括帧内预测编码和帧间预测编码。帧内预测编码是指预测值与实际值位于同一帧内,用于消除图像的空间冗余;帧内预测编码的特点是压缩率相对较低,然而可以独立解码,不依赖于其他帧的数据;通常视频中的关键帧都采用帧内预测编码。帧间预测编码的实际值位于当前帧,预测值位于参考帧,用于消除图像的时间冗余;帧间预测编码的压缩率高于帧内预测编码,然而不能独立解码,必须在获取参考帧数据之后才能重建当前帧。通常在视频码流中,I帧全部使用帧内预测编码,P帧/B帧中的数据可能使用帧内编码或者帧间预测编码。

帧内预测编码用来缩减图像的空间冗余。为了提高H.264帧内预测编码的效率,在给定帧中充分利用相邻宏块的空间相关性,相邻的宏块通常含有相似的属性,因此,在对一给定宏块编码时,首先可以根据周围的宏块预测(典型的做法是根据左上角宏块、左边宏块和上面宏块进行预测,因为这些宏块已经被编码处理),然后对预测值与实际值的差值进行编码,这样,相对于直接对该帧预测编码而言,可以大大减小码率。H.264提供了9种模式进行4×4像素宏块预测,包括1种直流预测和8种方向预测。另外,H.264也支持16×16的帧内预测编码。

帧间预测编码利用连续帧中的时间冗余进行运动估计和补偿。H.264的运动补偿支持以往的视频编码标准中的大部分关键特性,而且灵活地添加了更多的功能,除了支持P帧、B帧外,H.264还支持一种新的流间传送帧(SP帧)。码流中包含SP帧后,能在有类似内容但有不同码率的码流之间快速切换,同时支持随机接入和快速回放模式。主要包括几项技术:第一是不同大小和形状的宏块分割,对每个16×16像素宏块的运动补偿可以采用不同的大小和形状,H.264支持7种模式,小块模式的运动补偿为运动详细信息的处理提高了性能,减少了方块效应,提高了图像的质量。第二是高精度的亚像素运动补偿,在

H.263 中采用的是半像素精度的运动估计,而在 H.264 中可以采用 1/4 或者 1/8 像素精度的运动估值。在要求相同精度的情况下,H.264 使用 1/4 或者 1/8 像素精度的运动估计后的残差要比 H.263 采用半像素精度运动估计后的残差小。这样在相同精度下,H.264 在帧间预测编码中所需的码率更小。第三是多帧预测,H.264 提供可选的多帧预测功能,在帧间预测编码时,可选 5 个不同的参考帧,提供了更好的纠错性能,这样更可以改善视频图像质量。这一特性的应用场合主要包括周期性运动、平移运动、在两个不同的场景之间来回变换摄像机的镜头。第四是去块滤波器,H.264 定义了自适应去除块效应的滤波器,这可以处理预测环路中的水平和垂直块边缘,大大减小了方块效应。

2. 变换编码

变换编码是指将给定的图像变换到另一个数据域(如频域)上,使大量的信息能用较少的数据来表示,从而达到压缩的目的。目前主流的视频编码算法均属于有损编码,通过对视频造成有限而可以容忍的损失,获取相对更高的编码效率,而造成信息损失的部分为变换量化这一部分。在进行量化之前,首先需要将图像信息从空间域通过变换编码变换至频域,并计算其变换系数供后续进行编码。在视频编码算法中通常使用正交变换进行变换编码,常用的正交变换方法有离散余弦变换、离散正弦变换、K-L 变换等。

在变换方面,H.264 使用了基于 4×4 像素块的类似于 DCT 的变换,但使用的是以整数为基础的空间变换,不存在反变换时因为取舍而存在误差的问题。与浮点运算相比,整数DCT 变换会引起一些额外的误差,但因为 DCT 变换后的量化也存在量化误差,与之相比,整数 DCT 变换引起的量化误差影响并不大。此外,整数 DCT 变换还具有减少运算量和复杂度,以及有利于向定点 DSP 移植的优点。

3. 量化

量化就是把经过抽样得到的瞬时值将其幅度离散,即用一组规定的电平,把瞬时抽样值用最接近的电平值来表示,或指把输入信号幅度连续变化的范围分为有限个不重叠的子区间(量化级),每个子区间用该区间内一个确定数值表示,落入其内的输入信号将以该值输出,从而将连续输入信号变为具有有限个离散值电平的近似信号。相邻量化电平差值称为量化阶距,任何落在大于或小于某量化电平分别不超过上一或下一量化阶距一半范围内的模拟样值,均以该量化电平表示,样值与该量化电平之差称为量化误差或量化噪声。当模拟样值超过可量化的范围时,将出现过载。过载误差常会大大超过正常量化噪声。量化可分为均匀量化和非均匀量化两类。前者的量化阶距相等,又称为线性量化,适用于信号幅度均匀分布的情况;后者量化阶距不等,又称为非线性量化,适用于幅度非均匀分布信号的量化,即对小幅度信号采用小的量化阶距,以保证有较大的量化信噪比。对于非平稳随机信号,为适应其动态范围随时的变化,有效提高量化信噪比,可采用量化阶距自适应调整的自适应量化。在语音信号的自适应差分脉码调制中就采用了这种方法。通过量化进而实现编码是数字通信的基础,广泛用于计算机、测量、自动控制等各个领域。例如,经过抽样的图像,只是在空间上被离散成像素的阵列,而每个样本灰度值还是一个由无穷多个取值的连续变化量,必须将其转化为有限个离散值,赋予不同码字才能真正成为数字图像,这种转化称为量化。

H.264中可选52种不同的量化步长,这与H.263中有31个量化步长很相似,但是在H.264中,步长是以12.5%的复合率递进的,而不是一个固定常数。在H.264中,变换系数的读出方式也有两种,包括"之"字形(Zig-Zag)扫描和双扫描。大多数情况下使用简单的"之"字形扫描,双扫描仅用于使用较小量化级的块内,有助于提高编码效率。

4. 熵编码

视频编码中的熵编码方法主要用于消除视频信息中的统计冗余。由于信源中每个符号出现的概率并不一致,这就导致了使用同样长度的码字表示所有的符号会造成浪费。通过熵编码,针对不同的语法元素分配不同长度的码元,可以有效消除视频信息中由于符号概率导致的冗余。在视频编码算法中常用的熵编码方法有变长编码和算术编码等,具体来讲主要包括通用可变成编码(Universal Variable Length Coding,UVLC)、上下文自适应的变长编码(Context Adaptive Variable Length Coding,CAVLC)、上下文自适应的二进制算术编码(Context Adaptive Binary Arithmetic Coding,CABAC)等。根据不同的语法元素类型指定不同的编码方式,通过这几种熵编码方式达到一种编码效率与运算复杂度之间的平衡。

视频编码处理的最后一步就是熵编码,在H.264中采用了两种不同的熵编码方法,包括通用可变长编码和基于文本的自适应二进制算术编码。在H.263等标准中,根据要编码的数据类型,如变换系数、运动矢量等,采用不同的VLC码表。H.264中的UVLC码表提供了一个简单的方法,不管符号表述什么类型的数据,都使用统一变字长编码表。其优点是简单,缺点是单一的码表是从概率统计分布模型得出的,没有考虑编码符号间的相关性,在中高码率时效果不是很好,因此,H.264中还提供了可选的CABAC方法。算术编码使编码和解码两边都能使用所有句法元素(变换系数、运动矢量)的概率模型。为了提高算术编码的效率,通过内容建模的过程,使基本概率模型能适应随视频帧而改变的统计特性。内容建模提供了编码符号的条件概率估计,利用合适的内容模型,存在于符号间的相关性可以通过选择要编码符号邻近的已编码符号的相应概率模型来去除,不同的句法元素通常保持不同的模型。

9.1.2　H.264的句法元素

在H.264中,句法元素被组织成5个层次,如图9-1所示,主要包括序列(Sequence)、图像(Frame/Field-Picture)、片(Slice)、宏块(Macro Block,MB)、子块(Sub-Block)。

1. 序列

H.264编码标准中视频序列(Sequence)是指连续几个相关的帧所组成的一个独立的单位,序列中的帧、像素、亮度与色温的差别很小,所以面对一段时间内的几个连续图像时,没必要去对每张图像进行完整一帧的编码,而是选取这段时间的第一帧图像作为完整编码,而下一张图像可以记录与第一帧完整编码图像像素、亮度与色温等的差别即可,以此类推循环下去。上述的这段时间内图像变化不大的图像集就可以称为一个序列。序列可以理解为有相同特点的一段数据,但是如果某张图像与之前的图像变换很大,很难参考之前的帧来生成新的帧,此时就可以结束一个序列,开始下一段序列。重复上一序列的做法,生成新的一段序列。

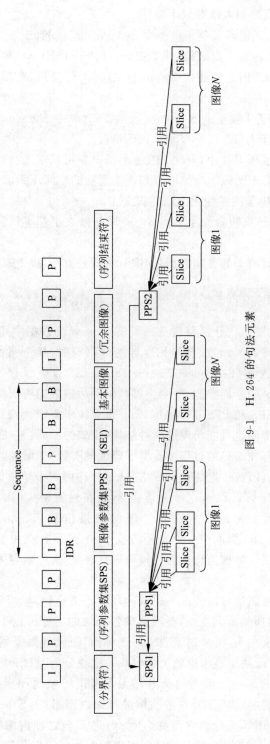

图 9-1 H.264 的句法元素

一个 H.264 的视频序列大体有以下特征：

（1）一段 H.264 的码流其实就是由多个 Sequence 组成的。

（2）每个 Sequence 均有固定结构，即 1SPS＋1PPS＋1SEI＋1I 帧＋若干 P 帧。

（3）SPS、PPS 和 SEI 用于描述该 Sequence 的图像信息，这些信息有利于网络传输或解码。

（4）I 帧是关键，丢了 I 帧整个 Sequence 就报废了，每个 Sequence 有且只有 1 个 I 帧。

（5）P 帧的个数等于 GOP-1（不考虑 B 帧的情况）。

（6）I 帧越大则 P 帧可以越小，反之 I 帧越小则 P 帧可以越大。

（7）I 帧的大小取决于图像本身的内容和压缩算法的空间压缩部分。

（8）P 帧的大小取决于图像变化的剧烈程度。

（9）CBR 和 VBR 下 P 帧的大小不同，CBR 时 P 帧大小基本恒定，VBR 时变化会比较剧烈。

一般来讲，由编码器出来的首帧数据是 SPS，然后是 PPS，接下来是 I 帧、P 帧、B 帧等。

> 一个序列(Sequence) = 一个 SPS ＋ 1个 PPS ＋ 一个 I 帧 ＋ 若干 P 帧 ＋ 若干 B 帧

下面介绍几个相关概念。分割符就是一段 H.264 码流数据中用以区分 NAL Unit 的标志，即 0x000001 或 0x00000001，当遇见这样的分割符时，接下来的数据就是一个 NAL Unit 的数据。序列参数集（Sequence Parameter Set，SPS）中保存了一组视频编码序列（Codec Video Sequence）的全局参数，序列中每帧编码后的数据所依赖的参数保存于图像参数集中。一般情况下，SPS 和 PPS 的 NAL Unit 通常位于整个码流的起始位置，但是在某些特殊情况下，在码流中间也可能出现这两种结构，主要的原因：一是解码器需要在码流中间开始解码，二是编码器在编码的过程中改变了码流的参数，如图像的分辨率。图像参数集（Picture Parameter Set，PPS），类似于 SPS，在 H.264 的码流中单独保存在一个 NAL Unit 中，只是 PPS NAL Unit 的 nal_unit_type 值为 8，而在封装格式（如 MP4）中，PPS 通常与 SPS 一起，保存在视频文件的文件头中。辅助增强信息（Supplemental Enhancement Information，SEI）是 H.264 标准中一个重要的技术，主要起补充和增强的作用。SEI 没有图像数据信息，只是对图像数据信息或者视频流进行补充，有些内容可能对解码有帮助。

2. 图像、帧、场、宏块

在视频压缩中，一张图像可以分成一帧或两场。一般来讲，帧可以分为若干个宏块，每个宏块可以采用不同的预测编码类型，整幅图像各宏块的类型可以不同。宏块是编码处理的基本单元，通常宏块大小为 16×16 像素。一个编码图像首先要划分成多个块（4×4 像素）才能进行处理，所以宏块应该由整数个块组成。宏块分为 I、P、B 宏块，其中 I 宏块（帧内预测宏块）只能利用当前片中已解码的像素作为参考进行帧内预测；P 宏块（帧间预测宏块）可以利用前面已解码的图像作为参考图像进行帧内预测；B 宏块（帧间双向预测宏块）则是利用前后向的参考图像进行帧内预测。例如 I 帧只包含帧内编码的宏块，P 帧包含帧间编码的宏块或前向预测宏块，B 帧包含帧间编码的宏块或双向预测宏块。

3. 片

在 H.264 中，一张图像可以编码为一个或多个片(Slice)，每个 Slice 由宏块组成，一个宏块由一个 16×16 亮度像素、附加的一个 8×8Cb 和一个 8×8Cr 彩色像素块组成。宏块是 H.264 编码的基本单位，可以采用不同的编码类型。Slice 共有 5 种类型。Slice 的目的是为了限制误码的扩散和传输，使编码片相互间保持独立。一个 Slice 编码之后被打包进一个 NALU，NALU 除了容纳 Slice 还可以容纳其他数据，如 SPS、PPS、SEI 等。

4. 帧类型

H.264 结构中一个视频图像编码后的数据叫作一帧，一帧由一个或多个片组成，一个片由一个或多个宏块组成，一个宏块由 16×16 的 YUV 数据组成。宏块作为 H.264 编码的基本单位。在 H.264 协议内定义了 3 种帧，分别是 I 帧、B 帧与 P 帧。I 帧就是之前所讲的一个完整的图像帧，而 B 帧与 P 帧所对应的就是之前所讲的不编码全部图像的帧。P 帧与 B 帧的差别就是 P 帧是参考之前的 I 帧而生成的，而 B 帧是参考前后图像帧编码而生成的。

5. 帧内编码帧/I 帧/关键帧

帧内编码帧(Intra Coded Frames)、帧内编码条带(Intra Coded Slices)、I 帧(I-Frames)、关键帧(Key Frames)是几个非常重要的相关概念，绝大多数的视频序列的第一帧是关键帧。在 I 帧中，所有宏块都采用帧内预测的方式，因此解码时仅用 I 帧的数据就可重构完整图像，不需要参考其他画面而生成。I 帧可以用来快进快退，作为随机访问的参考点。I 帧用来作为 P 帧和 B 帧的参考帧，其质量直接影响到其后各帧的质量。I 帧描述了图像背景和运动主体的详情，可以帮助场景切换时重置画面质量。当场景进行切换时，可以切换 I 帧从而更加高效地压缩 P 帧和 B 帧，当然这要求编码器要有场景切换检测功能。由于 I 帧仅进行帧内预测，没有进行运动估计等帧间预测，因此 I 帧的码率比较高。

在 H.264 中规定了两种类型的 I 帧，包括普通 I 帧和 IDR 帧。IDR 帧实质上也是 I 帧，使用帧内预测。IDR 帧一定是 I 帧，但 I 帧不一定是 IDR 帧。IDR 帧的作用是立即刷新，会导致 DPB 清空，而 I 帧不会，所以 IDR 帧承担了随机访问功能。一个新的 IDR 帧开始，意味着可以重新算一个新的序列以便开始编码。播放器永远可以从一个 IDR 帧开始播放，因为在它之后没有任何帧引用之前的帧。如果一个视频中没有 IDR 帧，这个视频是不能随机访问的。所有位于 IDR 帧后的 B 帧和 P 帧都不能参考 IDR 帧以前的帧，而普通 I 帧后的 B 帧和 P 帧仍然可以参考 I 帧之前的其他帧。IDR 帧阻断了误差的积累，而 I 帧却没有阻断误差的积累。I 帧编码的基本流程为进行帧内预测、像素值减去预测值得到残差、对残差进行变换和量化、变长编码和算术编码、重构图像并滤波，得到的图像作为其他帧的参考帧。

6. P 帧/预测帧/前向预测编码帧

P 帧属于前向预测的帧间编码，仅参考前面的最靠近它的 I 帧或者 P 帧进行帧间预测。编码端在参考帧中找到 P 帧某点的预测值及运动矢量，相减获取预测差值，将预测差值和运动矢量进行编码后传输。解码端根据运动矢量从 I 帧中找出 P 帧某点的预测值并与预测差值相加得到 P 帧某点样值，从而可得到完整的 P 帧。

在以前的标准(如 MPEG-2)中,P 帧解码时只使用前一帧作为参考,但在 H.264 中,解码时可以使用多帧已解码的图像作为参考。P 帧可以是其后面 P 帧的参考帧,也可以是其前后的 B 帧的参考帧。由于 P 帧是参考帧,它可能造成解码错误的扩散。由于是差值传送,所以 P 帧的压缩比较高。在 H.264 的基本配置中仅仅存在 I 帧和 P 帧,而不存在 B 帧。

7. B 帧/双向预测编码帧

B 帧以前面的 I 帧或 P 帧和后面的 P 帧为参考帧进行预测,编码找出 B 帧某点的预测值和两个运动矢量,并取预测差值和运动矢量传送。解码端根据运动矢量在两个参考帧中找出预测值并与差值求和,得到 B 帧某点样值,从而可得到完整的 B 帧。

在以前的标准(如 MPEG-2)中,B 帧不作为参考帧,可以使用较低的码率、降低图像质量而不会影响后续图像,解码时使用两帧图像作为参考。在 H.264 中,B 帧可以作为参考帧,解码时可以使用一幅、两幅或多幅图像作为参考,图像帧的传输顺序和显示顺序是不同的。B 帧压缩比最高,因为它只反映两参考帧间运动主体的变化情况,预测比较准确。

P 帧和 B 帧编码的基本流程包括第一步进行运动估计,计算采用帧间编码模式的率失真函数值,P 帧只参考前面的帧,B 帧可参考后面的帧。第二步进行帧内预测,选取率失真函数值最小的帧内模式与帧间模式比较,确定采用哪种编码模式。第三步计算实际值和预测值的差值。第四步对残差进行变换和量化。第五步进行熵编码,如果是帧间编码模式,则编码运动矢量。

8. GOP

在视频编码序列中,GOP 指两个 I 帧之间的距离,Reference 指两个 P 帧之间的距离。一个 I 帧所占用的字节数大于一个 P 帧,一个 P 帧所占用的字节数大于一个 B 帧。GOP 结构一般有两个数字,如 $M=3$,$N=12$。M 用于指定 I 帧和 P 帧之间的距离,N 用于指定两个 I 帧之间的距离。如上面的 $M=3$,$N=12$,GOP 结构为 IBBPBBPBBPBBI。在一个 GOP 内 I 帧解码不依赖任何其他帧,P 帧解码则依赖前面的 I 帧或 P 帧,B 帧解码依赖其前最近的一个 I 帧或 P 帧及其后最近的一个 P 帧,所以在码率不变的前提下,GOP 值越大,P 帧和 B 帧的数量会越多,平均每个 I 帧、P 帧、B 帧所占用的字节数就越多,也就更容易获取较好的图像质量。Reference 越大,B 帧的数量就越多,同理也更容易获得较好的图像质量。

需要说明的是,通过提高 GOP 值来提高图像质量是有限的,在遇到场景切换的情况时,H.264 编码器会自动强制插入一个 I 帧,此时实际的 GOP 值被缩短了。另一方面,在一个 GOP 中,P 帧和 B 帧是由 I 帧预测得到的,当 I 帧的图像质量比较差时,会影响到一个 GOP 中后续的 P 帧和 B 帧的图像质量,直到下一个 GOP 开始才有可能得以恢复,所以 GOP 值也不宜设置得过大。

同时,由于 P 帧和 B 帧的复杂度大于 I 帧,所以过多的 P 帧和 B 帧会影响编码效率,使编码效率降低。另外,过长的 GOP 还会影响 Seek 操作的响应速度,由于 P 帧和 B 帧是由前面的 I 帧或 P 帧预测得到的,所以 Seek 操作需要直接定位,解码某个 P 帧或 B 帧时,需要先解码得到本 GOP 内的 I 帧及之前的 N 个预测帧才可以,GOP 值越长,需要解码的预测帧就越多,Seek 响应的时间也就越长。

9. IDR 帧

I 帧和 IDR 帧都是使用帧内预测的,它们本质上都是 I 帧,但在编码和解码中为了方便,GOP 中首个 I 帧要和其他 I 帧区别开,把第 1 个 I 帧叫作 IDR,这样方便控制编码和解码流程,所以 IDR 帧一定是 I 帧,但 I 帧不一定是 IDR 帧。IDR 帧的作用是立刻刷新,使错误不能到处传播,从 IDR 帧开始算作一个全新的视频序列编码,所以 I 帧有被跨帧参考的可能,而 IDR 则不会被跨越。I 帧不用参考任何帧,但是之后的 P 帧和 B 帧是有可能参考这个 I 帧之前的帧的。IDR 就不允许这样,例如,视频帧序列为 IDR1 P4 B2 B3 P7 B5 B6 I10 B8 B9 P13 B11 B12 P16 B14 B15 ,这里的 B8 可以跨过 I10 去参考 P7。再看一个视频序列,IDR1 P4 B2 B3 P7 B5 B6 IDR8 P11 B9 B10 P14 B11 B12 ,这里的 B9 就只能参照 IDR8 和 P11,而不可以参考 IDR8 前面的帧。

H.264 引入 IDR 图像是为了解码的重同步,当解码器解码到 IDR 图像时,立即将参考帧队列清空,将已解码的数据全部输出或抛弃,重新查找参数集,开始一个新的序列。这样,如果前一个序列出现重大错误,在这里可以获得重新同步的机会。IDR 图像之后的图像永远不会使用 IDR 之前的图像的数据来解码。对于 IDR 帧来讲,在 IDR 帧之后的所有帧都不能引用任何 IDR 帧之前的帧的内容。与此相反,对于普通的 I 帧来讲,位于其之后的 B 帧和 P 帧可以引用位于普通 I 帧之前的 I 帧。从随机存取的视频流中,播放器永远可以从一个 IDR 帧播放,因为在它之后没有任何帧引用之前的帧,但是,不能在一个没有 IDR 帧的视频中从任意点开始播放,因为后面的帧很有可能会引用前面的帧。

9.1.3　VCL 与 NAL

在 H.264/AVC 视频编码标准中,整个系统框架被分为了两个层面,包括视频编码层面(VCL)和网络抽象层面(NAL)。其中,前者负责有效表示视频数据的内容,而后者则负责格式化数据并提供头信息,以保证数据适合各种信道和存储介质上的传输。

视频编码中采用的(如预测编码、变化量化、熵编码等)编码工具主要工作在 Slice 层或以下,这一层通常被称为 VCL,负责高效的视频内容表示。相对地,在 Slice 以上所进行的数据和算法通常称为 NAL,负责以网络所要求的恰当的方式对数据进行打包和传送。设计定义 NAL 层的主要意义在于提升 H.264 格式的视频对网络传输和数据存储的亲和性。

9.1.4　档次与级别

Profile 是对视频压缩特性的描述,如 CABAC、颜色采样数等；Level 是对视频本身特性的描述,如码率、分辨率、帧率等。简单来讲,Profile 越高,就说明采用了越高级的压缩特性；Level 越高,视频的码率、分辨率、f/s 就越高。一些移动设备(如手机)由于性能有限,不支持全部高级视频压缩特性和高分辨率图像,只支持基础压缩特性和分辨率低一些的图像。为了让这个限制更加清晰明了,H.264 从低到高划分了很多 Profile 和 Level,设备只需标出所支持的 Profile 和 Level 就可以让用户和开发者快速了解基本特性。

为了适应不同的应用场景,H.264 定义了 4 种不同的 Profile：

（1）基本档次（Baseline Profile,BP）主要用于视频会议、可视电话等低延时实时通信领域，支持 I 条带和 P 条带，熵编码支持 CAVLC 算法。

（2）主档次（Main Profile,MP）主要用于数字电视广播、数字视频数据存储等；支持视频场编码、B 条带双向预测和加权预测，熵编码支持 CAVLC 和 CABAC 算法。支持 I/P/B/SP/SI 帧，即支持码流之间有效地切换（SP 和 SI 片）、改进误码性能；只支持无交错（Progressive）和 CAVLC，但不支持隔行视频和 CABAC。

（3）扩展档次（Extended Profile,EP）主要用于网络视频直播与点播等；支持基准档次的所有特性，并支持 SI 和 SP 条带，支持数据分割以改进误码性能，支持 B 条带和加权预测，但不支持 CABAC 和场编码。CAVLC 支持所有的 H.264 profiles，CABAC 则不支持 Baseline 及 Extended profiles。

（4）高档次（High Profile,HP）高级画质。在 Main Profile 的基础上增加了 8×8 内部预测、自定义量化、无损视频编码和更多的 YUV 格式。

H.264 标准的 BP、EP、MP 这 3 个档次，如图 9-2 所示。H.264 Baseline Profile、Extended Profile 和 Main Profile 都是针对 8 位样本数据、4：2：0 格式的 YUV 视频序列的。在相同配置情况下，High Profile(HP)可以比 Main Profile(MP)降低 10% 的码率。根据应用领域的不同，Baseline Profile 多应用于实时通信领域，Main Profile 多应用于流媒体领域，High Profile 则多应用于广电和存储领域。

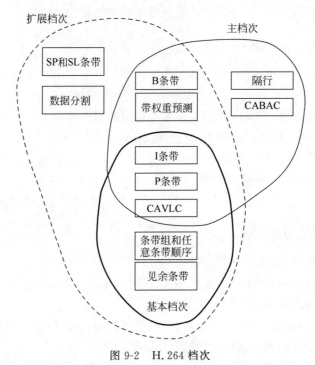

图 9-2　H.264 档次

9.1.5 X264 与 JM

H.264 是一种视频压缩标准,其只规定了符合标准的码流的格式,以及码流中各个语法元素的解析方法。H.264 标准并未规定编码器的实现或流程,这给了不同的厂商或组织在编码实现方面极大的自由度,并产生了一些比较著名的开源 H.264 编解码器。其中 H.264 编码器中最著名的两个当属 JM 和 X264,这二者都属于 H.264 编码标准的一种实现形式。

JM 通常被认为是 H.264 标准制定团队所认可的官方参考软件,基本实现了 H.264 标准的全部特征。JM 在运行时的运算过程较为复杂,而且没有采用汇编优化等加速方法,因此运行速度较慢,很难达到实时编解码。通常主要用于编解码技术的科学研究领域。

X264 是另一个著名的 H.264 开源视频编码器,由开源组织 VideoLan 开发制定。X264 是目前企业界应用最为广泛的开源编码器,主要因为 X264 相对于 JM 进行了大量优化与简化,使其运行效率大幅提高,主要包括对编码代价计算方法的简化及添加了 MMX、SSE 汇编优化等部分。虽然编码的质量在某些情况下相对于 JM 略有下降,但是已无法掩盖其可应用性,尤其在实时编码方面无可比拟的优势。

再看 JM 和 X264 的对比关系,通过运行程序就可以发现,JM encoder 非常慢,而 X264 则相当快。为什么呢? 因为具体的实现方式不一样。打个简单比方 JM encoder 就像一个学院派的老师,比较严谨,略带完美主义情结,力求面面俱到;而 X264 更像一个公司的编程高手,去掉了许多看上去很美的东西,奉行实用至上,所以编码效率非常高。一般而言,在研究学术时采用 JM,而在实际工作中则采用 X264,但每个人的需求不同,研究学术也不一定非采用 JM。要看研究的是什么东西,有些人做的是基于 H.264 的研究,而不是专门研究 H.264 的。对某些基于 H.264 的研究者来讲,运动估计是怎么估计出来的一点都不重要,熵编码是如何实现的也一点都不重要,重要的是知道在哪个地方提取了什么参量。所以,到底用 JM 还是 X264,应根据实际需求而定。

9.2 H.264 编解码原理与实现

视频编码是为了将数据进行压缩,这样在传输的过程中就不会使资源浪费。H.264 视频压缩算法现在是所有视频压缩技术中使用较为广泛的。随着 X264、openh264 及 FFmpeg 等开源库的推出,大多数使用者无须再对 H.264 的细节做过多的研究,这大大降低了人们使用 H.264 的成本,但为了用好 H.264,还需要了解一下 H.264 的基本原理。H.264 压缩技术主要采用了以下几种方法对视频数据进行压缩:帧内预测压缩以解决空域数据冗余问题、帧间预测压缩(运动估计与运动补偿)以解决时域数据冗余问题、整数离散余弦变换可以将空间上的相关性变为频域上无关的数据然后进行量化、熵编码。经过压缩后的帧分为 I 帧、P 帧和 B 帧。I 帧是关键帧,采用帧内压缩技术;P 帧是向前参考帧,在压缩时,只参考前面已经处理的帧,采用帧间压缩技术;B 帧是双向参考帧,在压缩时,既参考前面的帧,又参考它后面的帧,采用帧间压缩技术。除了 I 帧、P 帧和 B 帧外,还有图像序列 GOP,两个 I 帧之间是一张图像序列,在一张图像序列中只有一个 I 帧。

9.2.1　H.264 编解码简介

H.264 从视频采集到输出属于编解码层次的数据,如图 9-3 所示,这些数据是在采集数据后做编码压缩时通过编码标准(如 H.264)编码之后所呈现的数据。整个流程包括数据采集、解协议、解封装、解码、同步、渲染。解封装出来的数据是经过编码压缩的音频数据和视频数据,针对这些压缩数据需要相应的解码器进行解码处理,然后才可以得到原始的未压缩的音频和视频数据。

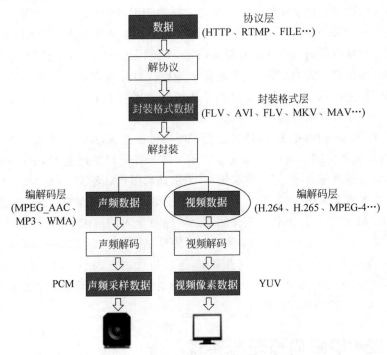

图 9-3　视频播放流程与视频数据编解码

9.2.2　H.264 编解码流程

H.264 和以前的标准(如 H.261、H.263、MPEG-1、MPEG-4)的编解码器的实现流程没有太大区别,主要的不同在于各功能块的细节,编码流程如图 9-4 所示。F_n 表示当前帧,编码的基本单元为宏块,对于一个宏块,可能采用帧内也可能采用帧间预测模式(I 帧只有帧内模式)。帧间模式是指对当前图片的宏块在参考图片中进行搜索以便获得一个 MV 值,此值为运动向量,同时和参考帧中的 MV 相减得到一个 MVD,称为运动补偿,编码时通过已经编码的参考图像经过运动补偿后得到当前宏块的预测值,和真实值相减后得到一个残差块 D_n,编码就是对这个残差块进行编码。帧内模式是指当前宏块的预测是根据周围已经编码的宏块单元进行预测,通常是左边和上方的宏块(同一片内,已经解码),编码时会根据周围宏块的预测模式,根据周围像素预测出当前宏块的像素值,再与真实值相减获得残差块 D_n,之后对残差块进行编码取得残差块后对其进行变换 T,然后进行量化 Q,送入 NAL 层。同时在 X 位置要进行反量化 Q^{-1},反变换 T^{-1} 然后和预测的 D_n 相加,经过滤波器得到当前帧重构的宏块,用于之后相邻宏块的帧内编码。

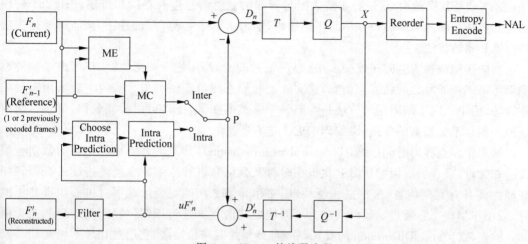

图 9-4　H.264 的编码流程

H.264 的解码流程和编码流程刚好相反,如图 9-5 所示。从 NAL 中获得码流数据 X,经过反量化、反变换获得残差系数 D'_n,判断宏块是帧间或者帧内。帧间预测即获取当前宏块的参考帧信息(从码流中进行熵解码获得),通过当前块周围的宏块信息,以及参考帧对应宏块的 MV 信息预测当前宏块的 MV,从解码流中获得 MVD,根据 MVD 获得当前宏块在参考帧中对应的位置,通过亮度插值运算,以及色度插值运算,获得当前宏块的预测值再加上残差系数,获得当前宏块的预测值 uF'_n。帧内预测根据周围宏块结合解码流中的数据确定当前宏块的预测方式,根据预测方式和周围已解码宏块的信息得到预测值,加上残差系数,获得当前宏块的预测值 uF'_n;获得预测值后进行环路滤波及进行重构,同样重构数据对于之后的宏块预测是有用的。

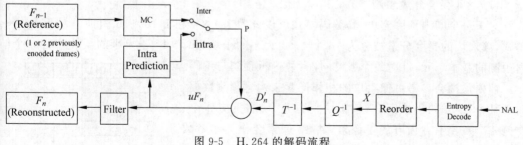

图 9-5　H.264 的解码流程

9.2.3　H.264 的帧内预测编码

压缩编码大概分成 4 个步骤:第一步是分组,将一系列变换不大的图像归为一个组,也就是一个序列,也可以叫作 GOP;第二步是定义帧,将每组的图像帧归分为 I 帧、P 帧和 B 帧 3 种类型;第三步是预测帧,以 I 帧作为基础帧,以 I 帧预测 P 帧,再由 I 帧和 P 帧预测 B 帧;第四步是数据传输,最后将 I 帧数据与预测的差值信息进行存储和传输。H.264 采用的核心算法是帧内压缩编码和帧间压缩编码,帧内压缩是生成 I 帧的算法,帧间压缩是生成 B 帧和 P 帧的算法。

帧内压缩也称为空间压缩(Spatial Compression),当压缩一帧图像时,仅考虑本帧的数据而不考虑相邻帧之间的冗余信息,这实际上与静态图像压缩类似。帧内一般采用有损压缩算法,由于帧内压缩采用的方法是编码一个完整的图像,所以可以独立解码、显示。帧内压缩一般达不到很高的压缩,跟编码 JPEG 差不多。

帧间压缩也称为时间压缩(Temporal Compression),其原理是当相邻几帧的数据有很大的相关性,或者前后两帧信息变化很小时对冗余信息进行压缩。也就是连续的视频其相邻帧之间具有冗余信息,根据这一特性,压缩相邻帧之间的冗余量就可以进一步提高压缩量,减小压缩比。它通过比较时间轴上不同帧之间的数据进行压缩。帧间压缩一般是无损的。帧差值(Frame Differencing)算法是一种典型的时间压缩法,它通过比较本帧与相邻帧之间的差异,仅记录本帧与其相邻帧的差值,这样就可以大大减少数据量了。

在 H.264/AVC 中,帧内编码采用了全新的、更复杂的算法,相比早期标准的压缩比率大大提高。在 H.264 中采用的算法主要可分为预测编码模式和 PCM 编码模式。预测编码并非 H.264 最先采用的技术。在早期的压缩编码技术中便采用了预测数据加残差的方法来表示待编码的像素,然而在这些标准中预测编码仅仅用于帧间预测来去除空间冗余,对于帧内编码仍然采用直接 DCT 和熵编码的方法,压缩效率难以满足多媒体领域的新需求。H.264 标准深入分析了 I 帧中空间域的信息相关性,采用了多种预测编码模式,进一步压缩了 I 帧中的空间冗余信息,极大提升了 I 帧的编码效率,为 H.264 的压缩比取得突破奠定了基础。

H.264 的帧内预测算法通常可以分为 3 种情况,主要包括 4×4 的亮度分量预测、16×16 的亮度分量预测、色度分量预测。下面分别讨论这 3 种情况的算法原理。

1. 4×4 亮度分量预测

对于每个帧内预测宏块,其编码模式可以分为 I_4×4 和 I_16×16 两种。对于 I_4×4 模式,该宏块的亮度分量被分为 16 个 4×4 大小的子块,每个 4×4 大小的子块作为一个帧内预测的基本单元,针对每个 4×4 像素块进行预测与编码。

帧内预测会参考每像素块的相邻像素来构建预测数据。对于某个 4×4 的子块而言,该子块上方 4 个、右上方 4 个、左侧 4 个及左上方顶点的 1 像素,共 13 像素会作为参考数据构建预测块。预测块同参考像素的位置关系如图 9-6 所示。

M	A	B	C	D	E	F	G	H
I	a	b	c	d				
J	e	f	g	h				
K	i	j	k	l				
L	m	n	o	p				

图 9-6　H.264 的预测块与参考像素的位置关系

在图 9-6 中,a～p 表示预测块中的像素,A/B/C/D 表示上方参考像素,E/F/G/H 表示右上方的参考像素,I/J/K/L 表示左方参考像素,M 表示左上方的参考像素。4×4 亮度块的上方和左方像素 A～M 为已编码和重构像素,用作编解码器中的预测参考像素。a～p 为待预测像素,利用 A～M 值和 9 种模式实现。其中模式 2(DC 预测)根据 A～M 中已编码像素预测,而其余模式只有在所需预测像素全部提供才能使用。对于 4×4 亮度分量的帧内预测,共定义了 9 种不同的预测模式,如图 9-7 所示。

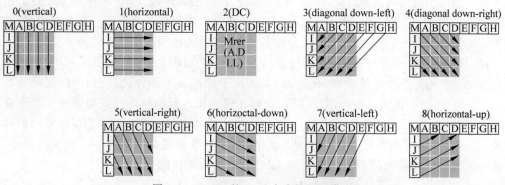

图 9-7 H.264 的 4×4 亮度块预测模式

图 9-7 中的箭头表明了每种模式的预测方向。对模式 3～8,预测像素由 A～M 加权平均而得。例如,在模式 4 中,d＝round(B/4＋C/2＋D/4)。这 9 种预测模式包括模式 0(垂直模式,每个预测块的预测值由上方相邻的 4 像素预测得到)、模式 1(水平模式,每个预测块的预测值由左方相邻的 4 像素预测得到)、模式 2(DC 模式,用上方和左方相邻像素的均值表示整个预测块)、模式 3(左下模式)、模式 4(右下模式)、模式 5(右垂直模式)、模式 6(下水平模式)、模式 7(左垂直模式)、模式 8(上水平模式)。

2. 16×16 亮度分量预测

宏块的全部 16×16 亮度成分可以整体预测,有 4 种预测模式,如图 9-8 和表 9-1 所示。

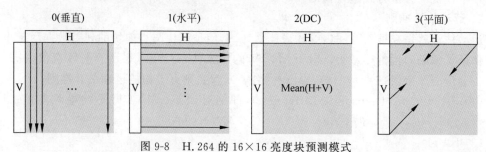

图 9-8 H.264 的 16×16 亮度块预测模式

表 9-1 16×16 预测模式

模 式 名 称	描 述
模式 0(垂直)	由上边像素推导出相应像素值
模式 1(水平)	由左边像素推导出相应像素值

续表

模 式 名 称	描　　述
模式 2(DC)	由上边和左边像素平均值推导出相应像素值
模式 3(平面)	利用线性 plane 函数及左、上像素推导出相应像素值,适用于亮度变化平缓区域

3. H.264 的 I_PCM 编码模式

除了帧内预测编码之外,H.264 还定义了一种特殊的编码模式,即 I_PCM 模式。I_PCM 模式不对像素块进行预测、变换、量化操作,而是直接传输图像的像素值。在有些时候,如传输图像的不规则纹理信息或在低量化参数条件下,该模式比预测编码模式效率更高。

最后对 H.264 的帧内预测技术进行总结。首先,H.264 帧内预测提供了 4×4 和 16×16 两种方式,使预测更加灵活准确,其中 4×4 块用于图像细节部分的预测,可以提高预测精度。16×16 块用于预测平坦的图像区域,能够在保证帧内预测精度的同时降低运算复杂度和码率。其次,H.264 充分考虑了帧内像素的统计分布规律,详细设定了多种方向的预测模式,能够更好地匹配图像像素分布的真实情况,减少预测误差。对于不同类型的图像,这种帧内预测方法能够有效地逼近真实值,保证较高的预测精度。

9.2.4　H.264 的帧间预测编码

帧间预测主要包括运动估计(运动搜索方法、运动估计准则、亚像素插值和运动矢量估计)和运动补偿。对于 H.264 来讲,是对 16×16 的亮度块和 8×8 的色度块进行帧间预测编码。

1. 树状结构分块

H.264 的宏块对于 16×16 的亮度宏块可以分成 16×16、16×8、8×16 和 8×8 的子块进行帧间预测。对于 8×8 的块(亚宏块,包括亮度和色度),往下又可以分成 8×8、8×4、4×8、4×4 的子块。在运动估计中,每种分割都需要尝试,并计算出运动搜索结果的代价,选择最小代价的分割方式进行预测编码。

2. 运动估计准则

运动估计就是在搜索范围内寻找最佳估计块,使预测块与当前块的残差数据尽量小,这样就保证了编码的代价尽量小。对于 $M\times N$ 的像素快,$s(x,y)$ 表示当前像素值,$z(x,y)$ 表示备选预测像素值,$x=1,2,\cdots,M,y=1,2,\cdots,N$。则有下面的运动估计准则。

(1) SAD(Sum of Absolute Difference),即绝对误差;MAE 即平均绝对差值;其中 $\text{SAD}=\text{sum}(|s(x,y)-z(x,y)|),\text{MAE}=(1\div MN)\times\text{SAD}$。

(2) SATD。

(3) SSD(Sum of Squared Difference),即差值的平方和;MSE 即平均平方误差;其中 $\text{SSD}=\text{sum}((s(x,y)-z(x,y)^2)),\text{MSE}=(1\div MN)\times\text{SSD}$。

可以选择上面的估计标准,计算出的值越小,说明编码代价就越小。

3. 运动搜索方法

运动搜索就是在允许的搜索范围(一般是上、下、左、右各一个子块大小)内查找最佳匹配块的过程,主要有全局搜索和快速搜索。全局搜索算法是指最简单地将所有可能进行搜索比较,总是能找到搜索范围内的最佳匹配块,但是效率太低。快搜索算法是指每种算法的过程各不相同,主要通过尽量避开不太可能是最佳匹配块的位置,从而提升搜索效率,其过程包括,第一步确定搜索起始点;第二步判断该点有没有达到最佳匹配块的要求和能不能进一步继续搜索;第三步按照搜索规则,以起始点周围点为新的起始点进行递归搜索。常见的快速搜索算法有三步法、二维对数法、交叉法、菱形法等,限于篇幅,具体的每种搜索方法详情此处不展开介绍。

4. 树状分级搜索和亚像素估计

在运动估计时,为了提高估计精度,通常会采用 1/2、1/4 和 1/8 的像素精度进行估计,但是全部估计都这样操作会产生很大的性能开销,所以一般采用树状分级搜索。树状分级搜索就是在进行运动估计时,先以整像素精度进行搜索,找到最佳匹配块之后,再在该位置周围进行 1/2 像素精度的搜索,以此找到最佳匹配点。如果有需要,可以继续在 1/2 像素精度的最佳匹配点周围进行 1/4 像素精度的搜索,寻找最佳匹配点。在 H.264 中,对亮度和色度块的估计,分别支持 1/4 和 1/8 像素精度的运动估计。亮度的 1/2 和 1/4 像素插值,以及亮度亚像素差值如图 9-9 的左侧所示。

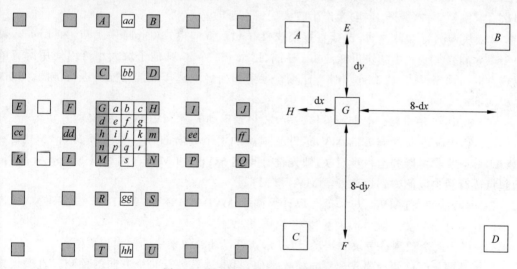

图 9-9　亮度块和色度块的亚像素插值

图 9-9 中左侧的灰色点是整数像素,如 aa、bb、cc、dd、ee、ff、gg、hh 和 b、h、s、m、j 是 1/2 像素,其他都是 1/4 像素。计算过程是先用 $(1,-5,20,20,-5,1)$ 的六抽头滤波器进行 1/2 像素插值,然后通过临近像素插值的方法计算 1/4 像素的插值。具体如下:

(1) 水平半像素,如 $b=(E-5F+20G+20H-5I+J)$,$b=\text{Clip1}((b+16)\gg5)$,Clip1 的作用是将结果限制在 0~255,右移 5 相当于除以 32,加 16 是为了结果采用四舍五入法。

(2) 垂直半像素,如 $h=(A-5C+20G+20M-5R+T)$,$h=\text{Clip1}((h+16)\gg5)$。

(3) 对角半像素,如 $j=(cc-5dd+20h+20m-5ee+ff)=(aa-5bb+20b+20q-$

$5gg+hh$），$j=\mathrm{Clip1}((j+16)\gg5)$，即水平和垂直方向计算结果相同。

（4）水平 1/4 像素，如 $a=(G+b+1)\gg1,i=(h+j+1)\gg1$。

（5）垂直 1/4 像素，如 $d=(G+h+1)\gg1,f=(b+j+1)\gg1$。

（6）对角 1/4 像素，如 $e=(h+b+1)\gg1,g=(b+m+1)\gg1,p=(h+s+1)\gg1,r=$ $(s+m+1)\gg1$。

色度的 1/8 像素插值，色度块是采用二次线性的 1/8 像素插值，如图 9-8 的右侧所示。本质上是利用待查亚像素 G 周围的整数像素（A、B、C、D）来加权计算 G 的像素值，整像素距离 G 越近，其权值就越大。例如 $G=((8-dx)\times(8-dy)\times A+(dx)\times(8-dy)\times B+$ $(8-dx)\times(dy)\times C+(dx)\times(dy)\times D+32)\gg6$，其中 dx、dy 分别为 G 相对于 A 的水平和垂直距离（以 1/8 像素为单位 1），取值范围为 1～7。

5. B 帧的预测

B 帧是双向预测，分别参考 List_0 和 List_1 两个参考帧列表进行前向和后向预测，这里的前向和后向是针对播放顺序而不是编码顺序而言的。H.264 编码是以 GOP 分组处理，每个 GOP 的编码结构有 III…、IPP…、IBBP…和分层 B 帧结构。其中第 1 种一般不使用，因为编码效率太低；第 2 种是属于 H.264 的基本档次；第 3 种和第 4 种属于主要档次和扩展档次。其中第 3 种（普通 B 帧）会产生较大的编码延时。

B 宏块预测有 4 种模式，包括直接模式（Direct）、双向模式（Bipred）、List_0 和 List_1。其中 16×8 和 8×16 大小的块只能使用 Direct、List_0 和 List_1，其他子块大小可以使用所有的模式。双向预测模式，从 List_0 和 List_1 两个参考帧列表中选择最佳匹配块进行预测。具体过程如下：

（1）在 List_0 和 List_1 中查找最佳匹配块，得到运动矢量 $\mathbf{MV}$（$\mathbf{MV}_1$ 和 $\mathbf{MV}_2$）。

（2）利用临近块的同方向 $\mathbf{MV}$，估计当前块的两个方向的 $\mathbf{MV}$ 预测值 $\mathbf{MVp}$（$\mathbf{MVp}_1$ 和 $\mathbf{MVp}_2$）。该步骤可以和上一步对换，即先估计得到 $\mathbf{MVp}_1$ 和 $\mathbf{MVp}_2$，然后以 $\mathbf{MVp}_1$ 和 $\mathbf{MVp}_2$ 为起点进行搜索以便得到运动矢量 $\mathbf{MV}_1$ 和 $\mathbf{MV}_2$。

（3）得到 $\mathbf{MV}$ 和 $\mathbf{MVp}$ 以后，就可以计算两个 $\mathbf{MVD}$（$\mathbf{MVD}_1$ 和 $\mathbf{MVD}_2$），然后对 $\mathbf{MVD}$ 进行编码。

（4）得到两个预测参考块和运动矢量后，就可以计算像素块的像素预测值了。

List_0 和 List_1 这两种模式和双向模式类似，只不过只进行一个方向的预测。直接模式应用于 16×16、8×8 及 8×8 块中的所有子块。直接模式只编码预测残差，而不编码运动矢量（$\mathbf{MVD}$）和参考帧序列号，运动矢量和参考帧序列号在解码端通过计算前向和后向 $\mathbf{MV}$，利用前向和后向 $\mathbf{MV}$ 得到像素预测值。

计算 $\mathbf{MV}$ 的方法有两种，包括时间模式和空间模式。时间模式基于假设"被预测的块在前后两个参考块间是均匀运动的"，所以对于场景切换和非均匀运动的块，预测效果不好。运动估计时，假设当前 B 块在 List_0 和 List_1 中参考帧分别为 F_0 和 F_1，对应的最佳匹配块（预测块）分别为 B_0 和 B_1。如果在之前对 B_1 块进行帧间预测时，B_0 是 B_1 的前向最佳匹配块，即存在当前块在 List_0 中的参考块 B_0 相对于当前块在 List 中的参考块 B_1 的运动矢量

MV,就可以根据这个运动矢量和当前帧与 F_0、F_1 之间的帧间隔(记为 d_0、d_1)算出前向和后向的运动矢量 $\mathbf{MV}_0$ 和 $\mathbf{MV}_1$。如 $\mathbf{MV}=(2.5,5)$,当前帧与 F_0 和 F_1 分别间隔 2 帧和 1 帧,即 $d_0=3,d_1=2$,于是 $\mathbf{MV}_0=d_0/(d_0+d_1)\times\mathbf{MV}=(1.5,3)$,$\mathbf{MV}_1=-d_1/(d_0+d_1)\times\mathbf{MV}=(-1,-2)$。空间模式利用当前帧的相邻块的运动信息估计当前块的 $\mathbf{MV}$ 和参考帧序号,主要过程包括"参考帧选择"和"运动矢量选择"。参考帧选择利用当前块的邻近块 A、B、C(位置见后面 $\mathbf{MV}$ 的编码)的参考帧中非负帧号最小的帧作为当前块的参考帧,这是为了选择离当前块最近的帧作为参考帧。如果有一个方向上 A、B、C 都没有参考帧,就采用单项帧间预测。如果 A、B、C 在两个方向都没有参考帧(A、B、C 都是帧内预测),就在当前块分别选择两个方向离当前帧最近的参考帧为当前块的参考帧。运动矢量选择是指若 List_1 中第一帧(当前帧的播放顺序的后一帧)对应位置块的运动矢量 $\mathbf{MV}_1$ 和 $\mathbf{MV}_2$ 小于 1/4 像素(当前块到下一帧运动得比较少),且该帧为短期参考帧,如果当前块的某个方向的参考帧帧号为 0,则该方向的 $\mathbf{MV}$ 为 0。如果不满足,则按照后面 $\mathbf{MV}$ 的编码中所描述的方法计算两个方向的 $\mathbf{MVp}$ 作为当前块的 $\mathbf{MV}$。

6. MV 的编码

通过上面的树状分块结构,针对各种分块大小都进行一次帧间预测。每种分块的帧间预测通过树状像素精度分级搜索,先按照整像素精度找到最佳匹配块,然后再进一步按照 1/2、1/4 像素精度寻找更加准确的最佳匹配块。寻找最佳匹配块主要通过快速搜索算法,按照某种搜索准则判断最佳匹配块。上述操作完成后,找到各种分块结构代价最小的最佳匹配块,从而根据最佳匹配块和当前块的位置,得到运动矢量。通过运动矢量和运动残差就可以在解码端还原图像数据了。但是如果编码 MV 会产生很大的码流代价(16×16 宏块分成多个子块产生多个 $\mathbf{MV}$、采用亚像素、$\mathbf{MV}$ 包含 row 和 col 两个参数),因为实际操作中往往根据周围的块对 $\mathbf{MV}$ 进行预测得到 $\mathbf{MVp}$,然后编码运动矢量的实际值与预测值的差值 $\mathbf{MVD}=\mathbf{MV}-\mathbf{MVp}$。

当前块(任意子块大小)的运动矢量预测值有当前块的左、上、右上的块 A、B、C(任意字块大小)进行预测,如图 9-10 所示。

(1) 对于非 16×8 和 8×16 的子块,运动矢量的预测值 $\mathbf{MVp}$ 为 A、B、C 的运动矢量的中值,$\mathbf{MVp}=\mathrm{mid}(\mathbf{MVA},\mathbf{MVB},\mathbf{MVC})$。

(2) 对于 16×8 的子块(图 9-10 中的 E 为上下两个 16×8 的子块),上面子块的 $\mathbf{MV}$ 预测值是块 B 的 $\mathbf{MVB}$,下面子块的 $\mathbf{MV}$ 预测值是块 A 的 $\mathbf{MVA}$。

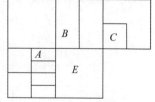

图 9-10　MV 编码

(3) 对于 8×16 的子块(图 9-10 中的 E 为左右两个 16×8 的子块),左边子块的 $\mathbf{MV}$ 预测值是块 A 的 $\mathbf{MVA}$,右边子块的 $\mathbf{MV}$ 预测值是块 C 的 $\mathbf{MVC}$。

(4) 在进行上面的 $\mathbf{MV}$ 计算时,还要满足下面的限制条件:第一,只有当当前块 E 的参考帧和临近块(A、B、C)的参考帧为同一帧时,才可以使用 $\mathbf{MVA}$、$\mathbf{MVB}$ 和 $\mathbf{MVC}$ 进行预测;第二,如果 $\mathbf{MVC}$ 不可用,则用当前块的左上块的运动矢量 $\mathbf{MVD}$ 代替 $\mathbf{MVC}$;第三,如果

MVA、**MVB** 和 **MVC** 中没有可用的,则不进行运动矢量预测,直接编码当前块的运动矢量 **MV**;第四,如果 **MVA**、**MVB** 和 **MVC** 中只有一个可用的,**MVp** 就是该可用的临近块运动矢量;第五,如果 **MVA**、**MVB** 和 **MVC** 中有两个可用的,则可将另一个不可用的当作 0,然后按照 3 个都可用的策略计算 **MVp**。

Skip 模式是指 H.264 中为了降低码率采用的特殊编码模式,是当针对宏块编码时,"既不传输运动矢量残差(**MVD**),也不传输像素块残差"的编码方式,主要包括 P_Skip 和 B_Skip。P_Skip 是指在编码时,如果参考帧是 List0 中的第一帧,运动矢量和运动矢量的预测值相同(**MVD** 为 0),且残差系数通过变换量化后成为 0 或者通过某种策略舍弃,则只需标记为 P_Skip 和传输运动矢量预测值 **MVp**。解码时,就可以采用 **MV=MVp**,然后用预测像素值作为解码像素值。B_Skip 是 B 块直接编码的一种特殊形式。编码时,如果残差系数通过变化量化后成为 0 或者通过某种策略舍弃,则只需标记为 B_Skip 模式,也不需要传输 **MVp**。解码时则可按照 B 块的直接模式计算出参考帧号和相应的运动矢量,然后参考像素值作为当前像素的值。

9.3 H.264 码流结构

H.264 的功能分为两层,包括 VCL 和 NAL。H.264 的编码视频序列包括一系列的 NAL 单元,每个 NAL 单元包含一个 RBSP。一个原始的 H.264 的 NAL 单元常由 [StartCode][NALU Header][NALU Payload]3 部分组成,其中 StartCode 用于标示这是一个 NAL 单元的开始,必须是 00 00 00 01 或 00 00 01。

9.3.1 H.264 分层结构

H.264 的主要目标是为了有高的视频压缩比和良好的网络亲和性,为了达到这两个目标,H.264 的解决方案是将系统框架分为两层,分别是视频编码层(VCL)和网络抽象层(NAL),如图 9-11 所示。

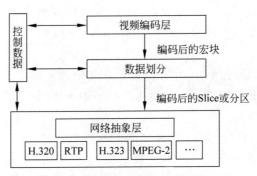

图 9-11 H.264 的 VCL 与 NAL

下面介绍几个重要概念：

（1）原始数据比特串（String Of Data Bit，SODB）是由编码器直接输出的原始编码数据，即 VCL 数据，是编码后的原始数据。

（2）原始字节序列载荷（Raw Byte Sequence Payload，RBSP）在 SODB 的后面增加了若干结尾比特（RBSP trailing bits，1 个为 1 的比特和若干为 0 的比特），以使 SODB 的长度为整数字节。

（3）扩展字节序列载荷（Extension Byte Sequence Payload，EBSP）在 RBSP 的基础上增加了仿校验字节（0x03）。

（4）NAL 单元（NAL Unit，NALU）由 1 个 NAL 头（NAL Header）和 1 个 RBSP（或 EBSP）组成。

VCL 层是对核心算法引擎、块、宏块及片的语法级别的定义，负责有效表示视频数据的内容，最终输出编码完的数据 SODB。NAL 层定义了片级以上的语法级别（如序 SPS 和 PPS，主要针对网络传输），负责以网络所要求的恰当方式去格式化数据并提供头信息，以保证数据适合各种信道和存储介质上的传输。NAL 层将 SODB 打包成 RBSP，然后加上 NAL 头组成一个 NALU，具体 NAL Unit 的组成也会在后面详细讲述。SODB 与 RBSP 关联的具体结构如图 9-12 所示。

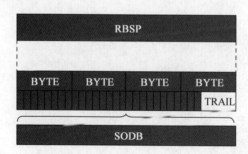

图 9-12 H.264 的 SODB 与 RBSP

下面重点介绍一下仿校验字节（0x03）。H.264 规定，当检测到 0x000000 时，也可以表示当前 NALU 的结束。这样就会产生一个问题，如果在 NALU 的内部出现了 0x000001 或 0x000000，这时该怎么办？增加仿校验字节的方法是在将 NALU 添加到 H.264 码流上时，需要在每个 NALU 之前添加开始码（StartCodePrefix）。添加 StartCodePrefix 有一定的规则，如果该 NALU 对应的 Slice 为一帧的开始，则 StartCodePrefix 为 0x00 0x00 0x00 0x01 这 4 字节，否则 StartCodePrefix 为 0x00 0x00 0x01 这 3 字节。为了使 NALU 主体中不包含与开始码相冲突的字节序列，在编码时，每当遇到两字节连续为 0x00 时，就在这两字节后面插入一字节 0x03。解码时将 0x03 去掉，称为脱壳操作，操作流程如图 9-13 所示。

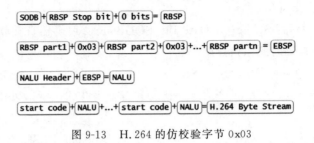

图 9-13　H.264 的仿校验字节 0x03

9.3.2　H.264 码流结构

　　H.264 的码流结构分为两层,其中视频编码层是对核心算法引擎、块、宏块及片的语法级别定义,VCL 数据是由编码器直接输出的 SODB,它表示图像被压缩后的编码比特流。网络提取层定义了片级以上的语法级别,同时支持以下功能:独立片解码,保证起始码唯一,SEI 及流格式编码数据传送。VCL 数据在网络上传输或者存储到磁盘上之前,需要先被封装或映射进 NALU 中,每个 NAL Unit 之前需要添加 StartCodePrefix,最后形成 H.264 码流,H.264 码流分层结构如图 9-14 所示。

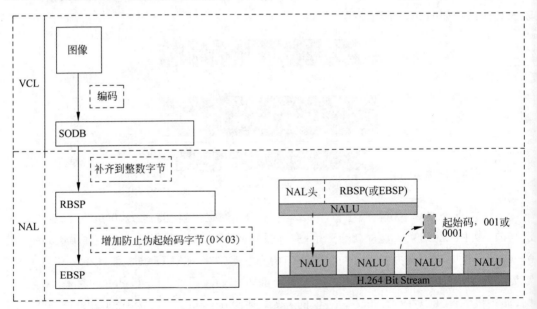

图 9-14　H.264 码流的分层结构

　　在具体讲述 NAL Unit 前,有必要先了解一下 H.264 的码流结构,在经过编码后的 H.264 的码流如图 9-15 所示。从图中可以看出,H.264 码流是由一个个的 NAL Unit 组成的,其中 SPS、PPS、IDR 和 Slice 是 NAL Unit 某种类型的数据。

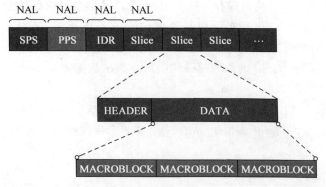

图 9-15　H.264 的 NAL

9.3.3　H.264 的 NAL Unit

VCL 只关心编码部分,重点在于编码算法及在特定硬件平台上的实现,SODB 是 VCL 输出的编码后的纯视频流信息,没有任何冗余头信息;而 NAL 关心的是 VCL 输出的纯视频流如何被表达和封包以利于网络传输,RBSP 是通过 SODB 封装成 nal_unit 格式得到的,nal_unit 是一个通用封装格式,适用于有序字节流方式和 IP 包交换方式。NALU 是针对不同的传送网络,将 RBSP 封装成针对不同网络的封装格式(加上 NAL Header)。

1. H.264 的 NAL 结构

在实际的网络数据传输过程中,H.264 的数据结构是以 NALU 进行传输的。传输数据的结构组成为[NALU Header]+[RBSP],如图 9-16 和图 9-17 所示。生成的 H.264 视频帧是由多个切片组成的。一个 H.264 的帧至少由一个切片组成,不能没有切片。在网络传输时,一个 H.264 帧可能需要切开去传,当一个一次传不完时,就可按照切片来切,每个切片组成一个 NAL Unit。

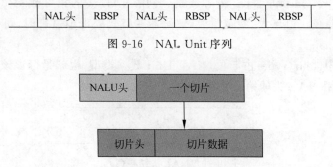

图 9-16　NAL Unit 序列

图 9-17　NAL Unit

从之前的分析可知,VCL 层编码后的视频帧有可能是 I 帧或 B 帧或 P 帧,这些帧也可能属于不同的序列之中,同一序列还有相应的序列参数集与图片参数集。综上所述,想要准确无误地对视频进行解码,除了需要 VCL 层编码出来的视频帧数据,同时还需要传输 SPS

和 PPS 等,所以 RBSP 不单纯只保存 I 帧或 B 帧或 P 帧的数据编码信息,还有其他信息也可能出现在里面。NAL Unit 是实际视频数据传输的基本单元,NALU 头用来标识后面 RBSP 是什么类型的数据,同时记录 RBSP 数据是否会被其他帧参考及网络传输是否有错误,所以针对 NAL 头和 RBSP 的作用及结构与所承载的数据需要做个简单的介绍。

2. NAL 头

NALU 由 1 个 NAL 头和 1 个 RBSP 或 EBSP 组成。NAL Header 长度为 1B,由 forbidden_zero_bit、nal_ref_idc 和 nal_unit_type 这 3 个字段组成。NAL Header 的结构如图 9-18 所示。

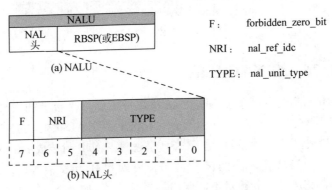

图 9-18　NALU 结构及 NAL 头(1)

NAL 头是由 forbidden_zero_bit(1b)和 nal_ref_ide(2b)表示优先级,并且由 nal_unit_type(5b)表示 NALU 的类型 3 部分组成的,NAL 头结构如图 9-19 所示。

(1) F(forbidden_zero_bit)占用 NAL 头的第 1 位,当禁止位值为 1 时表示语法错误。占 1 位,初始值为 0,当 NAL Unit 在网络传输过程中识别为错误时,可将该字段设置为 1,以便接收方纠错或丢掉该单元。

(2) NRI(nal_ref_idc)占 2 位,参考级别,占用 NAL 头的第 2 到第 3 位,用来指示该 NALU 的重要性等级。值越大,就越重要,解码器在解码处理不过来时,可以丢掉重要性为 0 的 NALU。

(3) TYPE(nal_unit_type)占 5 位,NAL Unit 数据类型,也就是标识该 NAL Unit 的数据类型是哪种,占用 NAL 头的第 4 到第 8 位。

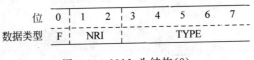

图 9-19　NAL 头结构(2)

3. NAL Unit 数据类型

在具体介绍 NAL 数据类型前,有必要知道 NAL 分为 VCL 和非 VCL 的 NAL Unit。SPS、SEI、PPS 等非 VCL 的 NAL 参数对解码和显示视频都很有用。将 nal_unit_type 的值在 1~5 的 NALU 称为 VCL NALU,其余的称为非 VCL NALU。常见的 RBSP 数据结构类型有 IDR_SLICE、SPS、PPS 和 SEI,它们的 NAL 头取值如表 9-2 所示。

表 9-2　RBSP 数据结构的 NAL 头取值

RBSP 数据结构类型	NAL 头取值
IDR_SLICE	0x65
SPS	0x67
PPS	0x68
SEI	0x06

另外一个需要了解的概念是参数集(Parameter Sets),参数集是携带解码参数的 NAL Unit,参数集对于正确解码非常重要。在一个有损耗的传输场景中,传输过程中比特列或包可能丢失或损坏,在这种网络环境下,参数集可以通过高质量的服务来发送,例如向前纠错机制或优先级机制。参数集与其之外的句法元素之间的关系如图 9-20 所示。

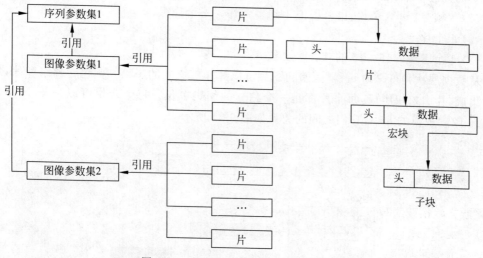

图 9-20　参数集与其他句法元素的关系

每种类型都代表着一种数据类型,下面介绍几种比较重要的数据类型。

(1) 非 VCL 的 NAL 数据类型主要包括 SPS、PPS 和 SEI。SPS 对标识符、帧数及参考帧数目、解码图像尺寸和帧场模式等解码参数进行标识记录。PPS 对熵编码类型、有效参考图像的数目和初始化等解码参数进行标识记录。SEI 可作为 H.264 的比特流数据而被传输,每个 SEI 信息被封装成一个 NAL Unit。SEI 对于解码器来讲可能是有用的,但是对于基本的解码过程来讲,并不是必需的。

注意:SPS、PPS 等内容是由编码器生成的。

(2) VCL 的 NAL 数据类型主要包括头信息分块、帧内和帧间编码数据分块。头信息分块包括宏块类型、量化参数、运动矢量。这些信息是最重要的,因为离开它们,被编码的数据块中的码元都无法使用,该数据分块称为 A 类数据分块。帧内编码信息数据分块称为 B 类数据分块,它包含帧内编码宏块类型和帧内编码系数。对于所对应的 Slice 来讲,B 类数据分块的可用性依赖于 A 类数据分块。和帧间编码信息数据块不同的是,帧内编码信息能防止进一步的偏差,因此比帧间编码信息更重要。帧间编码信息数据分块称为 C 类数据分块,它包含帧间编码宏块类型和帧间编码系数,通常是 Slice 中最大的一部分。帧间编码信息数据块是不重要的一部分,它所包含的信息并不提供编解码器之间的同步。C 类数据分块的可用性也依赖于 A 类数据分块,但与 B 类数据分块无关。

注意:以上 3 种数据块每种分割被单独地存放在一个 NAL Unit 中,因此可以被单独传输。

4. NALU 与片、宏块的关系

先思考几个问题:为什么数据 NAL Unit 中有这么多数据类型? 这个 Slice 又是什么? 为什么不是直接编码后出来的原始字节序列载荷? 所以这里有必要再讲述帧所细分的一些片和宏的概念,参照上下文能更好地理解这些概念,所以在此做一个描述。

(1) 1 帧=1~N 个片,也可以说 1 到多个片为一个片组。

(2) 1 个片=1~N 个宏块。

(3) 1 个宏块=16×16 的 YUV 数据。

从数据层次角度来讲,一幅原始的图片可以算作广义上的一帧。帧包含片组和片,片组由片组成,片由宏块组成,每个片都是一个独立的编码单位。每个宏块可以是 4×4、8×8、16×16 像素规模的大小,它们之间的关系如图 9-21 所示。

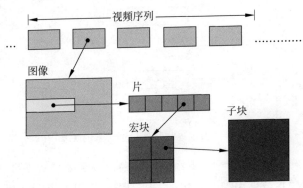

图 9-21 视频序列、图像、片、宏块

从容纳数据角度来讲,NAL Unit 除了容纳 Slice 编码的码流外,还可以容纳其他数据,这也就是为什么有 SPS、PPS 等这些数据出现的原因,并且这些数据在传输 H.264 码流的过程中起到不可或缺的作用,具体作用上面已讲解过。这些概念之间的大小关系排序为序列>图像>片>宏块>像素。

同时有几点需要说明一下,这样能更好地理解 NAL Unit:

(1) 如果不采用灵活宏块排序机制,则一张图像只有一个片组。

（2）如果不使用多个片,则一个片组只有一个片。

（3）如果不采用数据分割机制,则一个片就是一个 NALU,一个 NALU 也就是一个片。
否则,一个片的组成需要由 3 个 NALU,也就是上面说到的 A、B、C 类数据块。

此时再看下面码流的数据分层,如图 9-22 所示,这样就比较容易理解整体的码流结
构了。

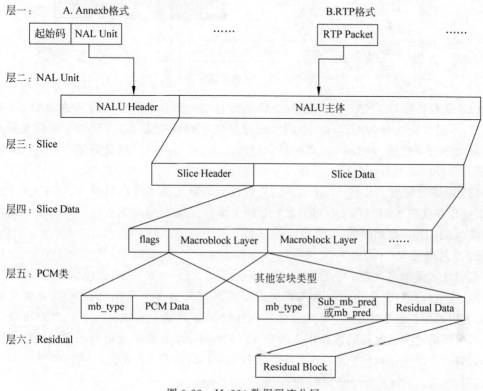

图 9-22　H.264 数据码流分层

综上所示,每个分片也包含头和数据两部分。分片头中包含分片类型、分片中的宏块类
型、分片帧的数量及对应的帧的设置和参数等信息。分片数据中则是宏块,这里就是要找的
存储像素数据的地方。宏块是视频信息的主要承载者,因为它包含着每像素的亮度和色度
信息。视频解码最主要的工作则是提供高效的方式从码流中获得宏块中的像素阵列。宏块
数据中包含了宏块类型、预测类型、Coded Block Pattern、Quantization Parameter、像素的亮
度和色度数据集等信息,如图 9-23 所示。

至此,对 H.264 的码流数据结构应该有了一个宏观的认知,另外需要注意以下几点:

（1）H.264/AVC 标准对送到解码器的 NAL Unit 的顺序是有严格要求的,如果 NAL
Unit 的顺序是混乱的,必须将其重新依照规范组织后再送入解码器,否则解码器不能正确
解码。

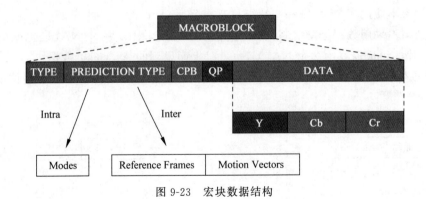

图 9-23 宏块数据结构

（2）序列参数集。NAL Unit 必须在传送所有以此参数集为参考的其他 NAL Unit 之前传送，不过允许这些 NAL Unit 中间出现重复的序列参数集 NAL Unit。所谓重复的详细解释为序列参数集 NAL Unit 都有其专门的标识，如果两个序列参数集 NAL Unit 的标识相同，就可以认为后一个只不过是前一个的复制，而非新的序列参数集。

（3）图像参数集。NAL Unit 必须在所有以此参数集为参考的其他 NAL Unit 之前传送，不过允许这些 NAL Unit 中间出现重复的图像参数集 NAL Unit，这一点与上述的序列参数集 NAL Unit 是相同的。

5. 切片与宏块

在切片数据中包含若干个宏块，如图 9-24 所示。在一个宏块中，又包含了宏块类型、宏块预测、残差数据。宏块是指一个编码图像首先要划分成多个块（4×4 像素）才能进行处理，宏块应该由整数个块组成，通常宏块大小为 16×16 像素。宏块分为 I、P、B 宏块，I 宏块只能利用当前片中已解码的像素作为参考进行帧内预测；P 宏块可以利用前面已解码的图像作为参考图像进行帧内预测；B 宏块则是利用前后向的参考图形进行帧内预测。

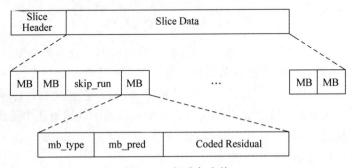

图 9-24 切片与宏块

片是指一帧视频图像可编码成一个或多个片，每片包含整数个宏块，即每片至少包含一个宏块，最多时包含整张图像的宏块。片的目的是为了限制误码的扩散和传输，使编码片相互独立。片共有 5 种类型：I 片（只包含 I 宏块）、P 片（P 宏块和 I 宏块）、B 片（B 宏块和 I 宏块）、SP 片（用于不同编码流之间的切换）和 SI 片（特殊类型的编码宏块）。片的句法结构如

图 9-24 所示,片头规定了片的类型、属于哪张图像、有关的参考图像等。片的数据包含了一系列宏块和不编码数据。片组是一个编码图像中若干宏块的一个子集,包含一个或若干个片。一般在一个片组中,每片的宏块是按扫描次序进行编码的,除非使用任意块次序,即一个编码帧中的片之后可以跟随任意解码图像的片。另外一种片组,灵活宏块次序用灵活的方法把编码的宏块映射到相应的片组中。

第 10 章

AAC 编解码基础

根据编码方式的不同,音频编码技术主要分为 3 种,包括波形编码、参数编码和混合编码。一般来讲,波形编码音质高,并且编码率也很高;参数编码的编码率很低,产生的合成语音的音质不高;混合编码使用参数编码技术和波形编码技术,编码率和音质介于它们之间。AAC 是一种专为声音数据设计的文件压缩格式。与 MP3 不同,它采用了全新的算法进行编码,更加高效,具有更高的性价比。利用 AAC 格式,可使人感觉声音质量没有明显降低的前提下,更加小巧。

注意:本书只讲解 AAC 的基本概念和原理,更多的编解码知识可关注后续的图书。

10.1 AAC 编码概述

AAC 出现于 1997 年,最初是基于 MPEG-2 的音频编码技术,其目的是取代 MP3 格式。2000 年,MPEG-4 标准出台,AAC 重新集成了其他技术,如 PS 和 SBR,为区别于传统的 MPEG-2 AAC,将含有 SBR 或 PS 特性的 AAC 称为 MPEG-4 AAC。AAC 是新一代的音频有损压缩技术,它通过一些附加的编码技术,衍生出了 LC-AAC、HE-AAC、HE-AACv2 共 3 种主要的编码。其中 LC-AAC 是比较传统的 AAC,相对而言,主要用于中高码率(≥80kb/s);HE-AAC 主要用于中低码率(≤80kb/s);HE-AACv2(相当于 AAC+SBR+PS)主要用于低码率(≤48kb/s)。事实上,大部分编码器设成≤48kb/s 并自动启用 PS 技术,而对于>48kb/s 采用不加 PS 的方式,相当于普通的 HE-AAC。

AAC 共有 9 种规格,以适应对不同场合的需要。

(1) MPEG-2 AAC LC:低复杂度规格(Low Complexity),比较简单,没有增益控制,但提高了编码效率,在中等码率的编码效率及音质方面都能找到平衡点。

(2) MPEG-2 AAC Main:主规格。

(3) MPEG-2 AAC SSR:可变采样率规格(Scaleable Sample Rate)。

(4) MPEG-4 AAC LC:低复杂度规格(Low Complexity),现在手机中比较常见的 MP4 文件的音频部分就包括了该规格音频文件。

(5) MPEG-4 AAC Main:主规格,包含了除增益控制之外的全部功能,其音质最好。

(6) MPEG-4 AAC SSR：可变采样率规格(Scaleable Sample Rate)。

(7) MPEG-4 AAC LTP：长时期预测规格(Long Term Prediction)。

(8) MPEG-4 AAC LD：低延迟规格(Low Delay)。

(9) MPEG-4 AAC HE：高效率规格(High Efficiency)，这种规格适合用于低码率编码，由 Nero ACC 编码器支持。

目前使用最多的是 LC 和 HE，例如流行的 Nero AAC 编码程序只支持 LC、HE、HEv2 这 3 种规格，编码后的 AAC 音频，其规格显示都是 LC。HE 其实就是 AAC＋SBR 技术，HEv2 就是 AAC＋SBR＋PS 技术。这里简要说明一下 HE 和 HEv2 的相关内容。HE 是指 High Efficiency(高效性)，HE-AAC v1 用容器的方法实现了 AAC＋SBR 技术，其中 SBR 代表的是频段复制(Spectral Band Replication)。因为音乐的主要频谱集中在低频段，虽然高频段幅度很小，但很重要，决定了音质。如果对整个频段编码，若是为了保护高频就会造成低频段编码过细以致文件巨大；若是保存了低频的主要成分而失去高频成分就会丧失音质。SBR 把频谱切割开来，低频单独编码并保存主要成分，高频单独放大编码并保存音质，这样就做到了统筹兼顾，在减少文件大小的情况下还保存了音质，完美地化解了这一矛盾。HEv2 是指用容器的方法包含了 HE-AAC v1 和 PS 技术，PS(Parametric Stereo)指原来的立体声文件的文件大小是一个声道的两倍，但是两个声道的声音存在某种相似性，根据香农信息熵编码定理，相关性应该被去掉才能减少文件大小，所以 PS 技术存储了一个声道的全部信息，然后花费很少的字节并采用参数描述另一个声道和它不同的地方。

AAC 编码主要包括以下几个特点。

(1) AAC 是一种高压缩比的音频压缩算法，但它的压缩比要远超过较老的音频压缩算法，如 AC-3、MP3 等，并且其质量可以同未压缩的 CD 音质相媲美。

(2) 同其他类似的音频编码算法一样，AAC 也采用了变换编码算法，但 AAC 使用了分辨率更高的滤波器组，因此它可以达到更高的压缩比。

(3) AAC 使用了临时噪声重整、后向自适应线性预测、联合立体声技术和量化哈夫曼编码等最新技术，这些新技术的使用都使压缩比得到进一步的提高。

(4) AAC 支持更多种采样率和比特率、1～48 个音轨、多达 15 个低频音轨、具有多种语言的兼容能力，还有多达 15 个内嵌数据流。

(5) AAC 支持更宽的声音频率范围，最高可达到 96kHz，最低可达 8kHz，远宽于 MP3 的 16～48kHz。

(6) 不同于 MP3 及 WMA，AAC 几乎不损失声音频率中的甚高、甚低频率成分，并且比 WMA 在频谱结构上更接近于原始音频，因而声音的保真度更高。专业评测中表明，AAC 比 WMA 声音更清晰，而且更接近原音。

(7) AAC 采用优化的算法达到了更高的解码效率，解码时只需较少的处理能力。

AAC 的算法处理流程主要包括以下几个步骤：

(1) 判断文件格式，确定为 ADIF 或 ADTS。

(2) 若为 ADIF，则解 ADIF 头信息，跳至第(6)步。

（3）若为 ADTS，则寻找同步头。

（4）解 ADTS 帧头信息。

（5）若有错误检测，则进行错误检测。

（6）解块信息。

（7）解元素信息。

首先对输入的 PCM 信号分段，每帧每声道 1024 个样本，采用 1/2 重叠，组合得到 2048 个样本。加窗后，进行离散余弦变化，输出 1024 个频谱分量，依据不同采样率和变换块类型划分成 10 个不同带宽的比例因子频带。其中变化块类型由心理声学模型计算分析得到，该模型还将输出信掩比，用于后续模块的处理。AAC 还使用了一种新的称为时域噪声整型的技术，简称为 TNS。TNS 的作用机理在于利用了时域和频域信号的对偶性。在立体声编码方面，AAC 既支持 M/S，又支持 L/R，两者的选择准则是看比特数的消耗。基于人耳对高频的定位主要取决于能量的特点，采用了增强立体声技术，对耦合声道只传一路包络。经过前述多个模块的预处理后，在量化和编码阶段才真正降低了数据量并使用非均匀量化来改善小信号的信噪比，把比例因子频带合并成分区后再对频谱分量进行哈夫曼编码。量化和编码使用一种两层嵌套循环算法，以权衡码率和失真之间的矛盾。最后，进行比特流封装，得到压缩后的码流。

10.2　AAC 音频文件格式

AAC 的音频文件格式有两种，包括 ADIF 和 ADTS。ADIF 特征可以准确地找到这个音频数据的开始，不可以在音频数据流的中间位置进行解码，即它的解码必须在明确定义的开始处进行，故这种格式常用在磁盘文件中。ADTS 是一个有同步字的比特流，解码可以在这个流中的任何位置开始，它的特征类似于 MP3 数据流格式。简单来讲，ADTS 可以在任意帧解码，也就是说它的每帧都有头信息；ADIF 只有一个统一的头，所以必须得到所有的数据后解码。这两种文件格式的 Header 的格式也是不同的，一般编码后的和抽取出的都是 ADTS 格式的音频流。

ADIF 文件格式和 ADTS 文件中一帧的格式，如图 10-1 所示。

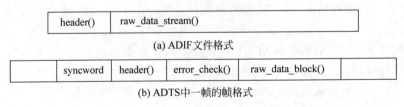

(a) ADIF文件格式

(b) ADTS中一帧的帧格式

图 10-1　ADIF 和 ADTS 的结构

注意：图 10-1 中两边的空白矩形表示一帧前后的数据。

ADIF 的头结构信息如图 10-2 所示，它位于 AAC 文件的起始处，接下来就是连续的

Raw Data Blocks。

Syntax	No. of bits	Mnemonic
adif_header()		
{		
adi_id	32	bslbf
copyright_ld_present	1	bslbf
if(copyright_id present)		
copyright_ id	72	bslbf
original_copy	1	bslbf
home	1	bslbf
bitstream_type	1	bslbf
bitrate	23	uimsbf
num_program_config_elements	4	bslbf
for(i=0; i < num_program_ config_elements + 1; i++){		
if(bitstream_ type =='0')		
adif_buffer_fullness	20	uimsbf
program_config_element()		
}		
}		

图 10-2 ADIF 的头结构

ADTS 的头信息由两部分组成，前边为固定头信息，紧接着是可变头信息。固定头信息中的数据的每帧都相同，而可变头信息则在帧与帧之间可变。帧同步的目的在于找出帧头在比特流中的位置，13818-7 标准规定，AAC ADTS 格式的帧头同步字为 12 比特的 1111 1111 1111。

ADTS 的固定头信息，如图 10-3 所示。

Syntax	No. of bits	Mnemonic
adts_fixed_header()		
{		
Syncword	12	bslbf
ID	1	bslbf
Layer	2	uimsbf
protection_absent	1	bslbf
Profile	2	uimsbf
sampling_frequency_index	4	uimsbf
private_bit	1	bslhf
channel_configuration	3	uimsbf
originallcopy	1	bslbf
Home	1	bslbf
Emphasis	2	bslbf
}		

图 10-3 ADTS 的固定头信息

ADTS 的可变头信息如图 10-4 所示。

Syntax	No. of bits	Mnemonic
adts_variable_header()		
{		
copyright_ identification_bit	1	bslbf
copyright_identification_ start	1	bslbf
aac_frame_length	13	bslbf
adts_buffer_fullness	11	bslbf
no_raw data_blocks_in_frame	2	uimsbf
}		

图 10-4 ADTS 的可变头信息

　　在 AAC 中,原始数据块的组成有以下几种不同的元素:

　　(1) SCE(Single Channel Element,单通道元素),基本上只由一个 ICS 组成。一个原始数据块最可能由 16 个 SCE 组成。

　　(2) CPE(Channel Pair Element,双通道元素),由两个可能共享边信息的 ICS 和一些联合立体声编码信息组成。一个原始数据块最多可能由 16 个 SCE 组成。

　　(3) CCE(Coupling Channel Element,耦合通道元素),代表一个块的多通道联合立体声信息或者多语种程序的对话信息。

　　(4) LFE(Low Frequency Element,低频元素),包含了一个加强低采样频率的通道。

　　(5) DSE(Data Stream Element,数据流元素),包含了一些并不属于音频的附加信息。

　　(6) PCE(Program Config Element,程序配置元素),包含了声道的配置信息,可能出现在 ADIF 头部信息中。

　　(7) FIL(Fill Element,填充元素),包含了一些扩展信息,如 SBR、动态范围控制信息等。

第 11 章

H.265 编解码基础

H.265 是 ITU-T VCEG 继 H.264 之后所制定的新的视频编码标准,围绕着现有的视频编码标准 H.264,保留了原来的某些技术,同时对一些相关的技术加以改进。新技术使用先进的技术用以改善码流、编码质量、延时和算法复杂度之间的关系,达到最优化设置。具体的研究内容包括:提高压缩效率、提高稳健性和错误恢复能力、减少实时的时延、减少信道获取时间和随机接入时延、降低复杂度等。

注意:本书只讲解 H.265 的基本概念和原理,更多的编解码知识可关注后续的图书。

11.1　H.265 编解码概述

2012 年 8 月,爱立信公司推出了首款 H.265 编解码器,而在仅仅 6 个月之后,ITU 就正式批准并通过了 HEVC/H.265 标准,相较于之前的 H.264 标准有了相当大的改善。H.265 主要围绕着现有的视频编码标准 H.264,在保留了原有的某些技术外,增加了能够改善码流、编码质量、延时及算法复杂度之间的关系等相关的技术。新技术使用先进的技术用以改善码流、编码质量、延时和算法复杂度之间的关系,以此达到最优化设置。具体的研究内容包括:提高压缩效率、提高稳健性和错误恢复能力、减少实时的时延、减少信道获取时间和随机接入时延、降低复杂度等。H.264 由于算法优化,可以低于 1Mb/s 的速度实现标清数字图像传送,而 H.265 则可以实现利用 1~2Mb/s 的传输速度传送 720P 普通高清音视频。

H.265 旨在在有限带宽下传输更高质量的网络视频,仅需 H.264 的一半带宽即可播放相同质量的视频。这也意味着,智能手机、平板电脑等移动设备将能够直接在线播放 1080p 的全高清视频。H.265 标准同时也支持 4K 和 8K 超高清视频。可以说,H.265 标准让网络视频跟上了显示屏"高分辨率化"的脚步。当然在某些方面和 H.264 比较,H.265 编码标准还需要打造一个更完善的生态,很多支持 RTMP 推流的平台目前还不支持对 H.265 的解码,从而想要利用 H.265 编码优势来完成推流方案的用户不得不购买专用的解码设备。传输码率方面,H.263 可以 2~4Mb/s 的传输速度实现标准清晰度广播级数字电视(符合 CCIR601、CCIR656 标准要求的 720×576),而 H.264 由于算法优化,可以低于 2Mb/s 的速度实现标清数字图像的传送,H.265 High Profile 则可在低于 1.5Mb/s 的传输带宽下实现 1080p 全高清视频传输。

除了在编解码效率上的提升外,在对网络的适应性方面 H.265 也有显著提升,可很好运行在 Internet 等复杂网络条件下。性能提升,在运动预测方面,下一代算法将不再沿袭"宏块"的画面分割方法,而可能采用面向对象的方法,直接辨别画面中的运动主体。在变换方面,下一代算法可能不再沿袭基于傅里叶变换的算法族,有很多文章在讨论,其中提醒读者注意所谓的"超完备变换",主要特点是:其 $M \times N$ 的变换矩阵中,$M > N$,甚至远大于 N,变换后得到的向量虽然比较大,但其中的 0 元素很多,经过后面的熵编码压缩后,就可以得到压缩率较高的信息流。关于运算量,H.264 的压缩效率比 MPEG-2 提高了 1 倍多,其代价是计算量提高了至少 4 倍,导致高清编码需要 100GOPS 的峰值计算能力。尽管如此,仍有可能使用近年来的主流 IC 工艺和普通设计技术,设计出达到上述能力的专用硬件电路,且使其批量生产以便使成本维持在原有水平。逐渐地,新的技术被接受为标准,其压缩效率比 H.264 至少提高 1 倍,对于计算量的需求仍然会增加 4 倍以上。

11.2 H.265 码流简介

H.265 相比较于 H.264,除了包含 SPS、PPS 外,还多包含了一个 VPS。在 NALU header 上,H.264 的 NALU header 是 1 字节,而 H.265 则是 2 字节。与 H.264 类似,H.265 码流也有两种封装格式,一种是用起始码作为分界的 Annex B 格式,另一种则是在 NALU 头添加 NALU 长度前缀的格式,称为 HVCC。

11.2.1 HEVC Profiles/Levels/Tier

HEVC Profile 规定了编码器可采用哪些编码工具或算法,共分 3 个档次,如图 11-1 所示。

Feature	Version 1			Version 2					
	Main	Main 10	Main 12	Main 4:2:2 10	Main 4:2:2 12	Main 4:4:4	Main 4:4:4 10	Main 4:4:4 12	Main 4:4:4 16 Intra
Bit depth	8	8 to 10	8 to 12	8 to 10	8 to 12	8	8 to 10	8 to 12	8 to 16
Chroma sampling formats	4:2:0	4:2:0	4:2:0	4:2:0/ 4:2:2	4:2:0/ 4:2:2	4:2:0/ 4:2:2/ 4:4:4	4:2:0/ 4:2:2/ 4:4:4	4:2:0/ 4:2:2/ 4:4:4	4:2:0/ 4:2:2/ 4:4:4
4:0:0 (Monochrome)	No	No	Yes	Yes	Yes	Yes	Yes	Yes	Yes
High precision weighted prediction	No	No	Yes	Yes	Yes	Yes	Yes	Yes	Yes
Chroma QP offset list	No	No	Yes	Yes	Yes	Yes	Yes	Yes	Yes
Cross-component prediction	No	No	No	No	No	No	Yes	Yes	Yes
Intra smoothing disabling	No	No	No	No	No	No	Yes	Yes	Yes
Persistent Rice adaptation	No	No	No	No	No	No	Yes	Yes	Yes
RDPCM implicit/explicit	No	No	No	No	No	No	Yes	Yes	Yes
Transform skip block sizes larger than 4x4	No	No	No	No	No	No	Yes	Yes	Yes
Transform skip context/rotation	No	No	No	No	No	No	Yes	Yes	Yes
Extended precision processing	No	No	No	No	No	No	No	No	Yes

图 11-1　HEVC 的 Profiles

（1）Main Profile：每像素 8b 的位深，是最常见的档次。

（2）Main Still Picture Profile：支持单个静态图像，按照 Main 档次的规定进行编码，码流仅包含单一的帧内编码图像。

（3）Main 10 Profile：除了 8b 位深，也可扩展支持 10b 位深，支持 Main 10 的解码器必须同时可解码 Main 档次的码流。

HEVC Level 是对解码端的负载和内存占用影响较大的一系列编码约束的组合，如最大采样率、最大图像尺寸、最小压缩率、最大比特率、DPB 容量和 CPB 大小等。

HEVC Tier 是为了不同应用需要的最高比特率的不同而做出的区分，有两种，包括 main 和 high。对于同一水平，按照最大码率和缓存容量要求的不同，HEVC 设置了两档等级，定义为高等级和主等级。主等级可用于大多数场景，要求的码率较低，而高等级可用于特殊要求或者苛刻要求的地方。

11.2.2 HEVC 的分层结构

与 H.264/AVC 类似，H.265/HEVC 采用了 VCL 和 NAL，如图 11-2 所示。VCL 包含了视频数据的内容，NAL 主要负责对视频压缩后的数据进行划分和封装，保证数据能在不同的网络环境中传输。

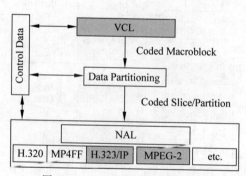

图 11-2 HEVC 的 VCL 和 NAL

NAL 属于其他协议定义的内容。VCL 可认为是视频编码后的裸码流，NAL 是将 VCL 裸码流进行打包后进行网络传输的码流。通过 NAL，视频压缩数据将被根据其内容特性分割成具有不同特性的 NAL Unit，并对 NALU 的内容特性进行标识，因此，传输网络根据 NALU 的标识就可以优化视频传输的性能，而不需再分析视频的内容特征。NALU 可以直接作为载体进行传输，而由于不同网络支持的最大传输单元（Maximum Transmission Unit，MTU）是不一样的，因此存在一个网络分组包含一个或者多个 NALU，或者多个网络分组包含一个 NALU。对于一个码流文件来讲，包含一系列 NAL 头，根据 H.265 对 NALU 的类型定义，可以解析出其是 VPS、SPS、PPS 等 6 种类型。

HEVC 的码流是由一个个 NALU 组成的，如图 11-3 所示。

VCL 采用了把图片内静态压缩、图片间的动态压缩、2D 变换，以及码流层的熵压缩等压缩技术组合在一起的混合编码技术，其编码框架如图 11-4 所示。

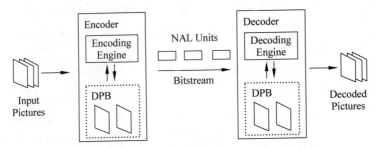

图 11-3　HEVC 的码流由一个个 NALU 组成

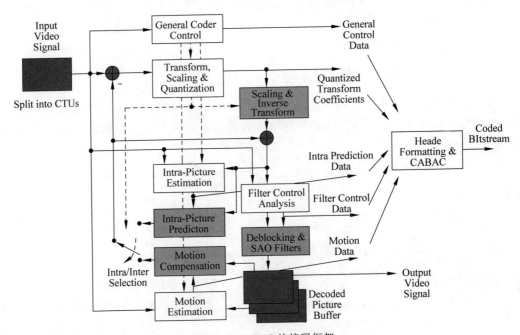

图 11-4　HEVC 的编码框架

H.265/HEVC 的编码架构大致上和 H.264/AVC 的架构相似,主要包含帧内预测、帧间预测、转换、量化、去区块滤波器、熵编码等模块,但在 HEVC 编码架构中,整体被分为了3 个基本单位,分别是编码单位(Coding Unit,CU)、预测单位(Predict Unit,PU)和转换单位(Transform Unit,TU)。与 H.264/AVC 相比,H.265/HEVC 采用了许多新的编码方法,如表 11-1 所示。

表 11-1　H.265/HEVC 与 H.264/AVC 的编码方法对比

位 数 名 称	H.265/HEVC	H.264/AVC
Year	2013	2003
Other Name	MPEG-H	MPEG-4 Part 10
Resolutions	Up to 8K	Up to 4K

续表

位 数 名 称	H. 265/HEVC	H. 264/AVC
Profiles	3 profiles；13 levels；2 tiers	21 profiles；17 levels
32	Tree structure 8x8,16x16,32x32,64x64 Square, sym. /asym. rect.	Macroblock 16x16(4x4) Square, sym. rect.
Block size	Tree structure 8x8,16x16,32x32,64x64 Square, sym. /asym. rect.	Macroblock 16x16(4x4) Square, sym. rect.
Transforms	Integer-DCT (4x4,8x8,16x16,32x32) Integer-DST (4x4 Intra)	Integer-DCT (4x4,8x8) Hadamard (2x3,4x4)
Intra-prediction	Up to 33 angular modes (＋DC＋planar mode)	Up to 9 modes
Motion prediction Motion-copy mode MV precision	Advanced MV prediction (spatial＋temp. co-located) Merge, Skip 1/4 pixel 7/8 tap	Spatial media ＋temp. co-located Direct，Skip 1/2 pixel 6-tap＋ 1/4 pixel bilinear
In-loop filtering	Deblocking, SAO	deblocking
Quantization	URQ	URQ
Entropy Coding	CABAC	CAVLC, CABAC

HEVC 码流是由一系列 NALU 组成的，每个 NALU 包含整数字节的数据，头 2 字节为 NAL Unit Header(注意 H.264 的 NALU Header 为 1B)，剩余的为负载数据(原始字节序列负荷 RBSP)。不同的 NAL Unit 分为 VCL NAL 和 non-VCL NAL Unit，前者携带编码过的图像数据，而后者包含多帧共享的控制参数信息。

H.265/HEVC 下 NALU 包含两部分结构，即 NALU 头和负载，NALU 头的长度为固定的 2B，反映了 NALU 的内容特征，NALU 负载长度为整数字节，承载视频压缩后的原始字节序列载荷(Raw Byte Sequence Payload，RBSP)。RBSP 是对视频编码后的原始比特流片段(String OF Data Bits，SODB)进行添加尾部(添加结尾比特 1，以凑足整字节)的包装。HEVC 的 NALU 头结构如图 11-5 所示。

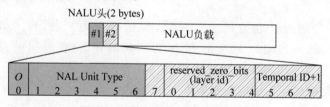

图 11-5 HEVC 的 NALU 头结构

H.265 的 NALU 头长度为 2B,分成 4 部分,如图 11-6 所示。第 1 个比特 F 为 forbidden_zero_bit 位,固定为 0,接下来的 6 个比特的 nal_unit_type 确定了 NAL 的类型,其中 VCL、NAL 和 non-VCL NAL 各有 32 类。

nal_unit_header( ) {	Descriptor
forbidden_zero_bit	f(1)
nal unit_type	u(6)
nuh_reserved_zero_6bits	u(6)
nuh_temporal_id_plus1	u(3)
}	

图 11-6　HEVC 的 NALU 头的字段组成

nal_unit_type 为 6b,取值范围是[0,63],用来标识当前 NALU 载荷信息的内容特性,计算方法如下:

```
int nalu_type = (buf[0] & 0x7E)>> 1;
//or
int nalu_type = (buf[0] >> 1) & 0x3F;
```

其中,buf[0]为分隔符之后的第 1 字节。

H.265 的 NALU 负载,长度为整数字节,承载视频压缩后的 RBSP。RBSP 是对视频编码后的原始比特流片段 SODB 进行添加尾部(添加结尾比特 1,以凑足整字节)的包装。RBSP 可以包含一个 SS 的压缩数据,VPS、SPS、PPS,补充增强信息等,也可以为定界、序列结束、比特流结束、填充数据等。在字节流环境中,如果 NALU 对应的 Slice 为一帧的开始,则其开始码为 0x00000001;若对应的 Slice 不是一帧的开始,则为 0x000001。为避免 NALU 载荷中的字节流片段与 NALU 的起始码及结束码发生冲突,需要对 RBSP 字节流做避免冲突处理,经过处理后的 RBSP 才可以直接作为 NALU 的载荷信息。同时应注意在解码时,这些处理是会被逆处理恢复的。

NALU 为压缩视频数据的基本单位,也是后续视频传输的基本单位,它由一组对应于视频编码数据的 NAL 头信息和一个 RBSP 组成。压缩视频比特流由一个个连续排列的 NALU 组成,如图 11-7 所示。

...	NAL 头	RBSP	NAL 头	RBSP	NAL 头	RBSP	......

图 11-7　HEVC 的压缩比特流

每个 NALU 之间通过起始码进行分隔,起始码分为两种,即 0x000001(3B)或者 0x00000001(4B)。如果 NALU 对应的 Slice 为一帧的开始(视频流的首个 NALU)就用 0x00000001,否则就用 0x000001。

IDR 与非 IDR 帧的码流结构信息如图 11-8 所示。

SPS and PPs parameters followed by IDR Frame

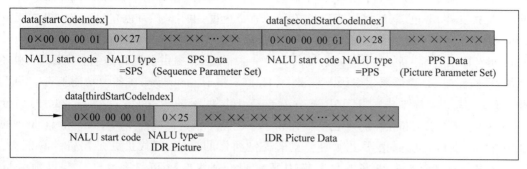

non-DR Frame

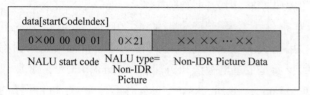

图 11-8　HEVC 的 IDR 与非 IDR 帧的码流结构

11.3　H.265 与 H.264 的区别与优势

H.265/HEVC 的编码架构大致上和 H.264/AVC 的架构相似,主要包含帧内预测、帧间预测、转换、量化、去区块滤波器、熵编码等模块,但在 HEVC 编码架构中,整体被分为了 3 个基本单位,分别是编码单位(Coding Unit,CU)、预测单位(Predict Unit,PU)和转换单位(Transform Unit,TU)。

与 H.264/AVC 相比,H.265/HEVC 提供了更多不同的工具来降低码率。以编码单位来讲,H.264 中每个宏块大小都是固定的 16×16 像素,而 H.265 的编码单位可以选择从最小的 8×8 到最大的 64×64。信息量不多的区域,划分的宏块较大,编码后的码字较少,而细节多的地方划分的宏块就相应地多一些,编码后的码字较多,这样就相当于对图像进行了有重点的编码,从而降低了整体的码率,编码效率就相应提高了。同时,H.265 的帧内预测模式支持 33 种方向(H.264 只支持 8 种),并且提供了更好的运动补偿处理和矢量预测方法。

反复地进行质量比较及测试已经表明,在相同的图像质量下,相比于 H.264,通过 H.265 编码的视频大小将减少大约 39%～44%。由于质量控制的测定方法不同,这个数据也会有相应的变化。通过主观视觉测试得出的数据显示,在码率减少 51%～74% 的情况下,H.265 编码视频的质量还能与 H.264 编码视频的质量近似甚至更好,其本质上说是比预期的信噪比(PSNR)要好。这些主观视觉测试的评判标准覆盖了许多学科,包括心理学和人眼视觉特性等,视频样本非常广泛,虽然它们不能作为最终结论,但这也是非常鼓舞人心的结果。H.264 与 H.265 编码视频的主观视觉测试对比,可以看到后者的码率比前者大大减少了。

2013 年颁布的 HEVC 标准共有 3 种模式,包括 Main、Main 10 和 Main Still Picture。Main 模式支持 8b 色深(红、绿、蓝三色各有 256 个色度,共 1670 万色),Main 10 模式支持 10b 色深,将会用于超高清电视(UHDTV)上。前两者都将色度采样格式限制为 4∶2∶0。2014 年对标准有所扩展,支持 4∶2∶2、4∶4∶4 采样格式(提供了更高的色彩还原度)和多视图编码,例如 3D 立体视频编码。事实上,H.265 和 H.264 标准在各种功能上有一些重叠。例如,H.264 标准中的 Hi10P 部分就支持 10b 色深的视频,另一个 H.264 的部分(Hi444PP)还可以支持 4∶4∶4 色度抽样和 14b 色深。在这种情况下,H.265 和 H.264 的区别就体现在前者可以使用更少的带宽来提供同样的功能,其代价就是设备计算能力:H.265 编码的视频需要更多的计算能力来解码。有线电视和数字电视广播以前采取 MPEG-2 标准。H.265 会逐步成为新的编码标准,因为同样的内容,H.265 可以减少 70%~80% 的带宽消耗。这就可以在现有带宽条件下轻松支持全高清 1080P 广播,但是另一方面,电视广播公司又很少有创新的理由,因为大多数有线电视公司在它们的目标市场中面临的竞争却很有限。出于节省带宽的目的,反而是卫星电视公司可能会率先采用 H.265 标准。

H.265 将图像划分为编码树单元(Coding Tree Blocks,CTU),而不是像 H.264 那样的 16×16 的宏块。根据不同的编码设置,编码树块的尺寸可以被设置为 64×64 或有限的 32×32 或 16×16。很多研究都展示出更大的编码树块可以提供更高的压缩效率,同样也需要更高的编码速度。每个编码树块可以被递归分割,利用四叉树结构,分割为 32×32、16×16、8×8 的子区域,例如一个 64×64 编码树块的分区示例,如图 11-9 所示。每幅图像进一步被区分为特殊的编码树块组,称为切片(Slices)和拼贴(Tiles)。编码树单元是 H.265 的基本编码单位,如同 H.264 的宏块。编码树单元可向下分为 CU、PU 及 TU,如图 11-9 所示。

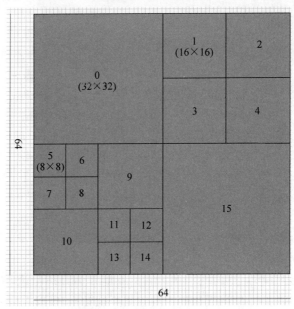

图 11-9　HEVC 的编码单元

每个编码树单元内包含一个亮度与两个色度编码树块,以及记录额外信息的语法元素。一般来讲影片大多是以 YUV 4:2:0 色彩采样进行压缩,因此以 16×16 的编码树单元为例,其中会包含一个 16×16 的亮度编码树块,以及两个 8×8 的色度编码树块。

编码单元是 H.265 基本的预测单元。通常,较小的编码单元被用在细节区域,例如边界等,而较大的编码单元被用在可预测的平面区域。转换尺寸,每个编码单元可以四叉树的方式递归分割为转换单元。与 H.264 主要以 4×4 转换(偶尔以 8×8 转换)所不同的是,H.265 有若干种转换尺寸:32×32、16×16、8×8 和 4×4。从数学的角度来看,更大的转换单元可以更好地编码静态信号,而更小的转换单元可以更好地编码更小的脉冲信号。

在转换和量化之前,首先是预测阶段,主要包括帧内预测和帧间预测。一个编码单元可以使用以下 8 种预测模式中的一种进行预测,如图 11-10 所示。

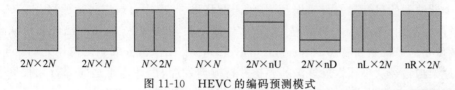

$2N×2N$　　$2N×N$　　$N×2N$　　$N×N$　　$2N×nU$　　$2N×nD$　　$nL×2N$　　$nR×2N$

图 11-10　HEVC 的编码预测模式

即使一个编码单元包含 1 个、2 个或 4 个预测单元,也可以使用专门的帧间或帧内预测技术对其进行预测。此外,内编码的编码单元只能使用 $2N×2N$ 或 $N×N$ 的平方划分。编码单元可以使用平方和非对称的方式划分。

帧内预测,HEVC 有 35 个不同的帧内预测模式(包含 9 个 AVC 中已有的),包括 DC 模式、平面(Planar)模式和 33 个方向的模式,如图 11-11 所示。帧内预测可以遵循变换单元的分割树,所以预测模式可以应用于 4×4、8×8、16×16 和 32×32 的变换单元。

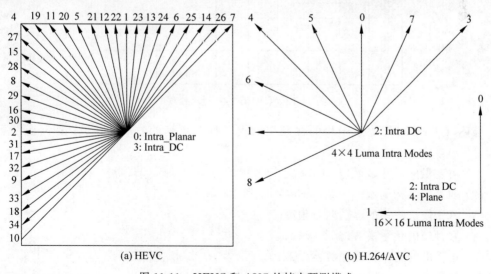

(a) HEVC　　　　　　　　　　　(b) H.264/AVC

图 11-11　HEVC 和 AVC 的帧内预测模式

帧间预测,针对运动向量预测,H.265有两个参考表,包括L0和L1。每个都拥有16个参照项,但是唯一图片的最大数量是8。H.265运动估计要比H.264更加复杂。它使用列表索引,有两个主要的预测模式,即合并和高级运动向量(Merge and Advanced MV)。

在编码的过程中,预测单元是进行预测的基本单元,变换单元是进行变换和量化的基本单元。这两个单元的分离,使变换、预测和编码各个处理环节更加灵活。

去块化与H.264在4×4块上实现去块化所不同的是,HEVC只能在8×8网格上实现去块,这就能允许去块的并行处理,没有滤波器重叠。首先去块的是画面里的所有垂直边缘,紧接着是所有水平边缘,与H.264采用一样的滤波器。

采样点自适应偏移(Sample Adaptive Offset)是指去块后还有第2个可选的滤波器,叫作采样点自适应偏移。它类似于去块滤波器,应用在预测循环中,将结果存储在参考帧列表中。这个滤波器的目标是修订错误预测、编码漂移等,并应用自适应进行偏移。

并行处理,由于HEVC的解码要比AVC复杂很多,所以一些技术已经允许实现并行解码,最重要的为拼贴和波前(Tiles and Wavefront)。图像被分成编码树单元的矩形网格。当前芯片架构已经从单核性能逐渐往多核并行方向发展,因此为了适应并行化程度非常高的芯片实现,H.265引入了很多并行运算的优化思路,如图11-12所示。

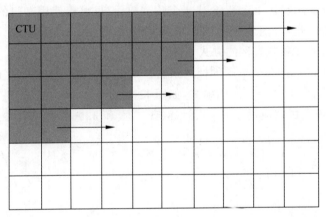

图11-12　HEVC的并行化处理

综述,HEVC将传统基于块的视频编码模式推向更高的效率水平,主要包括以下几方面:

(1) 可变量的尺寸转换(从4×4到32×32)。

(2) 四叉树结构的预测区域(从64×64到4×4)。

(3) 基于候选清单的运动向量预测。

(4) 多种帧内预测模式。

(5) 更精准的运动补偿滤波器。

(6) 优化的去块、采样点自适应偏移滤波器等。

参考文献

［1］ 陈靖,刘京,曹喜信.深入理解视频编解码技术：基于 H.264 标准及参考模型［M］.北京：北京航空航
天大学出版社,2012.

［2］ 毕厚杰,王健.新一代视频压缩编码标准：H.264/AVC［M］.2 版.北京：人民邮电出版社,2009.

［3］ 姜秀华.数字电视广播原理与应用［M］.北京：人民邮电出版社,2007.

［4］ 高文,赵德斌,马思伟.数字视频编码技术原理［M］.2 版.北京：科学出版社,2018.

图 书 推 荐

书　名	作　者
鸿蒙应用程序开发	董昱
鸿蒙操作系统开发入门经典	徐礼文
鸿蒙操作系统应用开发实践	陈美汝、郑森文、武延军、吴敬征
华为方舟编译器之美——基于开源代码的架构分析与实现	史宁宁
鲲鹏架构入门与实战	张磊
华为 HCIA 路由与交换技术实战	江礼教
Flutter 组件精讲与实战	赵龙
Flutter 组件详解与实战	［加］王浩然（Bradley Wang）
Flutter 实战指南	李楠
Dart 语言实战——基于 Flutter 框架的程序开发（第 2 版）	亢少军
Dart 语言实战——基于 Angular 框架的 Web 开发	刘仕文
IntelliJ IDEA 软件开发与应用	乔国辉
Vue＋Spring Boot 前后端分离开发实战	贾志杰
Vue.js 企业开发实战	千锋教育高教产品研发部
Python 人工智能——原理、实践及应用	杨博雄主编，于营、肖衡、潘玉霞、高华玲、梁志勇副主编
Python 深度学习	王志立
Python 异步编程实战——基于 AIO 的全栈开发技术	陈少佳
Python 数据分析从 0 到 1	邓立文、俞心宇、牛瑶
物联网——嵌入式开发实战	连志安
智慧建造——物联网在建筑设计与管理中的实践	［美］周晨光（Timothy Chou）著；段晨东、柯吉译
TensorFlow 计算机视觉原理与实战	欧阳鹏程、任浩然
分布式机器学习实战	陈敬雷
计算机视觉——基于 OpenCV 与 TensorFlow 的深度学习方法	余海林、翟中华
深度学习——理论、方法与 PyTorch 实践	翟中华、孟翔宇
深度学习原理与 PyTorch 实战	张伟振
ARKit 原生开发入门精粹——RealityKit＋Swift＋SwiftUI	汪祥春
HoloLens 2 开发入门精要——基于 Unity 和 MRTK	汪祥春
Altium Designer 20 PCB 设计实战（视频微课版）	白军杰
Cadence 高速 PCB 设计——基于手机高阶板的案例分析与实现	李卫国、张彬、林超文
Octave 程序设计	于红博
SolidWorks 2020 快速入门与深入实战	邵为龙
SolidWorks 2021 快速入门与深入实战	邵为龙
UG NX 1926 快速入门与深入实战	邵为龙
西门子 S7-200 SMART PLC 编程及应用（视频微课版）	徐宁、赵丽君
三菱 FX3U PLC 编程及应用（视频微课版）	吴文灵
全栈 UI 自动化测试实战	胡胜强、单镜石、李睿
pytest 框架与自动化测试应用	房荔枝、梁丽丽
软件测试与面试通识	于晶、张丹
深入理解微电子电路设计——电子元器件原理及应用（原书第 5 版）	［美］理查德·C. 耶格（Richard C. Jaeger）、［美］特拉维斯·N. 布莱洛克（Travis N. Blalock）著；宋廷强译
深入理解微电子电路设计——数字电子技术及应用（原书第 5 版）	［美］理查德·C. 耶格（Richard C. Jaeger）、［美］特拉维斯·N. 布莱洛克（Travis N. Blalock）著；宋廷强译
深入理解微电子电路设计——模拟电子技术及应用（原书第 5 版）	［美］理查德·C. 耶格（Richard C. Jaeger）、［美］特拉维斯·N. 布莱洛克（Travis N. Blalock）著；宋廷强译

图书资源支持

感谢您一直以来对清华大学出版社图书的支持和爱护。为了配合本书的使用，本书提供配套的资源，有需求的读者请扫描下方的"书圈"微信公众号二维码，在图书专区下载，也可以拨打电话或发送电子邮件咨询。

如果您在使用本书的过程中遇到了什么问题，或者有相关图书出版计划，也请您发邮件告诉我们，以便我们更好地为您服务。

我们的联系方式：

地　　址：北京市海淀区双清路学研大厦 A 座 714

邮　　编：100084

电　　话：010-83470236　010-83470237

资源下载：http://www.tup.com.cn

客服邮箱：tupjsj@vip.163.com

QQ：2301891038（请写明您的单位和姓名）

教学资源·教学样书·新书信息

人工智能科学与技术
人工智能|电子通信|自动控制

资料下载·样书申请

书圈

用微信扫一扫右边的二维码,即可关注清华大学出版社公众号。